Dictionnaire amoureux des Chats

猫的私人词典

[法] 弗雷德里克 · 维杜◎著

黄 荭 唐洋洋 宋守华 黄 橙◎译

华东师范大学出版社

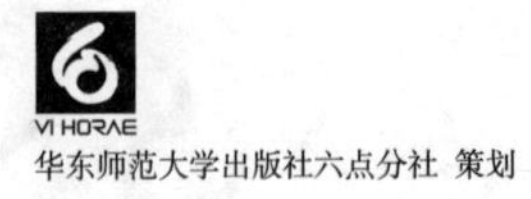

华东师范大学出版社六点分社 策划

六点私人词典系列

缘 起

倪为国

1

一个人就是一部词典。

至少，至少会有两个人阅读，父亲和母亲。

每个人都拥有一部属于自己的词典。

至少，至少会写两个字，生与死。

在每个人的词典里，有些词是必须的，永恒的，比如童年，比如爱情，再比如生老病死。每个人的成长和经历不同，词典里的词汇不同，词性不一。有些人喜欢“动”词，比如领袖；有些人喜好“名”词，比如精英；有些人则喜欢“形容”词，比如艺人。

在每个人的词典里，都有属于自己的“关键词”，甚至用一生书写：比如伟人马克思的词典里的“资本”一词；专家袁隆平的词典里的“水稻”一词；牛人乔布斯的词典里除了“创新”，还是“创新”一词。正是这些“关键词”构成了一个人的记忆、经历、经验和梦想，也构成了一个人的身份和履历。

每个人的一生都在书写和积累自己的词汇，直至他/她的墓志铭。

2

所谓私人词典，是主人把一生的时间和空间打破，以ABCD字母顺序排列，沉浸在惬意组合之中，把自己一生最重要的、最切深、最独到的心得或洞察，行动或梦想，以最自由、最简约、最细致的文本，公开呈现给读者，使读者从中收获自己的理解、想象、知识和不经意间的一丝感动。

可以说，私人词典就是回忆录的另类表达，是对自己一生的行动和梦想作一次在“字母顺序”排列的舞台上的重新排练、表演和谢幕。

如果说回忆录是主人坐在历史长椅上，向我们讲述一个故事、披露一个内幕、揭示一种真相；私人词典则像主人拉着我们的手，游逛“迪斯尼”式主题乐园，且读，且小憩。

在这个世界上，有的人的词典，就是让人阅读的，哪怕他/她早已死去，仍然有人去翻阅。有的人的词典，是自己珍藏的。绝大多数人的私人词典的词汇是临摹、复制，甚至是抄袭的，错字别字一堆，我也不例外。

伟人和名人书写的词典的区别在于：前者是用来被人引用的，后者是用来被人摹仿的。君子的词典是自己珍藏的，小人的词典是自娱自乐的。

3

我们移译这套“私人词典”的旨趣有二：

一是倡导私人词典写作，因为这种文体不仅仅是让人了解知识，更重要的是知识裹藏着的情感，是一种与情感相关联的知识，是在阅读一个人，阅读一段历史，阅读我们曾丢失的时间和遗忘的空间，阅读这个世界。

二则鼓励中国的学人尝试书写自己的词典，尝试把自己的经历和情感、知识和趣味、理想与价值、博学与美文融为一体，书写出中国式的私人词典样式。这样的词典是一种镜中之镜，既梳妆自己，又养眼他人。

每个人都有权利从自己的词典挑选词汇，让读者分享你的私家心得，但这毕竟是一件“思想的事情”，可以公开让人阅读或值得阅读的私人词典永远是少数。我们期待与这样的“少数”相遇。

我们期待这套私人词典丛书，读者从中不仅仅收获知识，同时也可以爱上一个人，爱上一部电影，爱上一座城市、爱上一座博物馆，甚至爱上一片树叶；还可以爱上一种趣味，一种颜色，一种旋律，一种美食，甚至是一种生活方式。

4

末了，我想顺便一说，当一个人把自己的记忆、经历转化为文字时往往会失重（张志扬语），私人词典作为一种书写样式则可以为这种“失重”提供正当的庇护。因为私人词典不是百科全书，而是在自己的田地上打一口深井。

自网络的黑洞被发现，终于让每个人可以穿上“自媒体”的新衣，于是乎，许许多多人可以肆意公开自己词典的私人词汇，满足大众的好奇和彼此窥探的心理，有不计后果，一发不可收之势。殊不知，这个世界上绝大多数私人词典的词汇只能用来私人珍藏，只有上帝知道。我常想象这样的画面：一个人，在蒙昧时，会闭上眼睛，幻想自己的世界和未来；但一个人，被启蒙后，睁开了眼睛，同时那双启蒙的手，会给自己戴上一副有色眼镜，最终遮蔽了自己睁开的双眼。这个画面可称之："自媒体"如是说。

写下这些关于私人词典的絮絮语语，聊补自己私人词汇的干瘪，且提醒自己：有些人的词典很薄，但分量很重，让人终身受用。有些人的词典很厚，但却很轻。

是为序。

谨以此书献给所有爱猫的人

纪念五六只属于 *Felis silvestris libyca*[1] 的野猫——它们的数量就这么多！——大约在1万年以前，它们第一次决定接近从那时起经常在中东某个地方游牧的人，并在他们身边聪明地过活。

献上我带着一丝惊叹的谢意。

也献给泽尔达[2]……

---

① *Felis silvestris libyca* 指非洲野猫，也称沙漠猫，分布于北非、中东、西亚至咸海之间。一些野猫约于1万年前在中东被驯养，成为家猫的祖先。——译注

② 作者和妻子目前养在家里的小母猫。——译注

目　录

C

D

E

F

G

H

I

J

K

L

M

N

O

P

Q

R

S

T

U

V

W

X

Y

Z

初生的“杰作”

自　序

每只猫都是一件杰作。

——列奥纳多·达·芬奇

一部充满爱的词典!

还有什么可多说的?

把这几个矛盾的词语有趣地摆在一起就已经说明问题了。一个逆喻,为了大张旗鼓地去谈论一个随着岁月的流逝却依然很流行的主题。

一方面,是按照字母顺序排列的严谨和单调。另一方面,是在浓情蜜意中神游的自由。

一方面,是片段、有条不紊的简短注释和论述所体现的客观。另一方面,是这个话题必然导致的感性和主观。

让我们立马提防可能出现的混淆!

一部私人词典不是一部百科全书。它并不奢望把主题穷尽。哪个主题?猫?不过这个主题反正是没办法穷尽的。谁能把绘画、音乐、文学、诗歌、广告中出现的所有猫都“一网打尽”呢?我知道什么?谁能认为自己已经窥破了它外表和内在构造的秘密?追溯它的系谱,重写它和人类关系变化的历史,1000 年,一种特殊的文明，抑或是一个他者的大陆？这种事注定以失败告终。

爱。是的，我必须再重复一次！我坚持用这个词！因为爱，就会偏心，就会片面，甚至会不公平或过分。这是当然。

这样大家就会理解，为什么我在这本书里没有特别把猫的疾病、鼻炎、伤寒和其他白血病症状写进去，我也没有坚持要把关于猫的卫生知识写进去，它应该打什么疫苗，应该换什么猫砂，有时最好给它戴上怎样的防跳蚤项圈，等等。如果我着手写一本爱（男）人词典或爱（女）人词典，我会不会过多地去关注他们脚上可能会长的鸡眼，让他们难受的消化不良或尿路感染？

然而，我个人对猫的喜爱虽然很随性，却也不是没有原则的，更不是泛泛而谈的。本书提到的猫，都是我曾经有幸和它们一起生活过的。就连兽医们也成了我的朋友。我努力不忘记曾经喜欢过的任何一本印象深刻、在我看来猫在其中扮演了一个重要角色的书；也不漏掉任何一个因为和猫有缘而让我觉得亲切的作家。当然，作为电影发烧友，我回顾了那些猫在其中成为明星或充当配角的电影；作为艺术品爱好者和收藏家，我收集了和猫有关的雕塑、挂毯、地毯和绘画。至少它们在这些作品中的意味还是挺深长的。

我必须承认，在有关权威部门统计的几百种猫中，并不是所有的猫都进了这本词典的词条。或许是因为，比起那些纯种猫，我更喜欢偶遇的猫；但更是因为我通常根本没有机会，不如说没有人跟我谈论东方短毛猫、卷毛猫、缅甸圣猫、土耳其安哥拉猫，或其他那些值得一提、当然我也对之深表敬意的猫。总之，如何去跟那些关于猫的精美杂志、专刊和丛书一争高下？对此大加描述也是白费功夫！

相反，探讨“猫”这个主题让我觉得很好玩。因此，用“薛定谔之猫”的悖论小小地僭越到量子力学，在我看来是既有趣又有教育意义的，薛定谔是20世纪伟大的量子物理学家。我在阿赞库尔战役①的战场上散步，为了好歹弄清楚，是不是猫导致了法国军队的溃败；又或者思考那些常常用到"猫"的成语和谚语的深意……

我们还是不要纠结了！我希望，如果读者愿意，可以随意翻开这本书，从对猫本身的描写读到关于猫的逸闻趣事，惊喜连连。希望猫是在这个也算最高文明领域漫步的同行者——因为人，从某种意义上说，的确是当他接受猫在身边之后才开始文明的历程，把猫当作一个自由的伙伴、一个同谋，而不再是一个被驯服、被豢养的家畜；而猫，也从来不想被驯服、被豢养，它更喜欢扮演同伴的角色，甚至是优雅、美丽的主人的角色。谁知道呢？它不能说出口的智慧里蕴含了多少宇宙的秘密。

按字母排列的随意性很符合这本书的气质。从字母A开头的埃塞俄比亚猫，它的样子或许和第一次跟人类走到一起的那只猫长得很像，到以字母Z开头的禅(Zen)，从远古的猫，到所有时代的猫，它们掌握了一种对世界平和而宁静的理解。所有猫，或者说几乎所有猫都值得一提……

这样一圈下来就圆满了！

弗雷德里克·维杜

---

① 又译阿金库尔战役，发生于1415年10月25日，是英法百年战争中著名的以少胜多的战役。在亨利五世的率领下，英军以由步兵弓箭手为主力的军队击溃了法国由大批贵族组成的精锐部队，为随后在1419年收服整个诺曼底奠定了基础。——译注

埃塞俄比亚猫(Abyssin)

我承认,我对品种(参见该词条)猫和不同种类的猫的术语分类并不是很热衷。

原因不止一个。

首先,我一点都不喜欢猫展。把最美的品种拿出来展览,供人欣赏,感觉有点像奴隶市场。精明的商人先是吹嘘商品的健壮和肌肉,之后就巴望赢得奖章,他的投资能让他大捞一笔。如果想要获奖,一只猫就需要满足一些非常严苛的标准,符合各种规定的比例。换言之,它必须毫厘不爽地符合它同类的特征:日本短尾猫就应该像一只日本短尾猫,一只苏格兰折耳猫就应该像一只苏格兰折耳猫……仿佛所有的猫都长着同样的耳朵、同样的皮毛,都穿了一件制服,在相同的旗帜下一排接受检阅,佩戴同样的翎饰、同样的肩章、同样的衣扣,配备同样的装备。

不,猫不是士兵,也不是在某个指定的旗帜或品牌下走秀的小模特!猫不是热爱集体的动物,更不是消费品。它有个性鲜明的爪子。正是如此!一只纯种猫,对我而言,就像一只打了路易威登标志的名牌包包,就像打了印记的索马里黑奴!欣赏吧,但小心冒牌货!

可惜,我喜欢的,恰恰是这些冒牌货。或者说,是那些没有品牌的猫,那些普普通通的猫。那些只像它们自己,只对它们自己负责,不把海关、国界放在眼里,不用征增值税的猫。说白了,我更喜欢不用买的(一只猫是无价的!)也不是用来炫富的猫。

一只罕见的猫,一只品种猫,我的天!那是一只要关在客厅,锁在保险柜里的猫。如果它心血来潮想去花园里溜达,想到街上去招摇,那会让多少人觊觎垂涎。更糟的是(因为不管怎么说,猫被绑架了之后还可以赎它回来!),跟那些凡夫俗子,跟那些杂种野猫厮混，全然不顾“名流”身份。一只罕见的品种猫，也是一只应该在税务局申报的猫。它归你所有，它是你资产的一部分。

而一只普通的猫，一只杂种猫，一只只像它自己的猫，你根本没有诸如此类的烦恼。它不属于你，也不会出现在你的报税单上。是你属于它，这完全是两回事儿。往好处说，你对它而言才是珍贵的，才是有利可图的。

原谅我这么冗长的开场！我之后在这本词典里不会再谈论这个主题了。我会按照字母表的顺序，进入埃塞俄比亚猫这个词条……

是的，它很漂亮，埃塞俄比亚猫，我毫不犹豫、不假思索地推崇它，赞美它。

它活泼、优雅、强健。我喜欢它性格中的多疑，甚至还有人们说它的顽皮爱闹。埃塞俄比亚猫令我印象深刻。甚至让我联想到卓尔不群。看到它，我感觉到自己是在向历史上最早出现的猫致敬：法老时期的埃及猫，甚至是巴斯泰托女神[①]本人。几千年前，猫离开它们广袤的天地，放弃它们桀骜不驯的自由，慢慢走近人类。

对我而言，这只猫跟我们今天在非洲碰到的猫并没有什么太大的不同，也是浅黄褐色的皮毛，跟沙漠的颜色和被太阳晒得枯黄的草原的颜色一样。简直可以说是一头迷你的美洲狮。它凝视着你，目光中带着肃穆、诡异或者还有那份来自远古的野性。

它完全不像一只奢华的猫，就像人们常说的长毛猫、波斯猫或那些像裹了皮袄的半上流社会的猫！它一身短毛，干、硬、皮粗肉糙，一身冒险者的短打装束，好像依然带着很多个世纪前生活在野

---

① 巴斯泰托女神(Bastet)：又译巴斯特。埃及女神，太阳神拉(Re)的女儿。通常被描绘为长着猫头的女神，是帮助农作物不被老鼠破坏和盗取的猫的神格化，也是掌管爱情和生育的女神，成果的保护者。同时也是音乐舞蹈的艺术之神，深受世人喜爱。——译注

外的烙印。

说白了，我希望首先是通过一只埃塞俄比亚猫开启它的秘密、它基因的记忆。我会想谈起它尼罗河畔的祖先，建造金字塔和卢克索[1]神庙……但我知道，可惜啊，它会把它所知道的秘密留给自己。

《爱丽丝梦游奇境》(*Alice au pays des merveilles*)

奇幻文学从动物、魔鬼、神兽的故事中获得了源源不断的灵感。在此我就不一一赘述了。刘易斯·卡罗尔(1832—1898)，非常著名的《爱丽丝梦游奇境》的作者，在描绘疯兔子、青蛙仆人、鱼仆人、变成猪的婴儿或拿来打槌球游戏的火烈鸟时的确是妙趣横生。但他写得最出彩的，是一只猫，不朽的柴郡猫，变成了……变成了什么？只是变成了子虚乌有！

令人尊敬的数学家查尔斯·路德维希·道奇森是多么天才啊！他以刘易斯·卡罗尔的笔名得以流芳后世！何必要让猫去变，去伪装，去移植，去涂色或去变异而让它变得古怪？它本来就是古怪的。这就足够了。一只猫不停地让我们陷入极度的恐慌。它仿佛属于我们所熟悉的生活空间，但它移动的时候仿佛裹着一身秘密。还不算很久以前，它就自然而然地成了巫婆的同盟和帮手了。刘易斯·卡罗尔知道：奇境理所当然属于它。有时候猫同意带我们进去，做我们的向导，就像它带爱丽丝进去一样。

此外，猫会笑吗？

---

① 卢克索是埃及古城：位于南尼罗河东岸，距阿斯旺约 200 公里。因埃及古都底比斯遗址在此而著称，由于历经兵乱，多已破坏湮没。现在保存较完好的是著名的卢克索神庙。其中，尤以卡尔纳克神庙最完整，规模最大。该建筑物修建于 4000 多年前，完成于新王国拉美西斯二世和拉美西斯三世统治时期。经过历代修缮扩建，占地达 33 公顷。——译注

这个问题太大了！我见过一些搞笑的狗，但它们的笑就像是大厅保安的笑。其他动物貌似都不太懂幽默之道。那么猫呢？它身上有一种距离感，一种沉默的智慧，甚至有点嘲笑的意味，或许那就是它另一种方式的微笑。有时候，我感觉我的猫帕帕盖诺拿我寻开心，或者当我在它身边的时候，一脸灿烂，嘴巴咧开来，像储蓄罐的开口一样。但可能是我弄错了。事实上我不相信帕帕盖诺会笑。或者说，那只是一种内心的微笑，一个连同它的思想、它的秘密和它在这个世界上的强烈的存在感一起被吞进肚子里的微笑。不，显然，猫不会笑。换言之，它并不跟我们分享它的想法和狡黠。它不会让我们知道我们怎样的举止惹得它惊讶沮丧。就像不让我们知道它的微笑、它的嘲讽。它高冷。它会自己走开。但正因为这样，它是那么神奇：因为它的沉默有一种无法解读的威严。或者说，因为它忍住了它的笑。

刘易斯·卡罗尔还是给他的柴郡猫加了点东西，为了让它更有特色更神奇。他并没有给它粘上翅膀，像一只俗气的威尼斯狮子①，也没有给它安上一个人头，就像古代半人半马的怪物；也没有给它装上一条美人鱼一样的尾巴，不！他只是给它——找到了一个简单、出其不意、天才的方式——只是让它内心的笑表现了出来，就这么简单！

一只微笑的猫，我的天！一只，用我的话说，公然把它的喜怒哀乐向我们表露出来的猫！一只在高高的树上或在厨房的角落里打量我们的猫，就这样，把它的微笑和讽刺加诸到这个世界和人类的极度疯狂中。

面对公爵夫人，刘易斯·卡罗尔的女主人公直接就这一特征提出了她的疑问：

“请问，您可以告诉我，”爱丽丝腼腆地先开了口，担心先发话

---

① 指圣马可飞狮(Lion de Sait Marc)，威尼斯的标志。——译注

不太礼貌,“您的猫为什么笑成这样?”

“这是一只柴郡猫,”公爵夫人回答,“这就是为什么。”

过了一会儿,爱丽丝又问:

“我不知道柴郡的猫会一直笑。事实上,我不知道猫会笑。”

“它们都会笑,”公爵夫人回答,“大多数都是一直笑。”

“我从来没见过会笑的猫,”爱丽丝礼貌地说道,很高兴找到了一个话题。

“你知道的东西不多,”公爵夫人说,“这是事实。”

爱丽丝一点都不喜欢这句评价所用的语气……

爱丽丝为此感到委屈是不对的。无知的小姑娘,不就是她吗?公爵夫人说得完全在理,毋庸置疑。是的,所有的猫都可以笑。它们有捕捉生活小讽刺的能力、才智、判断和敏锐,就像它们可以感悟生活的大荒诞、貌似紧迫的东西的无聊无谓、一些人可笑的野心和另一些人荒唐的娱乐。它们有感受这一切的距离和时间。

为了确信这一点,只要当我们为一场橄榄球赛,或者更糟糕的,为一场足球赛骚动不安,当我们为接下来的假期作准备,或当我们看到前一次考试的批改卷子时,让它们的目光在我们身上停留一秒钟就够了。对它们而言,我们想必就如同三月兔或在打曲棍球赛的红心皇后一样,狂热而虚妄。啊!在那些时候,我们和那些对着偶像崇拜赞叹不已、疯狂热爱的俗人有区别吗?在我们看来,猫不像奴性十足的狗,它们并不是没有批判精神。不,对它们而言,我们只是些可怜的人类,在我们面前,它们知道自己能不能笑,该不该笑。

但它们不笑。为了不让我们难过?也许。因为我们不配它们的笑,不配跟它有这份默契?也完全有可能。不过它们脑子里想的倒不少。它们看着我们。这就够了。然后它们把视线——或注意力挪开。它们的微笑,或者说它们看不见的微笑,却没有因此而消失。它就镌刻在它们身上。或许在其他地方,猫和猫聚在一起,它们就敢笑出来，露出它们的笑容，但对此，我们永远都不会知道。

言归正传！

柴郡猫的微笑这一简单而绝妙的发现，刘易斯·卡罗尔把它推到了极致。当他的猫消失、慢慢消散不见时，最后留下的是什么？换言之，它的精华所在是什么？

正是它的微笑。

爱丽丝惊呆了。

“好嘛！我常常看到不笑的猫，”爱丽丝心想，“却从没见过没有猫的微笑！这真是我这辈子见过的最离奇的事了。”

这个定义了猫的特点的微笑，当它也消失不见时，真的那么让人惊讶吗？才不是。这是显而易见的，就像所有显而易见的事一样。我们对它视而不见，它就摆在我们眼前，而我们甚至从来就没有想过要怀疑它。

是的，这只勇敢的柴郡猫先是消失不见了。就像所有其他猫一样。和猫一起生活过的人无数次发现这一点。每只猫都有令人惊讶的特质：就是消失，变得无影无踪。而它们就在那里，在我们的客厅里。我们一扭头，再看它的时候，它已经不在那里了。它溜到哪里去了？一切都完结了，门关上了，窗户也是。然而，不可能捉到它。它躲在一个碗柜、衣柜下面，靠垫的后面？别白费力气了！猫一定是溜到一个平行世界里去了。只有在它觉得恰当的时候，才会在我们这个世界再度现身。不要企图对它进行细致的计算、理性的探究，捕捉它的蛛丝马迹。它不见了。仅此而已。

把刘易斯·卡罗尔创作的奇境中的柴郡猫和柯南道尔创作的伦敦的夏洛克·福尔摩斯来做比较——这个例子，或者说，这种心血来潮的比较，只是为了让读者印象深刻——肯定是猫获胜，而我们那位吸毒上瘾的侦探会迷失方向。啊！如果它是条好狗，巴斯克维尔或其他地方的狗，当然，福尔摩斯会找到它的老窝。但是，如果是柴郡猫，或者说，一只普通的猫，那就一筹莫展了。猫来去无踪。如果它想消失，那谁也别想再找到它。永远找不到！

那么，在这种情况下，它还剩下什么？

或许，确切地说，就是它的微笑。刘易斯·卡罗尔就是这么想的。不笑的猫的微笑。那个嘲笑我们的猫的微笑。总而言之，就是猫柏拉图式的本质。它的智慧。它的高冷。它的怪诞。

当猫不在那里了，它会留下什么？

那份还漂浮在我们周围的宽容的讽刺，是猫对我们这些残缺的、不完美的生命的怜悯：不懂波，不能超越重力，在黑暗中摸索，一天天变老变丑的我们。猫，对猫的记忆，就是一个微笑，一个深不见底的秘密。这个秘密、这份惶惑、这份轻盈，它的意念无处不在，而它的鬼影子都已经溜走，一时半会儿或永远不复出现，这就是猫显而易见的在与不在。在它的微笑中。

我们明白，正是这样才让爱丽丝困惑。

也让我们困惑！

步态(Allure)

让我们来玩一个猜谜游戏！

是什么让骆驼、长颈鹿和猫与众不同？

是什么让它们和其他四足哺乳动物区别开来？

换言之，是什么让猫和驴或老鼠不一样，让长颈鹿和卷毛狗或狐狸不一样，让骆驼和斑马或河马不一样？

把你的舌头给猫[①](或给骆驼，或给长颈鹿，因为从表面上看都是一个意思)了？

其实，是它们的步态，它们前进的样子。

---

① “把你的舌头交给猫”在法语中是“承认猜不出来”、“不想再猜”的意思。——译注

它们都是同时先迈左边的两条腿，然后是右边，而不是错开。比如左前腿和右后腿同时迈出，就像马天然迈出的步子一样。

你们会问我，为什么是猫、骆驼和长颈鹿？它们有什么共同特征是和其他动物不一样的？

这是个很好的问题。人们在不知道答案的时候常常这么说（当然，如果我知道答案会很开心）。我不知道生理上是否有必要的特征决定这种步态，也不知道这三种动物是否还有其他相似的特征。或许有一个相同的 DNA 的基因，或许起源于非洲野猫的家猫和骆驼还有斑马一样，都有非洲的祖先。但这足以说明问题吗？我很怀疑。

不过，我可以确定的是猫前进时令人难以置信的优雅，如果从侧面看，它会平行地先后迈出同侧的腿。它没有小跑。是的。它的样子是那么优雅、轻盈、漫不经心。冷酷。或许还有一点咄咄逼人。仿佛我们曾经深爱过的著名西部牛仔片里的加里・库珀①、亨利・方达②和詹姆斯・史华都③，他们朝小城尘土飞扬的中央大道走去，走向他们的对手，手按在柯尔特左轮手枪上，随时准备先发制人。

猫走路就好像是慢动作，迈出一边，然后是另一边，带着令人难以置信的柔软。随时准备飞身跃起，或开枪。《西部最快枪手》。这就是我对它的想象，别无其他。比如正在左右摇摆、装酷耍帅。

---

① 加里・库珀(Gary Cooper，1901—1961)：美国知名演员，曾经 5 次获得奥斯卡最佳男主角奖提名，两次夺得奥斯卡最佳男主角奖(《约克军曹》与《日正当中》)和一次金球奖最佳男主角，1961 年获得奥斯卡终身成就奖。——译注

② 亨利・方达(Henry Jaynes Fonda，1905—1982)：美国著名影视、舞台剧演员。代表作品有《怒火之花》、《淑女夏娃》、《侠骨柔情》、《十二怒汉》、《西部往事》、《金色池塘》。——译注

③ 詹姆斯・史都华(James Stewart，1908—1997)：美国电影巨星、空军准将。1941 年凭借《费城故事》获得第 13 届奥斯卡金像奖最佳男主角奖。同时他也是著名电影大师希区柯克的御用男主角之一，与其合作过多部经典作品，如《后窗》《迷魂记》等。——译注

不,他的步态更像一个贵族、一个郡长或一个杀手。一个无情的、严格的舞者。那种步态对它而言是必须的。

很难想象失去这一独特步态的猫。是这种步态让它变得高贵,受人尊敬。

又及:一个朋友向我发誓说熊也是这样走路的。天哪!如何反驳他?我所掌握的信息就可靠吗?如何去印证?我想到弗朗索瓦·蓬蓬(1855—1933)雕刻的无比著名的白熊,就摆放在第戎的达尔西花园里。不过才不是,验证过后,熊完全不像猫、骆驼和长颈鹿那样走路。我这才放下心来。

友谊(Amitié)

如何去解释友谊?"因为是他,因为是我",蒙田在谈到他和拉博埃西[①]所维系的情谊时如是说。

如何去解释动物之间的友谊,尤其是不同种类的动物之间的友谊?那种默契、互助、有时候彼此需要?它们有怎样的感受?它们之间有什么交流?

这种相遇、默契、想要在一起的需要的例子不胜枚举。甚至是猫,当然,尽管猫通常都是独来独往,生性多疑。

这里,我只想作为这个道不完又撩人的话题的前奏,引用一段马克·吐温的文字。这位美国作家是个酷爱猫的人。1869年,当他在法国旅行的时候,有机会参观了马赛的大动物园,就像他在作品《旅途中的无辜者》所说的:

> 巨大的大象有一个形影不离的小伙伴,是一只猫!一只

---

① 拉博埃西(Etienne de La Boétie,1530—1563):法国法官、作家,蒙田的挚友。——译注

普普通通的猫。但只有它可以爬上这头厚皮动物的肩膀，坐在它的背上。它高高在上，小爪子缩在胸前，在大象的背上晒太阳，睡长长的午觉。一开始，大象不乐意，用鼻子抓住它，把它甩到地上去。但猫很倔，马上又爬上去了。它的坚持终于打消了大象对它的成见。现在，它们再也不能分开。猫在好朋友的四条腿和鼻子中间戏耍，如果有一条狗靠近，它就躲到大象的肚子下面。值得一提的是，大象才不会错过教训几条靠得太近、威胁到它的小伙伴的狗的机会。

我感觉已经没什么可加的了。

《天神报喜》(*Annonciation*)

1527年，洛伦佐·洛托[①]画了一幅《天神报喜》[②]，今天收藏在意大利马尔凯地区的小镇雷卡纳蒂的美术馆里。旅行指南说，这幅画不值得特意绕路跑去看。不，它值得去看。甚至一定得去看看。

巧妙的构图和丰富的色彩让人叹为观止：左边是暖色和暗色的对比，在那里站着穿红裙的童贞女，面对我们，样子惊恐不安，两只胳膊分开，但双掌好像要准备合十，似乎在极度惊愕中，瞬间显露出她的怜悯之心和对神奇宿命的接受；右边冷色和光亮的部分，天使穿着蓝色的衣服，出现在门口；远处是树木；空中是年迈的上帝，在高高的云端，仿佛在看他派来的特使如何完成使命。

但关键之处并不在此。在画面的中心，一个身影首先吸引了

---

① 洛伦佐·洛托（Lorenzo Lotto，约1480—1556）：意大利威尼斯派画家。——译注

② 这幅画也被称作《受胎告知》。——译注

我们的目光，从某种程度上说，它抢了其他人物的风头。那是一只猫——一只虎斑猫，漂亮，正准备一跃而起，跳出画面，朝突然来到它所占据的家中的天使加百列最后一次扭过头去，投去充满怒火的一瞥。

这只猫令人印象深刻。它是动态的。它在颤抖。它颤动着，而周围的一切，仿佛都被永远庄重地定格了。天使摆好了姿势，举起右手向童贞女宣布她将成为圣子之母。而后者被这个消息吓坏了，愣住了，被这个她简直无法想象的使命弄得不知所措。

但这只猫究竟想表达什么？

在过去一本杰出的描写绘画中的猫(《猫和调色板》，亚当·比若出版社，1987)的书中，皮埃尔·罗森伯格和伊丽莎白·福卡尔-瓦尔特合写的，前者告诉我们，洛托在创作这幅画时，确实是想传达一些 *pensieri strani*①，一些奇思怪想……

再次出现这只雍容华贵的猫，灵巧而惊恐，折着耳朵，它在这里干嘛？为什么它占据了画面下半部中心的位置？洛伦佐·洛托，这位伟大的威尼斯画家，这位才华横溢，时而惶恐不安，甚至饱受颠沛之苦的画家，当他在创作这幅作品时，到底想表达什么"奇思怪想"？

人们想在这个动物身上看到邪恶的象征、魔鬼的化身。仿佛这是顺理成章的。魔鬼附身的猫和它预示的一切，在中世纪就是一个可悲的共识，一直延续到16世纪的意大利艺术！天使加百列突然到来，负责向童贞女宣布，人类的救赎要通过未来救世主的诞生来完成。这个天使是猫的敌人，它在天上的对手，它的一个竞争者。从某种意义而言，猫是堕入凡尘的天使。

另一种可能的解读，也是相同的论调：可以认为猫是不幸的象征，它预示了基督在十字架上的受难……

---

① 意大利语：奇思怪想。——译注

没办法，这些阐释都不能说服我！我不能说服自己说这只猫是邪恶的象征或化身。它看上去不像。既不咄咄逼人，也没有令人不安。是偏见在作祟？因为在我看来这也太牵强了。成见。刻板印象。和洛托许诺我们的“奇思怪想”一点不沾边。

让我们先好好看看这只猫！它看上去一点也不凶恶——之前我也说过了——而是很惊讶、不安。它看着这个长着翅膀的小人，穿着华丽，动作僵硬，心想他到底在这里干嘛。大家至少会心里犯嘀咕。它准备溜到幕后。这才是聪明的表现。

这只猫，说到底，难道不是整个故事——这幅画中唯一具有常识的造物？或许这才是洛伦佐·洛托真正的“奇思怪想”。它，那只猫，不向任何人有所求，是一只勇敢的有橙黄色眼睛的虎斑猫。它和玛利亚生活在一起，不会无中生有。而现在，一个天使从天而降，受一个长络腮胡子的老天神的指使，要玛利亚做的正是无中生有的事情——生一个儿子却依然保有处子之身。这几乎和无中生有是一回事。它怎么可能不受惊吓？一些这样的天使，突然窜到你家里，那可不是寻常的事情，不是吗？换了是我们，我们肯定在逃走之前也被吓得瞪大了眼睛。猫，这只猫的魔力，正在于它的平凡。它不代表邪恶，而只是表达了疑惑。或者说，是常识的化身。普通人先生，如果你愿意，换了你试试？

显然，这个“奇思怪想”，洛伦佐·洛托不能清楚地表达出来。哪敢对福音书里的故事有所质疑？得了吧！事情确实是这样发生的，就像孩子们说的“真的”是这样？如果有这样的怀疑，你很快就被送上柴堆受火刑了。于是，洛托用了对照——或假托的手法：《圣经》上所描绘的场景令人钦佩又死板的再现，一边是那些像木偶一样的人物，定格在他们传统的姿势里；另一边是生活，会动的鲜活的生活，它观察、琢磨、疑惑，被这些命运的摆布、这些仿佛从天而降的人吓到了。这就是猫，这只可贵的猫，独自所要表达的想法。

《天神报喜》:洛伦佐·洛托,油画,166cm×114 cm,约 1528 年,
Museo civico Villa Colloredo Mels 博物馆,雷卡纳蒂。

不,我丝毫没有在它身上看到一丝魔鬼的影子。魔鬼,那还是以另一种方式为神话鼓吹。在猫身上只有一种人性化的反应,太人性化了,面对奥秘流露出既怀疑又焦虑的神情。这是一种迅速和所发生的一切保持距离的焦虑,为了重新找到平庸、踏实、日常、真实的生活,既舒适又艰难的生活;回到那种人们背上没有粘上翅膀、满脸络腮胡须的天神不会在云里漂浮、人们把猫叫猫的生活中去。

让我们来总结一下!洛伦佐·洛托是站在猫这一边的。从他的话和他让人琢磨出来的意思里可以看出来。动物的"想法",或者说反应,太"奇怪",或者说,用画家自己的名义说出来会显得太离经叛道。然而,毫无疑问,猫就是画家自己。猫,就是我们芸芸众生。

更泛地看,猫在中世纪和文艺复兴时期表现"天使报喜"主题的绘画中并不罕见。让我们明确一点,它们多数时候丝毫没有邪恶的色彩。相反,它们看上去和善可亲、宁静祥和,仿佛是日常生活的幸福写照,而天使的到来很快就会打乱这一切。

有些评论仍然想在这些猫身上看到一种性的象征(时下的风气并不排斥这样的联想,所有的绘画都充满了符号),但这到底意味着什么?意味着童贞女虽然内心充满凡人和女性的特质,却从某种程度上克服了肉体之爱的诱惑,为了完成神秘的受孕?或许吧,但也应该警惕那些对我们所熟知的画作恣意的过度诠释。

为了把这一《圣经》主题和猫的关系彻底弄清楚,我只想再花点时间在第二幅画上。费德里科·巴罗奇(1531—1612)的这幅画在我看来既让人喜欢又让人感到惶恐——画的色彩绚烂、糖果粉红、麦秸黄、磷光的幽蓝,这种在他的每幅作品中都散发出来的光芒和近乎有些幼稚的善意——尤其是1582年他给阿西西的天使圣母教堂画的那一幅。

画面上一片宁静、奢华、祥和,若不说是逸乐的话。天使的轮廓就像是一个长着金褐色翅膀的美少女。温柔的童贞女对此次来

《天神报喜》：费德里科·巴罗奇，油画，248cm×170 cm，
1582—1584年，梵蒂冈博物馆，梵蒂冈。

访只微微表现出一点惊讶。在左下方,一只可爱的灰白色的猫蜷在窝里,躺在一个靠垫上睡得正酣。啊!甚至不会伤害一只苍蝇的小猫咪,怎么能把它想象成魔鬼?而且巴罗奇喜欢猫。大家都知道。他的作品也向我们泄漏了这一点。他很乐意画猫。

一转念,发现他《天使报喜》中的猫和洛托几年前同名作品中的猫向我们传达的是一个意思。仿佛巴罗奇也有过同样的"奇思怪想",至少在那个必须虔诚的时代。

他的猫睡着了。换言之,它游离于所发生的一幕之外,并没有参与其中。它并不是同谋。如果它是一个有意识的见证人,或许会像洛伦佐·洛托的猫一样被吓得溜掉,但它睡着了,这圆了场。或者说,表面上看来合理了。正是因为这样,它才能在这样的事件中显得卓然不群。

除非,除非……哦,多可怕、多亵渎神明的假设……除非这只睡着的猫是这幅画的主旨所在,唯一的真相,是焦点所在,而所有剩下的画面只是猫的梦境,从它的脑子里蹦出来的梦中的画面,一个寓言,一个玩笑,一个猫的幻象,一个神奇的、不可能的幻象。

Pensieri strani,我们找到了!

埃梅(Aymé)

他的朋友路易-费迪南·塞利纳[①]认为马塞尔·埃梅(1902—1967)长着一张乌龟一样无动于衷、干瘪多皱的脸,耷拉着眼皮。不管长得像不像乌龟,作为作家、爱讽刺的伦理学家和杰出的讲故事的人,他是站在猫这边的。他的代表作不就叫《捉猫故事集》?

书的主人公是两个顽皮的小姑娘,充满诗意,有时很淘气,跟

---

① 路易-费迪南·塞利纳(Louis-Ferdinand,1894—1961):法国小说家。——译注

她们温柔的名字苔尔菲娜和玛丽奈特很般配。但是，在她们身边，在她们和父母一起生活的农庄里，在父母管不着的地方，是一个充满熟悉或想象的动物的世界。它们会说话，很多时候是两个小姑娘的同伴和同谋。

这些动物中排在第一位的，就是那只被她们叫做“阿尔封斯”的猫。

阿尔封斯可是个不得了的角色。地地道道的猫。彻头彻尾的猫。

当父母看到猫把爪子伸到耳后根再绕回来洗脸的时候态度很恶劣。明天又要下雨了！每次都很灵验，屡试不爽。当然，他们变得很粗暴，把气撒在两个小姑娘头上，撒在猫身上。

“就跟这家伙一个德行。整天也不干正事。从地窖到阁楼，到处乱窜的老鼠还少啊！但是这位老兄就爱不劳而食。倒是累不着它。”

“你们总是对什么都要挑刺，”猫回答，“白天是用来睡觉和消遣的。夜里，我在阁楼上跑来跑去的时候，你们又没有跟在我后头表扬我。”

“好了好了。你总是有理！呸！”

才不一会儿，两个小姑娘打碎了一个家传了100多年的珐琅瓷盘。父母惩罚她们，到明天为止只许啃干面包！甚至比这还糟！她们得去看望可怕的梅莉娜姑妈。她嘴里没有一颗牙，下巴长满了胡须，“让她开心的事就是逼她们吃放得发霉的面包和奶酪，那是她特意为她们准备的。此外，梅莉娜姑妈还觉得两个侄女长得很像她，言之凿凿地说，到不了年底，她们就会长得跟她活脱一个模样，想想都让人觉得可怕”。

当然，如果万一不凑巧第二天下雨，看望姑妈的事情就可以搁一搁，甚至被取消……于是，戴尔菲娜和玛丽奈特就央求猫在洗脸的时候，把爪子从耳后根往前挠，这样就会下雨了。

我们不继续讲这个童话后面发生的故事了：雨连绵不断下了一星期，父母担心收成都要绝望了。他们决定把猫装进一个大口袋里淹死它，庄园里所有动物都合伙救它（除了公鸡……它最后被下锅炖了！），所用的方法就是……

只是，当我们怀念马塞尔·埃梅的时候，也应该向这位勇敢、温柔、狡黠的阿尔封斯致敬。这不是一只被扭曲变形的猫，也不是被愚蠢地拟人化的猫。这是一只知道如何让天下雨，或者说，会求雨的猫；这是一只忠心耿耿、充满智慧甚至牺牲精神的猫，它已经做好了被淹死的准备，为了能让两个小姑娘不用去梅莉娜姑妈家；这也是一只狡猾的猫，善解人意又胆大妄为，一只我们喜欢的猫……

阿赞库尔（Azincourt）

法国骑士，或者简言之，骑士，在1415年10月25日之后就永远消失了。很多历史学家想到这个至少会感到高兴。这一天，他们在兰开斯特王朝的亨利五世率领的英国军队，和陆军统帅阿尔布雷率领的法国军队之间展开的血战中，看到了一个时代和一种军事传统的终结。战斗发生在索姆河以北，特拉姆库尔和阿赞库尔两个树林中间的空地上。或许是最后一次可以看到这样的场面，贵族战士穿戴着重达20公斤铠甲，骑在全身披甲的战马上，朝敌人直冲过去，让我们联想到沃尔特·司各特的小说或我们曾经痴迷过的好莱坞历史大片中圆桌骑士的传奇形象……

在阿赞库尔，法国士兵的人数比对手多3倍，但他们并未因此而逃过大屠杀的厄运。在战斗中幸存的几个人也遵照可爱的英国国王（如果人们相信莎士比亚悲剧所塑造的形象的话）的命令很快被割了喉。因为国王觉得战俘麻烦，而且这些人今后可能又会成为英国的敌人。

难道是说，英国军队在战场上更骁勇善战？

当然不是。

更聪明机灵？

或许。

但问题不应该这样问。只要说明一点，亨利五世的军队有“猫军团”，而法国军队没有。换言之，大家似乎可以下结论：猫对1415年10月25日法国骑士在阿赞库尔的消亡立下了一功。

这种假设，安德烈·马尔罗去看望戴高乐将军的时候还打趣地演绎了一番，当时后者刚刚离开政治舞台。确切地说，事情发生在1969年12月的科隆贝，作家还在《炼狱之镜》第二部分《弦和老鼠》中描绘了他们那次会面的详情。那天，当马尔罗提起英国历史学家对阿赞库尔战役的最新说法时，法国驻伦敦大使若弗鲁瓦·德·库塞尔也和他们在一起。

还是不如直接引用来得方便：

“欧洲当时到处鼠患肆虐，只有英国人有‘猫军团’。无数老鼠都绕开英国军队，不是因为它们怕猫，而是受不了猫的味道，于是，冲去啃法国人弓箭上抹了油的弦。”

戴高乐是否露出一丝怀疑的神情？

马尔罗继续说道：

“这听起来或许有些荒诞不经，但历史学家可以查到英国军队是否拥有‘猫军团’。120只猫排成一排，这个我喜欢。”

“要让两只猫和平相处就已属不易！……”戴高乐夫人说道。

事实上，阿赞库尔战役以猫制胜的假设，处在没完没了的百年战争的中心，让我们当初上学时百思不得其解，在那个高中还用编年史方法教历史的年代，要搞清楚忠诚于法国国王的阿马尼亚克人和准备与英国联盟的勃艮第人之间无数的纷争（但他们在阿赞库尔战役中，却一直在观望），这真是太难为人了！

当然，毫无疑问，是英国弓箭手用他们绷得紧紧的、抹好油的弦赢得了这场战争。他们埋伏在两侧，瞄准冲向他们阵地的法国骑兵。那个时期，“猫军团”在英国军队确实存在，也同样得到了证实。但不管怎么说，没有猫的法国人从来就没有想过要调动他们的步兵或弓箭手。没有任何可靠消息（一场战役不缺可靠的消息）证实法国弓箭手不能使用他们的武器是因为弦上抹了油脂，就没办法使用了。没有。阿赞库尔战场上没有发现一根老鼠尾巴，也没有发现一根猫的胡须！

只是因为法国人，常常在战场上表现得后知后觉。他们以为还在中世纪盛期。他们忘了1346年克莱西惨败，高卢弓箭手和佛拉芒①步兵打败了他们的重甲骑兵。他们也忘了陆军统帅贝特朗·杜·盖克兰战胜黑太子的赫赫战功，统帅最终明白对付敌人的笨重军队，步兵是关键，贵在神速，用游击战拖垮对方。在阿赞库尔，他们又一次身披铠甲，面向阳光，战马在被夜雨打湿的泥地里举步维艰……

只剩下猫还一直给有幸生活在它们身边人一点感性、嗅觉、智慧、谨慎和创意，而在阿赞库尔被打得落花流水的不幸的法国骑士既没有猫也没有“猫军团”来帮他们赶走老鼠，尤其是帮助他们在那一天保持警惕、变得有头脑一点。

① 又译佛兰德。——译注

B

临时保姆(Baby-sitter)

20 世纪 20 年代初，海明威曾定居巴黎。他先是住在勒穆瓦纳主教街，在塞纳河畔安茹堤街的“船员之家”和老朋友约翰·多斯·帕索斯①重逢，之后是菲茨杰拉德②。后者正因为自己在妻子泽尔达眼中不够男人而焦虑不堪，当然，他也努力重新振作起来。另外，海姆——好友们对海明威的昵称——此时正捉襟见肘，生计艰难，这并不妨碍他在晚年创作了自己最美的作品之一《流动的盛宴》中提及那些难忘的幸福岁月。

他第一次遇见格特鲁德·斯泰因③(“迷惘的一代”这一称呼的发明者，认为海明威和那些深受第一次世界大战影响的年轻作家都在此列)是在卢森堡公园。“我不记得她当时是否在遛狗，也不记得她那时究竟有没有养狗。我只记得我是自己一个人散步，因为我们那时没钱养狗，甚至连一只猫也养不起。我唯一认识的是小咖啡馆或小餐馆里的猫儿们，或是门房窗口那些令我羡慕的肥猫。”

这是海明威当时贫穷不堪的铁证吗？连饭都吃不上？几乎要冻死在勒穆瓦纳主教街？不！首先连一只猫也养不起！这其实既是在说他对猫儿们怀有关切之情，也是在说他当时比较清贫。

在几次旅行和大儿子班比于 1923 年 10 月出生后，海明威和当时的妻子哈德莉重返巴黎，就居住在圣母院田园大街(rue Notre-Dame-des-Champs)113 号。一只猫从此进入他们的生活。

---

① 约翰·多斯·帕索斯(John Dos Passos，1896—1970)：美国小说家，曾参加第一次世界大战，先后在法国战地医疗队和美军医疗队服役，代表作有《美国》三部曲。——译注

② 菲茨杰拉德(Fitzgerald，1896—1940)：20 世纪美国最杰出的作家之一，代表作有《了不起的盖茨比》、《夜色温柔》。——译注

③ 格特鲁德·斯泰因(Gertrude Stein，1874—1946)：美国小说家、诗人、剧作家和理论家，被看作现代主义的先锋领袖人物。——译注

保姆猫

我们还是看一看作家是怎么说的吧：

> 就算我们一家孤零零地呆在巴黎，适应一段时间后不会有什么问题。我总是可以到咖啡馆去写作，在服务生清理打扫逐渐变得暖和的咖啡馆时，我会点一杯牛奶咖啡，写上一个上午。我妻子则去一个冰冷的房间教钢琴，她会多穿几件毛衣，这样弹琴的时候才能保暖，然后再回家照顾班比。无论如何，冬天不好带着孩子去咖啡馆，即使他从不哭闹，看着周围的一切也从不厌烦。那时并没有临时保姆，班比和那只叫 F. 米奈的温情大猫呆在带围栏的婴儿床里，并不会不开心。有些人说，让一只猫和婴儿呆在一起是危险的。最愚昧无知的人和人云亦云的人认为猫会吸掉婴儿的气息令他丧命。其他人说，猫趴在孩子身上会使他窒息。F. 米奈挨着班比趴在高高的婴儿床里，当我们出去了而女仆玛丽又不得不离开的时候，它会睁着黄色的大眼睛看着门不让任何人靠近。因此，我们根本没有必要请临时保姆。F. 米奈就是我们的临时保姆。

我不知你们是否和我一样怀有同样的情感，但是，这一猫咪保姆的形象令我满心欢喜。当然，一只猫咪似乎起不了多大作用，正因如此，人们反而喜爱它。因为经常是我们来服侍它而非相反，因为我们与它都怀着相互关心的情感，彼此平等相待。捉老鼠？这已经成为过去时了。人们有了专门的捕鼠产品……然而一只猫——被人认为阴险狡诈、喜欢扑抓、变化莫测、自私自利、谨慎小心、生性孤僻的动物——竟然能充当婴儿的临时保姆，这是多么了不起啊！也只有海明威能想到这样做，也敢这样做。也只有海明威会把巴黎比作一场流动的盛宴，把一只大猫变成一个无可指摘的保姆。

波德莱尔(Baudelaire)

波德莱尔!

当然是波德莱尔!

如果这部词典只能有一个作家,唯一一个能以他的名字作为单独词条,当之无愧的,只能是波德莱尔,而非别人。

显然得是波德莱尔(1821—1867)。因为他的诗集《恶之花》中那些最优美、最令人满意、最恰如其分的诗歌里有好几首是写猫的,更因为他一直是法国文学最伟大的诗人,一个达到如此高度的人在与三行诗几乎没什么关系的领域也有他的意义。感谢上帝!在三行诗的领域里,不用像运动员要靠接近终点时拍摄的照片来定名次。波德莱尔、龙沙、魏尔伦、兰波或瓦莱里这些诗人孰高孰低,便知分晓。为节约时间,我在这里只列举了几个诗人名字。

另一方面,我得向你们承认,我都懒得说。他写的关于猫的诗是如此有名,人们甚至会背,至少也是烂熟于胸,熟到要吐的程度。令人作呕!都成陈词滥调了!这些诗就像贝多芬的交响乐,或《蒙娜丽莎的微笑》!的确是杰作,但真的听腻了,看厌了。

这是多么不公正的事情!

面对它们,应该如何重新寻回我们的无知和惊叹呢?该如何去重读那些波德莱尔关于猫咪的诗歌,就像我们从未读过或者已经把它们忘记了一般?

啊!任务艰巨啊!

然而,我们还是不妨一试吧,试着就像第一次读它们一样。

比如,先来读《猫》这首诗第一节的四行!

热恋的情侣,还有严肃的学者,

在其成熟的季节,同样喜好,

强壮而温柔的猫，家宅的骄傲，
和他们一样怕冷，深居简出。

再或者：

来吧，我的美猫，来到我多情的心房；
请缩回脚上利爪，
让我在你的美眸中徜徉，
它交织着青铜与玛瑙的光芒。

但也别忘了：

它漫步在我的脑海里，
一如在自家一般惬意，
强健温情迷人的美猫，
喵喵叫时轻柔若无声息……

无与伦比。不是吗？

如何斗胆评论它们，这些诗行？

一切都已经在诗中。任何阐译都会显得可笑、徒劳、令人讨厌。

它们难道没有被教授、人云亦云的师者、语言学家、精神疗法学家、形式主义者、统计学家、修辞学家、词汇学家、历史学家、税务监察员、兽医、诺贝尔奖获得者们无数次地进行分析、剖解、概括、透视、扫描、结构理论分析、精神分析、内容的挖掘、史实真实性探求吗？还有那些文学爱好者，还有什么是不可能的呢？

在经历过美丽的诗歌世界之后再来谈论波德莱尔和猫？根本不可能！尤其是，猫之于诗歌并非很小的主题，而是所有主题中最能带来灵感的。不！完全不是这样！猫，是能进入他的作品的最为珍贵的钥匙之一。猫，是他的诗歌通往性感、情色、玄奥、未知、眩晕、罪愆、与女人、与恶、与事物的温柔的决定性链接之一。

波德莱尔和猫，总之，几乎是一种复指，一种重复，一种相似，一个形影不离的爱情故事。没有波德莱尔的参照或共鸣，很难想象那些猫的样子，也不可能想象没有猫的诗人。

他的朋友泰奥菲尔·戈蒂耶[1]对此并非不知晓，他曾经这样写道：

> 波德莱尔对猫的爱恋如同他对香水的喜爱，就好似缬草散发出味道令人着迷癫狂。他寻求它们温情、体贴、女性般的抚爱。他喜欢这些安静而迷人、神秘而温存、带给人触电般颤栗的小动物。它们喜爱的卧姿似乎是得了斯芬克斯的真传；它们迈着天鹅绒般柔软的脚步，像守护神般地在家宅里漫步，或者坐到靠近作家的桌子上来，伴着他的思想，从它们那散着金色的瞳孔深处望着他。

不过，不管可能不可能，让我们也试着给出一些简单的常识之见。首先要注意到是，在波德莱尔作品中出现的猫显然是一个欲望、性感的形象，也如同一种对自己喜欢却又望而生畏、如欲望一般危险、如同象征她的猫一样难以捉摸的女人，怀着对其肉体的渴望，却又求之不得而只能想象的滋味。

> 当我的手指悠悠地拂过
> 你的头和富有弹性的脊背，

---

① 泰奥菲尔·戈蒂耶（Théophile Gautier，1811—1872）：法国诗人、散文家和小说家。——译注。

我的手触摸着你的肉体，
陶醉于触电般的欢愉，
我仿佛看到了心心念念的她。
她的目光，如你一样，可爱的猫
深邃而冷静，带着如刀如刺的锋芒，
从头至脚，
她那褐色躯体，周身氤氲着
一种幽淡的气息，可怕的芬芳。

在这种通感应和的技巧中，波德莱尔把猫和女人的角色倒置过来。猫的角色亦不再与女人的角色混同。它不再被作为一种托词、一种前提、一个欲望之体或是一个理想的搭档。相反，它可以说是波德莱尔自己的化身。诗人把自己想象成猫，以便可以蜷缩着、依偎在他喜爱的性感女人的身边。他更换了比例，他把自己缩小。他写出的这首诗也如同猫发出的呼噜声。然而，女人的比例变大了，其结果仍旧一样，总之，散发着女性气质的硕大的女人吸引着你、令你窒息、令你迷狂、令你心醉、要把你吞没……啊！这是多么的波德莱尔式的幻想！著名的十四行诗《女巨人》恰好充分地展现了他这种幻想的全部才能。

那时大自然怀着无比的热情，
每天都在孕育可怕的孩子，
我多想依偎在年轻巨硕的女子身旁，
仿佛女王脚下一只享乐奢靡的猫。

而且，在两节三行押韵诗中，仿佛女人们把猫抱在怀里，抚摸它们，任由它们贴着自己温暖的肌肤，无比幸福地打盹——猫儿们或者说波德莱尔自己，尽情沉迷在这一幻想之中。他曾为这种纯粹的幻想赋予了最醉人、最情色，也最令人炫目的表达。

> 我自在地游遍她壮美的身躯
> 在她巨膝的山坡上攀来爬去，
> 有时是在盛夏，炙人的阳光
>
> 晒得她疲倦了，她躺在原野上，
> 我就想懒懒地睡在她乳房的阴影里，
> 那仿佛是山脚下一座平静的村庄。

我们再回到猫的本题上来吧。它们，也不再是其他性感得令人迷醉之物的象征或替代品！换言之，我们还是再回到他那首前面曾引用过其第一节四行诗的著名的十四行诗《猫》！

旁征博引地评论这首诗，我前面已经说过，会成为彻头彻尾的笑柄。我们还是简单地来观察一下波德莱尔（以他创造的这种新颖的形式，以半谐音①、不协调的韵律、巧妙的手法、鲜活的形象，让人产生眩晕、盘亘不去的寂静）展现猫的各种潜能和它的矛盾到了怎样一种登峰造极的程度。

比如说，猫，既是性感本身，又是感性的人和博学者，即那些"热恋的情侣和严肃的学者"可能会不约而同去喜欢的，要求最高、最秘密的学问。

另外，猫是需要人用整整一生来学习如何爱它、懂它的；孩子或年幼的人是不能够参透猫的奥秘的，他们在面对自己的憧憬时还过于着急、过于直接、嘴快话多、不够耐心，而不能关注自己的秘密。或许，有一天，到了他们的"成熟季节"，猫才能够与他们合拍。

---

① 只有最后重读元音押韵，辅音不押韵。——译注。

但是，再说一次，阐释波德莱尔有什么用呢？

让我们继续来读这首十四行诗的下文，它的第二节四行诗和作为结尾的三行诗吧！

它们是科学与情欲的朋友，
寻觅寂静与黑暗的恐惧；
黑暗之神把它们作为阴郁的坐骑，
假若它们能放下骄傲供人驱使。

它们作高贵之姿冥想
如静卧孤独深处的硕大狮身女怪，
仿佛沉睡在无尽无边的梦里；

它们丰腴的腰间闪着奇妙的光芒，
金子的碎片，以及细腻的沙粒，
令神秘的眸子布满星星点点的闪光。

还能再说别的什么？

总是科学和情欲！

诗中的神奇令人眩晕。猫令人想起黑暗的恐惧，而这恐惧，又恰恰是它所喜欢的。波德莱尔并没有白译埃德加·爱伦·坡的作品。猫和它那神秘的过往，埃及的历史和斯芬克斯。魔法的时光……

这首诗流露出一种极度的混乱——这也正是猫会令您想到的。首先，是由它的外表、它的外在，由这种是否可以说既强势又温柔，既胆小谨慎又深居简出的小动物在家庭私密生活中所带来美感引起的惊叹。继而，当一切翻转，当然是它凭着那具有欺骗性的外表精心营造的秘密、内心、纯粹灵性的世界……这些“看似在熟睡的"猫能够感知一些秘密的领域。

至于这种动物超强的繁殖能力，诗人通过永恒的闪光，运用类似"神奇的光芒"和"金子的碎片"的叠韵[1]，以及无数像构成我们这个世界的粒子一样的细沙来比喻，令其既具有性感和魔力，又充满与性有关的秘不可宣的学问……

有谁比波德莱尔更擅长描摹猫带给人的晕眩感？

没有吧？

拉幕！

巴力西卜(Belzébuth)

诗人奥斯卡·王尔德[2]刚从监狱出来时说了一段广为人知的话。当时，一位极力追求轰动新闻的记者追问他什么是他生命中最痛苦的时刻。王尔德回答说："巴尔扎克的小说《烟花女荣辱记》[3]里面吕西安·德·鲁邦普雷的死是我生命中最悲伤的事。"好吧，别怪我唐突，泰奥菲尔·戈蒂耶的小说《弗拉卡斯上尉》[4]中巴力西卜的死一直让我难以释怀，几乎和王尔德的感觉一样。

在法国文学里，这只名为"巴力西卜"的猫有一个远亲：就是穿靴子的猫(参见该词条)本尊。和它一样，尽管名字让人会恶作剧地想起魔鬼的威力[5]，在几个充满迷信和不吉祥气氛的世纪

---

① 重复相同韵母或韵尾的一种修辞手法，此处"神奇的光芒"和"金子的碎片"法语原文为：étincelles magiques 和 parcelles d'or，其中 celles 是叠韵的用法。——译注

② 奥斯卡·王尔德(Oscar Wilde，1854—1900)：英国作家与艺术家，以其剧作、诗歌、童话和小说闻名。

③ 《烟花女荣辱记》：19 世纪法国著名作家巴尔扎克创作的一部小说，归入其长篇巨制《人间喜剧》中"风俗研究·巴黎生活场景"部分。——译注

④ 《弗拉卡斯上尉》：泰奥菲尔·戈蒂耶 1863 年发表的一部小说。——译注

⑤ 巴力西卜(Balzébuth)：意为"苍蝇王"，腓尼基人的神，《新约》中的鬼王，《圣经》中七宗罪的贪食，故让人有此联想。——译注

里，人们常常把它的同类打扮得稀奇古怪。巴力西卜是一个吉祥物，它保佑主人及主人的忠诚伙伴们都兴旺发达。这些伙伴包括英勇、急躁的斯高纳克伯爵，确切地说，是泰奥菲尔·戈蒂耶在1863年以弗莱卡丝上尉这个名字使其成为不朽的人物，还包括一匹患哮喘的母马、一位老仆人、一只瘦骨嶙峋的、名为“米洛”的狗。

在这里，我们就不去回顾小说中所有难以置信的曲折情节，它们使小说精彩纷呈，曾让那么多的青少年痴迷——我那时也是其中的一个！在书的结尾，巴力西卜的死仍然是最令人心碎的片段之一。

对斯高纳克和他的亲友而言，一切都在朝着好的方向发展。他爱伊莎贝尔，她也爱他。很长一段时间，他都以为瓦隆布勒兹公爵是他的对手和情敌，并且以为后者在决斗中丧生了。其实公爵不是他的对手或者情敌，而是伊莎贝尔的兄弟，而且他也没有死于决斗。于是，在书的最后，第22章的尾声中：斯高纳克和他亲友在重新找回一点昔日排场的城堡中大摆筵席……

> 酒宴正在如火如荼地进行，觥筹交错间，斯高纳克发现一只小脑袋靠在了他一条腿的膝盖上，还有尖尖的爪子在他另外一只腿上挠着，仿佛在弹奏一支熟悉的吉他曲。正是米洛和巴力西卜，它俩从餐厅半开的门里溜了进来，尽管对这场奢华且人数众多的聚会有点胆怯，但还是来跟主人要求吃大餐。富有的斯高纳克并不打算赶这两个可怜的朋友出去，他用手摸摸米洛，又挠了挠巴力西卜的头顶，分给了它们一堆好吃的：抹着肉酱的面包片，剩下的山鹑肉、鱼脊肉，还有别的美味佳肴。
>
> 并不满足的巴力西卜伸着爪子，向它的主人索要更多

的食物。它这副贪吃的样子并未使斯高纳克不耐烦，反而逗乐了他。终于，巴力西卜这只年迈的黑猫带着圆鼓鼓的肚子，迈着颤巍巍的步子，回到了装饰着佛兰德挂毯①的房间，在它呆习惯的地方蜷成一团，开始消化这一顿丰盛的宴席。

斯高纳克和他年轻的妻子不久后就睡了。

天快亮的时候，巴力西卜陷入了奇怪的躁动不安，离开睡了一整夜的扶手椅，它艰难地爬上了床，用鼻子去顶仍在熟睡中的主人的手，并试着发出像喘息一样的打呼声。斯高纳克醒了，看到巴力西卜就像人发出求救时那般眼巴巴地望着他，用力睁大它那已经半阖上的，像玻璃般透明的绿眼睛。它的毛发失去了光泽，因为垂死前出的汗而黏在了一起。它颤抖着，竭尽全力地想要站起来。所有这些都预示着一个可怕的事实。它终于倒下了，抽搐了几下，发出一声类似于被割喉的呜咽，逐渐变得僵直，仿佛四肢被看不见的手拉长了。它死了。垂死的叫声唤醒了睡梦中的年轻妻子。"可怜的巴力西卜，"她看着猫的尸体说，"它和斯高纳克共患难，却不能和他一起享福了！"不得不说，巴力西卜是死于暴饮暴食。消化不良害死了它，它那经常挨饿的胃没能适应这样丰盛的酒宴。它的死给斯高纳克带来了无以名状的悲痛。

这只让人掉泪的死去的猫与那只穿靴子的猫有什么关系呢？

请听我说完。

---

① 原文为"Verdure de Flande"，指一种以绿植鸟兽为主题的挂毯，兴盛于16世纪。——译注

斯高纳克想郑重其事地将他的新伙伴下葬。

> 天黑时分，塞格涅克扛着一把铁锹，举着一个灯笼，怀里抱着巴力西卜那裹在丝质裹尸布里僵硬的尸体。他走下花园，借着灯笼微弱的光开始在蔷薇树下挖了起来。微光惊动了昆虫，吸引着蛾子飞过来，扑棱着它们布满灰尘的翅膀。天色已黑，月亮的一角好像从墨色的云层缝隙中穿过。这样的场景多了几分庄严的色彩，这绝对不是一只猫的葬礼应该有的。塞格涅克不断地挖，因为他想把巴力西卜埋得更深一点，免得猛禽野兽挖出来。突然，铁锹闪出火花，好像是碰到了火石一样。伯爵想可能是挖到一块石头了，就继续往下挖，可是铁锹不断发出奇怪的声音，而且挖不动了。

斯高纳克在那里发现了什么呢?

原来，是他的一位祖先埋下的宝藏。

家族的繁荣昌盛从此以后不用再愁了。他把温柔的新婚妻子叫到身边，在爱猫的坟旁，把这笔财宝展示给妻子看，然后对她倾诉道：

> 巴力西卜必定曾是斯高纳克家族的守护神。它以死亡的代价让我变得富有，然后当天使到来，它便撒手人寰了。它已经不能再为我做什么了，因为你给我带来了幸福。

这个守护神，或者说吉祥猫，就像你们所见过的穿靴子的猫，完全就是一回事。巴力西卜自此被铭刻在那些给它们的主人带来财富和幸福的猫们的伟大历史中。我们遗憾的是，它只能以死亡促成这一事业，或者说多亏了它的死。

我不知道泰奥菲尔·戈蒂耶是否曾经想过巴力西卜和作家夏尔·佩罗[1]的童话故事的主人公穿靴子的猫的相似之处。这种相似还是有说服力的，并且这个完全不着边际的宝藏的故事，几乎无法缓解我们一想到如此英勇而忠诚（也贪吃的）巴力西卜的死亡而产生的悲痛之情。

但愿它在猫的天堂里，在夏尔·佩罗的童话故事的主人公穿靴子的猫的陪伴下，永远幸福地生活！

最后，有一个关于泰奥菲尔·戈蒂耶的猫的故事，不过不是关于他在小说中虚构的那只名叫巴力西卜的不朽的猫，而是在现实生活中，和他一起生活在纳伊市，珑骧街32号的一只名叫艾潘妮的猫。这是一只黑猫，有着绿色的眼睛，对人的轻声叫唤爱理不理。龚古尔兄弟还在他们的杂志中写道："它可以坐在椅子上像正常人一样吃饭。"

艾潘妮是一个音乐爱好者。它经常趴在钢琴上专心致志地听着女歌唱家伴着琴声歌唱。不过，它似乎忍受不了高音。

每当此时，它就抬起爪子伸向女歌唱家的嘴巴，好像是叫她别唱啦。据说有一天，戈蒂耶很不情愿地接待了一位向他表达敬意的年轻音乐家。

戈蒂耶只想赶紧不失礼节地送走这位年轻人。而艾潘妮并不同意，它变得比平时更好动，并跳到音乐家的膝盖上不让他动。戈蒂耶很喜爱他的猫，因而不敢去打扰它，也没有草草地结束谈话。这位当时名不见经传的年轻作曲家名叫儒勒·马斯奈[2]。而艾潘妮，在那时，就似乎从他身上嗅到了一位作曲家的远大前程。

---

① 夏尔·佩罗（Charles Perrault，1628—1703）：法国诗人、文学家，曾做过律师，以写作童话而著名。——译注

② 儒勒·埃米尔·弗雷德里克·马斯奈（Jules Émile Frédéric Massenet，1842—1912）：法国作曲家、音乐教育家。——译注

贝尔纳埃尔(Bernaërts)

这是位于档案馆路的巴黎狩猎与自然博物馆里一幅极美的油画，然而，却几乎不为人所注意。的确，一是人们根本不会料到，再就是人们根本不指望在这个地方会有这样一幅画，因而就对它视而不见，就这么简单。这幅画上画了一些猫，不过，谢天谢地，画的竟然是我们从未见过的一群公猫在围捕一头陷于绝境的可怜的公鹿……

在这座博物馆里，人们由一个展厅到另一个展厅，往往是观察，有时是欣赏一些被制成标本的野猪和猎鹰、古老的武器、火枪、火石燧发枪、弓弩、一些狗和马以及猎物被围待毙场景的图画。这样的图画真是要多少有多少。然而，还有没有猫的图画呢？它们其实就在那里，在博物馆偏僻一隅，在那幅巨大的画布上，令人瞠目。

更确切地说，是三只猫：其中两只在打斗，都张着大嘴，彼此互不相让，恨不得要把对方吞下肚似的；第三只猫可能是坐在窗台上，躲在窗帘后面，从高处相对冷静地俯视着两个同类的殴斗。这是否就如同在一个有钱人的厅堂里，一位柔媚贵妇的美目注视下，两个男人争斗着，而那贵妇在等着究竟该向哪一位示爱？或许如此。但也可以从另一个方面来说，争斗中的猫是在展示自己那漂亮浓密的灰、白、红棕三色的皮毛。不是有种说法认为，三色毛的猫一般都是雌性的吗？这其中的奥秘丝毫没有得到破解。

这幅画是尼卡斯于斯・贝尔纳埃尔[①]的作品。艺术爱好者们

---

① 尼卡斯于斯・贝尔纳埃尔(Nicasius Bernaërts，1620—1678)：生于安特卫普，佛兰德静物画家，作品多以动物、狩猎、花卉静物为主，擅长画打斗中的动物。——译注

对于这位画家并不是很熟悉，这是非常不公平的。他是17世纪的佛兰德[①]静物画大师，曾师从弗朗斯·斯尼德斯[②]。后来，在法国居住期间，贝尔纳埃尔曾收弗朗索瓦·戴斯波特斯[③]做学生，后者与乌德瑞[④]是法国18世纪动物画家中的佼佼者。

如此说来，贝尔纳埃尔是伟大的静物画家吗？总体说来，是的。他的绘画作品无可争议地证明了这一点。但是，这幅名为《猫斗》的静物画真稀奇！当然，人们还可以从这幅画上看到餐桌、桌上右侧摆放着的洋蓟、银制餐具、盛放面包和水果的篮子、毛茸茸的桃子。一切都具有完美逼真的质感。简言之，在这幅画里，主要表现了，或者说，可能表现出了一种令人安心的富足、一种安逸和一种平衡、一个专属于这种绘画的永恒的秩序。这种类型的绘画里，资产阶级繁荣的外在符号居于主导地位，比如，通过家具上历经年久的闪亮光泽表现仿佛时钟都停摆了，什么也无法撼动那个社会固有的秩序。有人说"静物"就是专为表现这种绘画类型而产生的。这是一种错误的说法。相反，这仅仅只是绘画或者暗示一种永恒的希望而已。

但是，这幅画里竟然出现了猫。啪嚓一声，不再是永恒不变！不再是安逸！不再是资产阶级的恒定！一切都受到了质疑。猫的

---

① 佛兰德(Flanders)：西欧历史地名。包括今比利时东佛兰德省和西佛兰德省、法国加莱海峡省和北方省、荷兰泽兰省。16世纪时尼德兰发生资产阶级革命，北方联省成立独立的荷兰共和国。南部的佛兰德仍然处于西班牙封建统治与天主教会的控制之下。——译注

② 弗朗斯·斯尼德斯(Frans Snyders，1579—1657)：佛兰德画家。早期的油画创作以花卉和水果静物为主，做鲁本斯助手时从他那里学会使用更加丰富的色彩，并将巴洛克绘画的激情和运动感渗透到比较静态的绘画中。常在鲁本斯的人物画中代画水果和鲜花，鲁本斯也为他的静物画代画人物。——译注

③ 弗朗索瓦·戴斯波特斯(François Desportes，1661—1743)：法国画家，作品主要描绘动物、静物和狩猎场景，尤擅长画狗。——译注

④ 让·巴蒂斯特·乌德瑞(Jean-Baptiste Oudry，1686—1755)：法国画家、雕刻师，曾任皇家艺术学院教授，描绘动物及狩猎的作品最广为人知。——译注

出现打破了固有的秩序和生活。猫，被认为是家畜中最难驯服、最不温顺、最不安分的一类，虽然它们外表看起来最让人放心。它既不会听画家的话，也不会服从佛兰德悍妇的使唤；它不会摆姿势，也不会歌颂安特卫普大商人或法官们的成就和富有。相反，猫动不动就斗殴，或许它们只是开开玩笑、闹着玩儿，或着就是要把东西搞得乱七八糟……于是(请您仔细观察这幅画，尽情想象一下这样的情景吧！)，装水果和餐具的篮子被打翻，刀和叉散落在桌子上，突然没站住脚掉落的猫在空中打了个转。这表现出的便不再是静止的时间、凝滞不动的时间、永恒和井然的秩序，而是混乱的、无法把握的时间，完美的杂乱无章。只有贝尔纳埃尔捕捉到了这独特的千分之一秒的瞬间。

贝尔纳埃尔的细心程度真是令人惊叹。他甚至在一把掉落中的餐刀闪亮的锋刃上，画出了正上方落在半空中的一根猫毛的倒影。

不得不再说一次，我实在是太喜欢《猫斗》这幅油画了。因为它画出了与传统静物画迥异的感觉。(之前夏尔丹①在他那幅现藏于卢浮宫的名作《鳐鱼》中曾成功地表现过相同的情景。那是一只跳到桌子上的猫，旁边是血淋淋的鱼，猫的毛是猛然竖起的样子，因为它的爪子踩到了牡蛎壳，那壳看起来湿湿的、很锐利。)因为只需要一只猫的出现，当然三只猫就更不用说了，这足以让意想不到的事情发生，让时钟再走起来，让生命绽放，让不守章法上升到一种精神的、一种弥足珍贵的自由形式的高度。

---

① 夏尔丹(Jean-Baptiste-Siméon Chardin，1699—1779)：法国画家，18世纪市民艺术的杰出代表。1728年静物画《鳐鱼》展出，一举成名，被接纳为皇家学院院士。他的画赋予静物以生命，给人以动感。晚期以家庭风俗画为主，表现第三等级“小人物”的日常生活，画风平易朴实，反映了新兴市民阶层的美学理想。——译注

黑猫酒馆(Cabaret du Chat noir)

黑猫酒馆和与它同名的杂志[1],皆因围绕在其创建者画家罗道尔夫·萨利身边的知名人士而热闹活跃,它们在绘画、雕刻、影像、象征或者文学方面,与那些使我们感兴趣的猫、真正的猫、有血有肉的猫本身有多大关联呢?让我们把这个疑问再扩大些:所有那些招牌上有猫标志的商店、餐厅、旅馆、酒吧,不管猫毛是什么颜色的,都值得出现在这部《猫的私人词典》中吗?显然不会!否则这本书里要塞满全世界成千上万个相关的地址。它的志向可不是成为一本全球旅游、旅馆或美食指南,但我还是坚持选了这个“黑猫”。它不只是一家酒吧歌舞厅的招牌名,而已经成为一个传奇,是19世纪后20年的巴黎,确切的说,是蒙马特的那些生活放纵的艺术家和作家们的象征之地。

酒馆于1881年在18区的罗什瓜尔大街84号开业。我们来重读一下现今有些被遗忘了的法国剧作家、法兰西学院院士莫里斯·多奈的作品中的一段。青年时代,他朗诵的诗歌,以及为黑猫酒馆著名的影子剧场所作的滑稽模仿剧为这里的活跃气氛和名气做出过不小的贡献。

> 那时候的风尚是艺术酒吧歌舞厅,黑猫酒馆因为它的彩绘玻璃窗、锡壶、铜船、厚重的木头长凳和椅子这一切具有纯粹的路易十三时代风格的东西,而有着一股“旧巴黎”的气息。(……)每天晚上,大家聚集在这里,吟诵诗歌,演唱歌曲;这些令人震撼的晚

---

① 黑猫酒馆最初是一家小酒馆,在法文中,这种提供歌舞的酒馆被称为cabaret。因此,也有人把这种酒馆音译作卡巴莱酒馆或者卡巴莱夜总会。罗道尔夫为了宣传酒馆,曾经创办过《黑猫》杂志。随着罗道尔夫于1896年去世,《黑猫》荣耀不再。——译注

会的声名很快传遍巴黎；不久，大财阀、有钱的政客、纸醉金迷花天酒地的人都来光顾这些无忧无虑生活放纵的艺术家汇聚之地。尤其是每个星期五，简直成了潇洒日。人们在黑猫酒馆可以看到一些贵族、大资本家的太太、小姐，还有那些平躺了给人睡的妓女，就像在那些上下等级森严的时代人们所说的那样。

总之，酒馆大受欢迎，以至于罗道尔夫·萨利很快就发现无法扩大经营。于是，1885 年，他把酒馆大张旗鼓地搬迁至拉瓦尔街 12 号（今维克多-马赛街）。原来的黑猫酒馆家具拍卖时，我祖父乔治·维杜买了 1 条长凳，6 把椅子和 1 张桌子。这些东西并非像莫里斯·多奈回忆的那样，真的具有“纯粹的路易十三时代的风格”，但还是能够令人隐隐约约联想到。它们就在那里，那些家具，就在我面前，就在我写这些文字的时候——我在照片上发现并且认出了那些相同的家具。而我也看到了图卢兹·洛特雷克①，阿里斯蒂德·布留安②或者其他一些餐馆常客坐在桌旁，带着深思的神态面对着镜头。我要告诉你们，之所以这个“黑猫”对我来说十分珍贵，之所以它应该出现在这本书里，是因为它属于，可以这么说，我家庭私密生活的一部分。

再回到猫这个主题。或者，确切地说，作为开始，先回到阿道尔夫·卫耶特③为拉瓦尔街所画的“黑猫”招牌。那是一只站在一

---

① 亨利·德·图卢兹·洛特雷克（Henri de Toulouse-Lautrec，1864—1901）：贵族出身，法国后印象派画家，近代海报设计与石版画艺术先驱，被称作“蒙马特之魂”。——译注

② 阿里斯蒂德·布留安（Aristide Bruant，1851—1925）：法国现实主义歌曲的先驱者，也被认为是 19 世纪末 20 世纪初用俚语创作诗歌的著名诗人之一。图卢兹·罗特列克曾为其创作《在卡巴莱餐馆中的布留安》（Aristide Bruant dans son cabaret）一画。——译注

③ 阿道尔夫·卫耶特（Adolphe Willette，1857—1926）：法国画家、插画家、广告画设计师、石版画家、漫画家。——译注

黑猫酒馆的招牌，卫耶特，钢板画，130cm×96 cm，19 世纪末，巴黎历史博物馆，巴黎。

弯新月上的猫的形象！这位艺术家，此前还为《黑猫》杂志做过插图，也为原来位于罗什瓜尔大街的黑猫酒馆的大厅做过装饰。

在画家卡巴内尔①的指导下，卫耶特在美术学院学习了 4 年，并很快成为他那个时代最有才华、最受欢迎的插画家之一。他用真名和一堆假名——塞穆瓦、皮尔罗、路易松、诺克斯等等——为一堆期刊杂志画过插画。他装饰过不少艺术酒吧。此外，巴黎"知了"音乐厅的天花板也出自他之手。有些人甚至把他比作是"美好年代"②的华托③。他的朋友纪尧姆·阿波利奈尔④更是毫不掩饰对他的赞美之情："我们也许应该，"他说，"把诺贝尔和平奖授予这位以反战题材作画，同时揭露讨厌美的人的伪善的艺术家。"

但是，有一抹阴影出现在他的油画中：艺术家表现出了坚决

---

① 亚历山大·卡巴内尔(Alexandre Cabanel，1823—1889)：法国学院派画家，其绘画取材以历史、古典及宗教题材为主，可作为法国第二帝国和第三共和国时期沙龙学院派艺术的代表。——译注

② "美好年代"(或"美好时代"，Belle Époque)：指 19 世纪末至第一次世界大战爆发这一段被上流阶级认为是"黄金时代"的时间。这个时期的欧洲相对和平，随着资本主义及工业革命的发展，科学技术日新月异，欧洲的文化、艺术及生活方式等都于此时日臻成熟。——译注

③ 让·安东尼·华托(Jean Antoine Watteau，1684—1721)：法国 18 世纪洛可可艺术风格的代表人物，是当时这一艺术最重要、最有影响力的画家。——译注

④ 纪尧姆·阿波利奈尔(Huillaume Apollinaire，1880—1918)：法国著名诗人、小说家、剧作家和文艺评论家，其诗歌和戏剧在表达形式上多有创新，被认为是超现实主义文艺运动的先驱之一。——译注

的排犹主义。在那个时代，唉，是很平常的。这促使他在1889年挥舞着排犹主义(原文如此)的旗帜，参加了9月22号国民议会的选举。在这种注定要失败的行动中，是否有一种挑衅、一种显然是恶趣味的形式？因为缺少信息，大家都不会贸然作答。不管怎样，18区的社会党市长遭到民众姗姗来迟的愤怒的冲击，在市议会的支持下，最终于2004年2月决定把该区唯一一处以“卡巴内尔”命名的花园广场改为用巴黎公社著名的女斗士露易丝·米歇尔的名字命名，尽管此前已经有无数马路、大街或者巴黎郊区的小径以她的名字命名了。顺便说一下，差不多是同时期，还有一件更为刺激的事情。就是我们那位激进的市长，为了保护一个被证实在本国对商人和警察犯下好些罪行，后来在我们国家避难多年的意大利前恐怖分子不受司法部门严惩或可能的驱逐，宣布他为自己辖区的“荣誉市民”。政治的各种手段、一些有选择性的义愤和市政管理的策略有时令人难以捉摸——不过，这是另外一回事了……

啊！阿道尔夫·卫耶特所画的这幅黑猫招牌！多少人曾经在它下面穿梭来往！首先是伊德罗巴特俱乐部，它的名字就不评论了，以前在拉丁区举办过几次会议或纵酒作乐的聚会，伊尔苏特俱乐部也一样。总之，世纪末所有放浪形骸的艺术家、诗人、音乐家、画家、雕刻家以及所有那些幸福的、多愁善感又异想天开的、极端自由主义的、颠覆传统的、生计困难的各色年轻人都曾聚集于此。这也不妨碍在那里会遇到年迈的保尔·魏尔伦，喝上两杯苦艾酒，追忆阿尔蒂尔·兰波。“他去了埃及，”他用沉痛的声音嚷着，抬起手指，指向天花板。克劳德·德彪西常参加此地的聚会，还指挥宾客们合唱一些不怎么有德彪西风格的歌曲！怎么能不提儒勒·勒迈特[①]、阿方

① 儒勒·勒迈特(Jules Lemaître，1853—1914)：法国作家、戏剧批评家。——译注

斯·阿莱[1]、年轻的弗兰克·诺安？当然还有斯坦朗[2]（参见该词条），令人仰慕的素描画家和猫的专业画家，为第二家黑猫酒馆的装饰出过力。还有，不要忘了之前我们谈到过的莫里斯·多奈。

“黑猫巡演”海报，斯坦朗，平版印刷，62cm×40cm，1896年，罗格斯大学齐默利艺术博物馆。

当心可能会搞混！不要把卫耶特创作的招牌和斯坦朗那幅著名的石版画混淆了。那是为罗道尔夫·萨利一张名为“黑猫巡演”的海报所做的插画，是1896年的作品。那上面的黑猫是侧身像，有点瘦削，毛发浓密蓬乱，头部转向观众并且后面有个水印光环，它的眼睛睁得很大。这的确是这位伟大艺术家的代表作之一。

这里有一个名字还没提到，那就是阿里斯蒂德·布留安。他的情况真的有点特殊。这位出生于1851年约纳省古特耐市一个殷实家庭的巴黎铁路公司前雇员，1870年普法战争后，冒着抛弃一切的风险，投身音乐。他于1885年买下了第一家黑猫酒馆，把它变成了挂有芦笛字样招牌的酒馆。就是在那里，他写下并演唱了自己受欢迎的作品中的大部分。这都是一些带有俚语特征的逗笑作品以及颂扬坏男孩和蒙马特（Montmartre）、美丽城（Belleville）、迈尼尔蒙当（Ménilmontant）……那些陷入极悲惨命

---

① 阿方斯·阿莱（Alphonse Allais，1854—1905）：法国记者、作家、幽默家。——译注

② 斯坦朗（Théophile-Alexandre Steinlen，1859—1923）：法籍瑞士裔画家、雕刻家、无政府主义艺术家。——译注

运的女孩们的作品。当然不能忘了那首不朽的《巴士底的狗皮妮妮》。

尽管如此，他最著名的作品还是《黑猫叙事歌》，创作于1884年，以颂歌的形式歌颂同名酒馆。在那里，罗道尔夫·萨利曾首先接待了他，从而使他远离了时常去演出的传统咖啡音乐厅。要明确一下：曲子并非他所做，布留安只是词作者兼演唱者。这首《黑猫》，是从奥克语的传统歌曲《那些山》中获得的灵感。

他那固执、刺耳、低沉、有些单调和下等人气质的嗓音永远铭刻在我们的记忆中。当他开始第一段因为放肆或挑逗的老腔调而使得歌词饶有趣味的主歌：

月亮在晴空，
这时，大道上，
我看见索斯泰纳出现了
对着我说：亲爱的奥斯卡！
你从哪里来，老朋友？
我，我对他回答：
今天是星期天，
明天是星期一……
黑猫酒馆

接下来唱起那段著名的副歌：

我来碰碰运气
在黑猫酒馆周边
在月光下
在蒙马特！
我来碰碰运气

在黑猫酒馆周边
在月光下
在蒙马特!

在听人们虔诚地保存下来的年代久远、有嗞嗞声的录音时,布留安似乎就以他无法模仿的外形出现在我们面前,就像蒙马特放荡的作家,与他颇有默契的年轻的莫里斯·多奈所描写的那样:

他穿着传说的那套衣服:黑色天鹅绒的短外套里露出红色法兰绒的衬衫,与外套同样面料的裤子,裤脚塞在长靴里。理所当然地,在他自己的酒馆里,他并没有戴那顶宽檐黑毡帽,也没有围他朋友罗特列克在那份著名海报上给他画的那条红围巾,而是光着脑袋,黑色光滑的头发向后梳,露出高高的额头,底下是一张胡子刮干净的脸。一副蹩脚演员或罗马皇帝、演凯撒角色的喜剧演员或者凯撒变成喜剧演员的形象:仿佛像章上的侧身像,微笑中带着一丝苦涩。就是这个样子,没什么可说的。他很帅。

《卡巴莱酒馆中的布留安》,
亨利·德·图卢兹·洛特雷克,
平版印刷,1892年。

那么问题来了。说真的,我们本应该在文章一开始就从这个问题入手的:为什么叫“黑猫”? 为什么罗道尔夫·萨利会用这个名字和这个招牌?

我没有找到明确的答案。因此最好是回到很有可能的事情上来,回到这个动物所传达出的象征形象上来:这个中世纪普遍赋予它魔鬼般的、夜间出没的形象的猫,这个背负着世界上所有缺点的猫,虚伪、狡猾、偷盗、放纵性欲、淫荡、贪食。我知道,而且黑猫,是那些会毫不犹豫地钻入猫皮里,来逃避正义惩罚的女巫们心爱的伙伴或同谋犯。

在19世纪,一切反转。少许地因为所有这些相同的原因,猫又重新变成了时尚。19世纪20年代初,浪漫主义已经转向了中世纪,以便更好地与古典主义决裂,来接受或改变那套古老年代的道德标准。于是,让黑猫像挑衅性的标志一样存在着。这个被看作给人带来不幸的黑猫,罗道尔夫把它挂在酒馆门上用来表达深情的、放肆的与这个时代的默契。

还得再说一句与这个"美好时代"的巴黎文学、艺术生活圣地有关的话——这句话和详细的情况在这里的确非常重要。在黑猫酒馆,第二家,拉瓦尔街上的那个,一只猫在那里生长繁衍。让我们再一次,而且是作为总结,引用莫里斯·多奈1926年出版的回忆录里的话:

> 现在,我有时从曾经盛名一时的酒馆面前经过,那不再是我提到的引人注目的、嘈杂的"黑猫",而是安静的、温馨的"黑猫"。对,有家的味道,这不矛盾。我在这里度过了美妙、温暖的时光。在天气阴沉的冬日,我的房间阴暗凄清,暗黑的街道寒冷又布满污泥,我不止一次地躲进那里,在深夜来临前。在黄昏令人伤感的时段,空旷的大厅里,在一株背井离乡的棕榈树最高的叶子上,黑猫正在睡觉。一只真正的黑猫,此地受人尊敬的神秘神灵。巨大的壁炉里烧得正旺的焦炭噼啪作响,阿道尔夫·卫耶特描绘金牛崇拜的漂亮彩绘大玻璃窗有着一

种宗教的庄重感。

尚弗勒里(Champfleury)

后世的人们对儒勒-弗朗索瓦-菲利克斯·于松(1821—1889),这位在自己作品上署名尚弗勒里[1]的作家似乎比较绝情。他从所有的教科书中消失了。人们在最权威的大百科全书和最详尽的法国文学史里才能勉强看到关于他的零星文字。不过,他的确很高产。他的小说中有几本,比如《戴尔戴耶老师的痛苦》或者《莫兰沙尔的有产者》还能为个别学识渊博的人所知。今天我们重温这些书有什么好处呢?批评家阿尔贝·蒂博代(Albert Thibaudet)尊他为第二帝国治下法国社会认真而精确的描绘师。尽管如此,还是太少了,人们把他忘记了。

然而,从历史上看,他是最先在叙事方面坚持严格现实主义的人之一。而且,他在1857年的一篇,庄严地命名为《现实主义》的文论中表达了这一点。左拉,某种意义上说,只不过在跟随他的脚步而已。我们也知道尚弗勒里和画家居斯塔夫·库尔贝[2]有着密切关系。他在捍卫后者的作品,或者说得更好些,美学……方面,起了决定性的作用。就在刚出版了《莫兰沙尔的有产者》之后,有个叫居斯塔夫·福楼拜的人于1856年出版了《包法利夫人》。但除此以外,谁还知道他些什么呢?

一本书,只有一本尚弗勒里的书还留在人们的记忆中。那是他晚年任塞夫勒瓷器厂厂长时写的:那本书名很朴素的《猫》,于

---

① 尚弗勒里(Champfleury, 1820—1889):法国艺术评论家和小说家,现实主义运动的杰出支持者。——译注

② 居斯塔夫·库尔贝(Gustave Courbet,1819—1877):法国画家,现实主义绘画的代表。——译注

1869年出版，当时很受欢迎，并且之后又重印过很多次。如今，人们也不太可能再推荐阅读这本书了。

说到底，尚弗勒里的命运让人奇怪地想起了早他一个世纪的蒙克里夫（参见该词条）的遭遇。跟他一样，蒙克里夫是著作颇丰的作家；跟他一样，此人也是著作被人遗忘的作家；最后，还是跟他一样，此人出版了一本关于猫的书，一部有别于他其他书的心血来潮的作品。也是这本小书让蒙克里夫的名字以简单的形式不朽。因为，他们两个都是在各自的时代唯一花了一本书的篇幅去展开一个如此广博、如此美妙的主题的人。当然了，长久以来，已经有大量的散文家、诗人、寓言作家关注猫，关注它们的习性、它们的私密，抒发他们对猫怀有的喜爱之情，等等。但是，这些都不过是一首诗、一个段落、一个童话而已。不，一整本专门写猫、题目里带有"猫"这个字眼的书。蒙克里夫和尚弗勒里两人因此而引人注目，受到景仰。

尚弗勒里的作品是精致，博学，率性，充满魅力、趣闻轶事、温情以及跟这种动物的默契。蒙克里夫，18世纪的宫廷贵族，他在著作里对猫的拥护表现出一种矫揉造作的风格，大量的似是而非、诙谐妙语、有趣的夸张。某种程度上，要求读者不要为他的辩护词所欺骗而不了解其真意。相反，尚弗勒里用他最熟知的常识，对猫的最直接的信念和最真切的感情来写作。他的写作带着一种轻松。尚弗勒里，现实主义，甚至是自然主义的传奇先驱。他是按照这种文学创作艺术所要求的翔实描绘、视觉放大、有效对比或者那种贫苦和富有的绝对反差风格来写作的吗？幸好在这本书里不会给人这样的联想。当他谈论猫的时候，如果用画家去形容，他不是现实主义的库尔贝而是洛可可风格的华托。

据说有一天，他恰好和朋友乔治·桑就现实主义流派这个问题发生了争论。被当时的批评家和文艺专栏记者奉为这一文学流派领袖的乔治·桑有点挑衅地问：

“什么是现实主义呢?”

尚弗勒里,很镇定地,回应道:

“不要对一个骑在驴背上的人说:您这匹马可真漂亮!”

这话谁能反驳呢?

不容他人置辩、常令人无法忍受的乔治·桑,这一次也哑口无言了。

那猫儿们呢?

在他的著作里,尚弗勒里直接称它们为“猫”,并没有用一些不恰当的,让人感觉云里雾里的隐喻。他朴实地表达、渊博的学识令人愉快。感性的评语来自于他对猫最深切的关怀和柔情。

他的见证实录有时是为最弥足珍贵的。

那么,我们仅举一例。

有很多读者喜欢引用亚历山大·维亚拉特[①]在一期专栏中那句关于猫的著名的话:“上帝好心造了猫,是为了人类能够抚摸老虎。”一些有经验的文人认为,维亚拉特,不管有意还是无意,是受了雨果写过的相同的话的启发:“上帝造了猫是为了给人类抚摸老虎的乐趣。”

尚弗勒里最终告诉了我们这句话的来源。它不能归功给雨果。不是!让我们来听他怎么说的:

> 我年轻的时候,曾有幸在雨果家受到接待,在一间装饰有挂毯和哥特式艺术珍品的会客室里。中央竖立着一个很大的红色华盖,中间端坐着一只猫,像是在等候来访者致敬。
>
> 一大圈白色的颈毛散开着,像是黑色皮毛上披了一条掌

---

① 亚历山大·维亚拉特(Alexandre Vialatte,1901—1971):法国作家、文学批评家、翻译家。是卡夫卡作品的法语译者,最早发现卡夫卡作品文学价值的人之一。——译注

玺大臣的披风，胡子跟匈牙利马扎尔人的一样。当它一边用那冒着火焰般的眼睛看着我，一边庄严地向我走来时，我意识到这只猫有诗人的风范，而且体现出了充斥在这间住所里的那些伟大思想。

“就是它，”雨果曾写信告诉我，“是我的猫让梅里[①]说出了这句著名的话：上帝造了猫是为了给人类抚摸老虎的乐趣。当时我的猫躺在梅里的大腿上，弓着背。”

师傅心爱的弟子继承了他对这种动物的热爱，同时在其中引入了一些特别的变调。泰奥菲尔·戈蒂耶，在某一时期，把他的宠爱平分给猫和白鼠，忘了猫在家里是独断专行的……

我们就引用到这里吧。

查尔特勒猫(Chartreux)

我喜欢查尔特勒猫[②]。我对此为什么要隐瞒呢？这是我喜欢的(品种)猫。但更因为它们是我的朋友，和我灵犀相通。它们令我感到安心，同时又令我浮想连翩。

一方面，它们看上去像个大胖子，圆乎乎的脸蛋，浓密的、光滑如长毛绒的漂亮的灰蓝色皮毛，橘色的眼睛实在太过明亮、太有魔力而看上去像是假的，好像不属于它们似的。人们以为它们温柔敦厚、友好、喜欢待在家里、随和好相处、贪吃甚至吃相稍微有点狼吞虎咽。人们这样来描述它们也并非完全错误。我自己从来没遇

---

① 约瑟夫·梅里(Joseph Méry，1797—1866)：法国记者、小说家、诗人、剧作家、歌剧剧作家。——译注

② 查尔特勒猫：又译夏特尔猫或沙特尔猫，据说由法国查尔特勒修士会培育，世界三大蓝猫品种之一。——译注

见过一只瘦得皮包骨头、厌食的查尔特勒猫。这和我们内心深处的情感、它们带给我们的温柔和安详的东西有关。

但是,还不止这些。还有查尔特勒猫的神秘。

应该要把它的名字归功于几世纪前,可能从南部非洲把它们带回,把它们养在与它们同名的查尔特勒修道院的修士们吗?它至少保持了那些深明吃之意味的修士们热衷美食的生活乐趣和肥胖的一面,或许还有灵性的闪光和并非与宗教服装不协调的优雅。

然而很多人对这一来源的说法表示怀疑。研究表明,似乎在查尔特勒修道院的历史上,修士们从来没有养过这些猫,而且他们也没有踏足过南非。真可惜!

我们的猫或许真的来源于近东地区,并且是通过十字军东征来到了欧洲的。最初被叫做蓝猫,后来被命名为查尔特勒猫。这是由于它的毛色与以前从西班牙进口的,一种也不知为何叫做"查尔特勒绒"的羊毛相似。

有件事情是确定的:这种查尔特勒猫背后有悠久的历史、令人眼花缭乱的往事和传说。啊!它可不是一场雨后就冒出来的,也不是那些乐于把猫杂交,就像人们给植物做插条繁殖,看能长出什么东西来的饲养者们可疑的心血来潮的产物。它不是从基因上被改变了的猫,不是温室产物,也不是那种令人无从亲近的"花瓶"猫。查尔特勒猫,是看得见摸得着的,是永恒的存在。林奈[1]和布封[2]以及启蒙时代所有的博物学家们已经向它致过敬了。请叫它*Felis catus cœrulus*[3]!

---

① 卡尔·冯·林奈(Carl von Linné,1707—1778):瑞典博物学家。现代生物学分类命名奠基人。——译注

② 乔治-路易-勒克莱尔·德·布封(Georges Louis Leclere de Buffon,1707—1788):法国博物学家、作家。用40年时间写成36卷巨册的《自然史》。——译注

③ 此处为拉丁文。*Felis catus cœrulus*,意思是"蓝色的家猫",从18世纪起,很多博物学家以*Felis catus cœrulus*描述查尔特勒蓝猫。——译注

查尔特勒猫，尤其是魔力的震颤，奇怪的魅力之翼，甚至是上流社会纯净的灵性之影，知晓所有人间食粮的美好的祷告时的陪伴。

如果我需要拿它和某个人来对比，我只会提到一个名字，那就是弥勒佛。同样是肚子溜圆，锦衣玉食，脸上尽是喜悦，双腿盘坐着，沉浸在难以言表的幸福中，它也是置身世事之外的佛，一切都入不了或逃不脱他的法眼，有着无上的大智慧，世人无法企及他诸法皆空的境界。

这就是查尔特勒猫，我们豁达的大肚弥勒佛。一个摸起来如此柔软的佛。谁还有比这更好的比喻？

猫(Chat)

为什么"猫"这个词条不可以出现在这部《猫的私人词典》中呢？

是不是多余？还是显然必不可少？

只此一回，我们从最严格的词汇学角度去看"猫"这个词在《法兰西学院词典》第九版（也是最新的版本）中的定义。

在字典里可以读到：

> CHAT，CHATTE[①]：名词。11世纪。来源于拉丁语词*cattus*，意思是"猫（野生，后成为家养动物）"。
>
> 1. 猫科小型肉食哺乳动物。

这第一条解释说出了最本质的内容。

---

① chat，chatte分别为法语中"猫"的阳性和阴性形式，chat指雄猫或泛指猫这种动物，chatte指雌猫。——译注

下文则仅限于，通过一些例子或着常见的句子，如“游荡的猫”或“猫守候着老鼠”等，列举那些基本的词义和词组，还有猫的主要品种：蓝色波斯猫、安哥拉母猫、暹罗母猫等等。

在第二条解释中，还提到了关于猫的一些重要的、形象化而又熟悉的表达；在第三条解释中提到了以猫为对象的谚语；在第四条中，用类比法，提到了“九尾猫”[①]这种鞭子。

在这本《猫的私人词典》中，我们会在“词源学”以及“谚语，熟语和迷信”的词条中发现丰富的话题，获得其他研究领域带给我们的所有启发。

穿靴子的猫(Chat botté [Le])

为什么这只著名的猫，夏尔·佩罗最有名的故事中的重要角色会穿靴子？它是在1697年，随着《鹅妈妈的故事或寓有道德教训的往日故事》的出版而诞生，或者说，出现的。以“穿靴子的猫”为主角的故事原来的确切标题是《猫师傅或穿靴子的猫》。

那么，为什么猫是穿着靴子的？

好吧，这个明摆着的问题，却找不到一个无可辩驳的答案。

作为开始，我们来看一下故事的开头吧：

> 有位磨坊主，留给他三个孩子的全部财产只有一盘石磨、一头驴子和一只猫。他们很快就分割好了财产，根本没有请公证人，也没有叫代理人。照这样，他们有可能会很快把这点可怜的遗产挥霍光。老大分到了石磨，老二得到了驴子，小儿子只有那只猫。

---

① 九尾猫(chats à neuf queues)：也作“九尾鞭”，一种刑具，在木棍上绑9条绳子而制成。

小儿子不能不为了分到这么少的财产而感到痛苦："我的哥哥们，"他说道，"他们两人把分到的财产放在一起合伙，就刚好可以谋生；而我，等我吃掉了这只猫，用它的皮做一个暖手笼，然后就只能饿死。"

这只猫，听到主人这番话，但是假装不知道，对他庄重而严肃地说：

"您完全不必悲伤，我的主人。您只需要给我一个袋子，然后再找人给我做一双靴子，好让我穿着去灌木丛。您就等着瞧吧，您的造化可没您想的那么糟糕。"

简单概述一下下文：这个年轻人，之前很欣赏猫在捕鼠时灵活而矫捷的身手，答应了它的要求，但不管怎样还是没有太多的信心。他给了猫一个袋子并请人为它制作了那双众所周知的靴子。

那么，为什么要这双靴子呢？

因为这只猫贪图舒适，不想在丛林中冒险时弄伤它的爪子吗？

佩罗和这只猫自己给出的解释似乎不多。

为了把自己装得更像人，使自己的花言巧语、谎话、花招和冒名顶替更加令人信服，从而确保主人可以得到财富？

或许。

是因为靴子有魔力？

不，关于这点可是只字未提！这可不是那双一大步可以跨越7法里的靴子①。

是因为，在佩罗或多或少收集到，并进一步丰富的儿童故事和传说里，猫就已经穿着靴子吗？

---

① 在佩罗的童话故事《小拇指》当中，妖怪有一双七里靴，能够适应穿它的脚变大变小，后来，小拇指趁妖怪熟睡时脱下它穿在自己的脚上。法里是法国古代的长度单位，1法里约为4公里。——译注

有时，人们的确在一些民间故事中发现了穿靴子的猫。

比如，这首从阿法纳西耶夫①的童话中提取的俄罗斯歌曲里唱的：

猫在走路
穿着红靴子；
它胸前挂着剑
还拿了一根棍子齐腿长；
它想杀死狐狸
要了它的命。

至于格林，则提到了一首奥地利老歌谣：

我们的猫穿着小靴子；
它穿着靴子在赫拉布鲁恩奔跑
它发现一个小孩儿在阳光里……

在这些奇怪的唱段里，再没有提到过“穿靴子的猫”的故事，也没有解释为什么“穿靴子”。

得承认，“穿靴子的猫”的历史由来已久，佩罗不过是借用。仅此而已！这并不意味着就不该再关注这个童话故事了。这个故事吸引人的地方也不仅仅是这个标题，尽管它没有一丝不苟、动情地去描写猫。我们对这只猫和它的外形一无所知。它是白色的、黑色的、虎斑纹的，还是带斑点的？是肥胖的还是骨瘦如柴的？站立的时候是高还是矮？都是谜。它有着“庄重而又严肃的神情”，这

① 亚历山大·阿法纳西耶夫（Alexandre Afanassiev，1826—1871）：俄罗斯民间故事收集者与出版者。——译注

几乎就是关于它的外表描写的全部。但是重点并不在这里。佩罗让他的主角猫发挥了非常大的作用，赋予它一种最本质的象征的能力：给人带来幸福的能力。

最后，人们可能会恨不得大声欢呼。终于，这不再是一只恶魔般引起恐怖、充当恶势力使者的猫！终于，这不再是一只预示着灾难和痛苦的猫！这只是一只猫，一只可怜的猫。如你我一般，既非富人也非权贵，没有很高的社会地位，作为遗产被交给没有运气继承一盘石磨或一头驴子的赤贫的小儿子。然而，这只猫即将显示出它才是最宝贵的财富。终于，一个作家，夏尔·佩罗，把猫视作世界上最珍贵的财宝！我们应该向他表示感谢。

当然，为了保证它主人的富贵发达，甚至幸福姻缘——让主人娶到国王的女儿，够意思了吧！——我们这只无与伦比的猫要使出各种花招；它去讨好国王，以主人所谓的卡拉巴侯爵的名义向他献上野兔和鹧鸪；它用厄运威胁佃农，让他们把正在耕种的土地说成是卡拉巴侯爵的；它鼓动勇猛的食人魔兼城堡主人[①]变身成只要一口就可以吞下肚的老鼠，好让它吃掉，然后把主人安顿在食人魔的城堡里，但这是出于善良的动机，不是吗？

这只“穿靴子的猫”，和司卡班[②]、克里斯班[③]以及所有滑稽搞笑的仆人是一丘之貉，他们在服侍主人时诡计多端，惯用骗局欺诈——顺便也确保了自己的舒适生活。由此，佩罗被指责不道德，用这样一个没有教益的故事腐化年轻人。故事中不诚实、说谎、滥用别人的信任却得到回报，同时代的人们群起而攻之，但没什么成

① 在这个故事中，食人魔可以变成任意大小的东西和形状。穿靴子的猫骗他变成老鼠，把他吃掉，然后让主人占有了食人魔的城堡。——译注

② 法国喜剧作家莫里哀的作品《司卡班的诡计》中比主人更有智慧的下等人的形象。——译注

③ 法国剧作家保尔·斯卡隆(Paul Scarron，1610—1660)的作品《萨拉曼卡的小学生》中的仆人形象。——译注

效，我们也知道。

再说一次，很少有童话故事得到这样的待遇。英国人通过无数的改编和大差不差的译文把它据为己有，比如，著名的《穿靴子的猫》[1]。德国人也是如此。我们这里只举出德国著名的浪漫派作家路德维希·蒂克[2]于1797上演的三幕剧这一个例子。

但是，佩罗，尽管不是无中生有，他是第一个编出这个故事的人。这个故事有其历史悠久的民间传说素材，这些传说里，猫已经天资聪颖（不过还从没穿过靴子）了。我们的作者，确切的说，是直接从稍早于这个故事的两个意大利文本，吉奥凡·弗朗塞斯克·斯塔帕罗[3]的《滑稽之夜》和吉奥凡·巴迪斯蒂·巴塞尔[4]的《故事中的故事》中得到了灵感吗？写了无数论文来探究这一重要问题的学者很肯定地告诉我们，对于斯塔帕罗，有可能，对于巴塞尔，情况令人怀疑。在佩罗之后，其他一些做了基本内容更改的"穿靴子的猫"出现在丹麦、挪威、俄国……我们就不一一列举了。

我们刚刚强调了，如此可爱的"穿靴子的猫"，这一次，与带来坏征兆的猫是多么不同。诚然！尽管如此，它也并非没有超自然的能力。忘了它会说话这一点！童话故事中动物们都会说话，这是童话故事的必要条件。那么，它吓唬人的本领？它一直都有。你们回想一下，猫要求主人脱光衣服跳到河里并把他的寒酸衣服偷走，看到国王的马车快要接近时，要求它的主人假装溺水。它看

---

① 文中此处用了英文 Puss in boots，指的是英国人的《穿靴子的猫》。

② 路德维希·蒂克（Ludwig Tieck，1773—1853）：德国早期浪漫派作家、批评家。主要作品为小说、民间故事和戏剧。1797年他创作了讽刺喜剧《穿靴子的猫》。——译注

③ 吉奥凡·弗朗塞斯克·斯塔帕罗（Giovanni Franscesco Straparola，1480—1558）：意大利文艺复兴时期的作家，被视为欧洲童话文学的先驱。《滑稽之夜》是他的主要作品。——译注

④ 吉奥凡·巴迪斯蒂·巴塞尔（Giovan Battisti Basile，意大利语写作：Giambattista Basile，1575—1632）：意大利诗人、作家。主要作品为短篇民间故事集《故事中的故事》。——译注

到自己的计谋得逞了:国王或他的侍从们救起不幸的“卡拉巴侯爵”,他登上了国王的马车,国王让他换上了华美的衣服……

> 这只猫,看到它的计划开始奏效非常高兴,于是,它又跑到前头,看到一些在牧场上割草的佃农后,对他们说:
>
> “你们这些割草的家伙,如果你们不对国王说你们正在收割的草场属于卡拉巴侯爵老爷,你们就会全都被剁成肉酱。”
>
> 国王果然问割草的人,他们正收割的草场属于谁:
>
> “这是属于卡拉巴侯爵老爷的。”所有人一起说道。因为,猫的威胁让他们感到害怕。

是的,你们都看到了,猫轻而易举地恐吓了迷信的佃农,猫永远令他们感到畏惧……但是,还好。毕竟,它之所以使用荒唐的做法,以及它同类以前经常在单纯的人身上运用祖传的恐吓威力,是为了达到它的目的。我们是多么高兴! 在故事的结尾,得知猫的主人,所谓的卡拉巴侯爵,磨坊主的第三个儿子,要娶美丽的公主为妻。

那么猫呢?

“这只猫成了大贵人,再也不用追着老鼠满屋跑了,除非是为了找乐子。”

总之,它过上了奢华的生活。

“猫看见烤肉”(« Chat vit rôt»)

尽管这部词典中不乏著名的作者,这首充满喜感,有着简洁的叠韵,妙趣横生、抑扬顿挫如一把骰子洒在楼梯上如瀑布般滚下来的小诗,它的作者又是哪一位呢?

我们的父母曾经教我们背诵它。我们毫不费力就记牢了。

它是什么时候出现的?

它是一个集体创作的成果吗？

猫看见烤肉
烤肉诱惑猫
伸爪向烤肉
无奈肉太烫
烫坏猫爪子。

从文中用 rôt 表示 rôti[①] 来看，推算它产生的年代至少有一两个世纪之久了。

我们可能仅仅——或许带着一点忧伤——肤浅地注意到，在这里，猫又一次没有扮演好的角色。它是贼，去偷不是给它的那块肉。它是个冒失鬼，把自己的爪子烫到了。这是一只贪吃猫，而且是只笨拙的猫。

这一切真的如此吗？

啊！又是这些令人不愉快的对猫的成见。

也就是说，从小，我们就受到这些脍炙人口的儿歌潜移默化的影响，并对此深信不疑。

高空坠落(Chutes)

在我们身边，听说猫失去平衡，从阳台、屋顶天台、檐槽跌下，然后，落到地上，仿佛什么事都没有的例子不要太多！

总之，猫这种从高空落下后，四爪着地安然无恙的能力是怎么回事？它最高可以从哪个高度掉下来而不会有什么大碍？因为其他一些例子已经告诉我们，有的猫从它们住所的三楼或四楼坠落

---

① 法语中 rôt 和 rôti 都有“烤肉”的意思。——译注

就挂了。因此,并不是所有的猫都像我们想的那样,跟橡胶一样不怕摔?

曼哈顿动物医疗中心的两名兽医,韦恩·惠特尼博士和谢丽尔·迈尔哈夫博士,1988 年花了整整一个夏天和秋天的时间,对从纽约摩天大楼坠落的猫进行实验研究。他们记录了 115 个案例,90%的猫,请您放心,据他们记载,在经过治疗之后,恢复了健康。

在更进一步深入了解这个研究实验之前,我禁不住对几点产生了疑问。

115 只猫一不留神失去了平衡,从高空坠落,这个数字算多还是算少呢?要知道,并非所有的猫有自杀倾向!或者说,笨手笨脚!有多少只猫是被它们脾气暴躁的主人扔出来的呢?这样的问题不好回答。

因为,我们不会贸然地去怀疑是韦恩·惠特尼和谢丽尔·迈尔哈夫出于他们的实验目的而亲手把那些猫从高处的窗子或天台抛下。因此,我们推断,他们是在动物出事后被送到兽医诊所,而得到这些信息的。那些摔死的猫呢?横尸在人行道上,然后被清道夫清理掉了?不可能把它们都记录下来。简言之,这个调查研究的统计和科学的严密性令我困惑。因此,得出的结论在我看来未免过于乐观。

然而,这个调查研究还是很有趣的。

我们继续!

这 115 个案例中,据说,在到达兽医诊所前,有 3 例死亡;8 例在事故发生后的 24 小时内死亡(它们是从 5—9 层楼之间的高度坠落的);其余 104 例,从更高的地方坠落,反而活了下来。

观察到的最多的临床症状是:鼻出血、骨折以及骨头、鼻吻部和头部的擦伤。只有 3 例表现出几根肋骨骨折,4 例整体骨架骨折,1 例脊柱断裂的都没有发现。

从中得出的结论是什么呢?

我们当然知道猫科动物通常在腾挪跳跃和狩猎活动中具有惊人的能力。它们的骨骼和肌肉决定了它们具有这种素质:猫特别擅长在跳跃后用前爪着地以减轻撞击。当然,还有更多的因素。它们在半空中重新把身子灵活地反转过来,之后,四爪着地。我们中的每一个人都能够注意到它们表现出的这种非凡能力。你们永远不会看到它们像个笨拙胖子那样以背部或侧身着地。有没有观察到头部受损的情况?毕竟,可能会有猫在到达地面时没有足够的时间抬头,以免头部遭受撞击。

还有一个基本的问题:为什么从 5 层楼以上高度坠落的猫反而比更低高度坠落的猫伤亡情况要轻,然而,对于人来说,情况刚好是相反的?但是,我不认为在 1988 年夏秋期间,对曼哈顿地区坠楼的人数会有严谨的统计研究。坠楼的人会比坠楼的猫的数量少还是多呢?有多少人被送往医院或太平间呢?9 层楼以上高度坠落的人有多少活了下来?我们还是不谈这些了。

韦恩·惠特尼和谢丽尔·迈尔哈夫对于猫从这么高的高度坠落而奇迹般生还提出了一个非常吸引人的假设。他们首先观察到,猫的身体重量和面积比例要比人类的比例数值小得多。在大约 7 层楼的高度以上,它们能把坠落速度稳定在 96km/hr。某种程度上它们表现得像降落伞一样。毛发在空中的摩擦会起到减速的作用。还有更奇妙的!猫在半空中一段时间之后,会放松下来,不会把爪子绷紧使之与地面成直角,相反会把爪子伸展开。这样,它们某种程度上扩大了自己的"帆面积",从而缓冲着陆时产生的撞击力,使之仅为向下绷紧爪子着陆的 1/30。

为了进一步证明,韦恩·惠特尼和谢丽尔·迈尔哈夫继续研究了猫在较低高度坠落时更容易死亡的情况。那是因为,它们还没来得及调整好,还处在慌乱之中,就仿佛忘记了要拽一下打开降落伞的绳子……

有人会对你说，猫是一种神奇的动物！从一幢摩天大楼的高处滑翔下来，却没一点擦伤。而蝙蝠侠得更衣，换上他的全副行头才可以。

然而，在做出结论之前，暂且不管我们这两位曼哈顿兽医的令我感觉有点不切实际的统计数据，我不能不提出一个令我忧虑的问题。

他们是如何真地做到科学地观察那些猫在33—9层楼的半空中的姿势的？不管怎么说，他们当时并不在场，不在楼下，也不会那么凑巧，在一只笨猫或自杀的猫准备从纽约帝国大厦的上面跳下时，手上正好有照相机或摄像机可以把这一幕记录下来吧？为了观察猫在半空中的行为，他们有没有“牺牲”一些猫？这个想法令人不禁战栗。若有这种情况，韦恩·惠特尼和谢丽尔·迈尔哈夫很显然应该从医生行业委员会中被除名，并且由国际法庭来判决他们对猫族犯下的罪。我们还是排除这种怀疑吧！如何？

所有这一切令我非常困惑。

墓地(Cimetières)

猫和墓地很搭。

它们在逝者中间穿梭。它们从一个祭台或者墓碑溜到另一个。它们不会扰乱墓地的宁静，反而构成了宁静的一部分。它们保护着这里的宁静，它们是这里的守护神，也是令人安慰的身影。它们专注的目光里闪耀着瞬间的怀疑和怜悯，对活人的怀疑，对死人的怜悯。

猫，在墓地里，也见证着生命固执的火花继续在逝者长眠和安葬的地方发光。它们可能是要我们相信有灵魂转世，它们自己就有好几条命，有人对我们说。这是一些猫的躯体，有着完美的灵活和悄无声息的风采。或许，那也是亡灵。

我前面谈到安慰。常年生活在墓地的猫很少会离开它们的寄居地。总会有些充满同情心的人来给它们喂食，却不会打扰它们的清净。那为什么还要离开墓地，为什么还要去重新面对嘈杂、危险、周围人的庸俗和疯狂的躁动呢？它们，把2/3的时间用于睡觉，在墓地生活得很幸福。如此，它们不正是安息于此的逝者们默契的伙伴吗？

在永远的安息和短暂的休息之间，说到底，只是一个程度或强度的问题——使猫与未知事物建立起联系的这个睡眠强度。更进一步说，是任何人都永远无法证明的那些启示。当它们醒来，伸展四肢，站起来，拱起背，把灵活的耳朵转向树丛中鸟儿歌声的方向。又探索起周围寂静的世界：风吹野草的簌簌声；流泪的伤心人来思念他们逝去的亲人，或者，恋爱的人来找一个私密的隐蔽之处（猫知道，对于一些迷失在某天发下的誓言里的恋人们和一些被挥之不去的忧伤折磨着的孤单的人而言，都没什么可怕的）；总之，当生活似乎重新动起来，就好像画面、睡眠或者梦中的乐趣暂停之后那样，墓地之猫的身体里仿佛还住着一种更高深莫测的智慧、一种更令人振作的热情，仿佛它们是从那些亡灵中间回来的。

我向来完全无法理解，出于卫生的考量而掀起的阴森的火葬潮流。这种做法大大违背了我们西方或地中海地区的传统。从埃及人、希腊人、伊特鲁里亚[①]人那时起，人们就土葬逝者，给予他们死后的荣光，并为他们守灵。埋葬亡人的地方表现了一种文明形式，我很想再补充这一点。对我来说，我希望能安息在猫常去的墓地。那会不会轮到我变成猫呢？

---

① 伊特鲁里亚：又译伊特拉斯坎、伊特鲁利亚、埃特鲁里亚、伊楚利亚，是位于现代意大利中部的古代城邦国家。伊特鲁里亚包括了现今托斯卡纳、拉齐奥、翁布里亚的区域。——译注

无论如何，在一棵柏树或一棵柳树的树荫里，在一块有打盹的猫陪伴的墓碑下，死亡的睡眠一定不会太痛苦吧。

5 万美元(Cinquante mille dollars)

5 万美元，或者更确切地说，49680 美元，是一个人（或者说一个女人），在 2004 年的美国，为克隆一只前一年死去的老猫所花的价钱。为了这个目的，女当事人早就把这只猫的 DNA 保存起来了。就这样，第一只克隆猫应运而生。

至少，出现在《女性》季刊 2007 年 8 月第 13 期“特殊的猫”中的信息是这样说的。

如此轻而易举就可以克隆猫吗？克隆后这只和原先一模一样的新猫，它的寿命有多长？克隆实验室是否乐意向这类市场开放，至少在美国可以？这一信息的源头是否真实可靠？所有这些问题对我来说都石沉大海了。

上述故事反映了一个基本的问题，也可以说，是一个沉痛的事实。人们总想再造自己所爱之物，这种行为既愚蠢又可悲。很显然，他们不接受死亡的事实。特别是，他们对猫这种动物不甚了解，每一只猫都是特别的，和它的同类中的任何一个都不一样。克隆的猫对我来说，比克隆一只母羊、一只卷毛狗或一只仓鼠更加可怕。这是极度违背常理的，是不可能完成的任务。太恐怖了！

显然，“制造”一只一模一样的克隆猫要花一大笔钱，目的是为了忘却，或者，从某种意义上否认先前那只猫的死亡，且不说这种行为是不妥的。

如果真有这种想法，钱多到没处花，那还不如花这笔钱办一个隆重的葬礼来纪念逝者。自古以来就有这种传统了。

美国犹他州的 SMM（木乃伊安葬协会）向人们提供一种把死者制成木乃伊的服务，技术是从古埃及借鉴来的。把您的丈母娘制作成木乃伊需要花费多少钱？有必要吗？光制作一只木乃伊猫，就需要花费近 4500 美元。这已经是一大笔开销了。

一想到衣柜上有一只曾经和我一起生活过的猫的木乃伊，我就打哆嗦。在我眼中，这真是一种病态的逻辑！一种毒害身心的行为！一只猫，是一个生命，谜一样的生物，是波！一只木乃伊猫是什么东西？什么都不是。这种做法剥夺了猫的权力，使猫的神秘感消失殆尽，扼杀了猫的灵魂，只留下一副皮囊。这种行径否定了魂魄、回忆、亡灵和精神的存在。

也否定了猫本身。

语录(Citations)

猫爱吃鱼，却不想弄湿爪子。

——佚名(10 世纪谚语)

天堂永远不会是天堂，如果那里没有我的猫在迎接我。

——佚名(一处动物墓地的碑铭)

猫是一种有两只前爪，两只后爪，两只右爪，两只左爪的动物。前爪用于奔跑，后爪用于刹车。猫的身体是从头部开始动到身体后面的尾巴结束，尾巴要过一段时间才能停止。它的鼻子下有毛，像铁丝一样直。正是如此，它才被列为缆绳类①。猫(chat)时不时地会想要孩子。于是，它生出了孩子，

① 法语 filin(缆绳)一词和 félin(猫科动物)一词的音极为相近。此处说话者是模仿了孩子的不正确发音，相当于一个文字游戏。另外，从孩子的思维角度可能认为胡子、铁丝、缆绳有一定的联系，“缆绳”和“猫科动物”的音形如此相近，因而有着理所当然的联系。此处采取直译是为了让部分懂法语的读者能体会到法语语言的妙趣。——译注

也就是在这时它变成了母猫(chatte)①。

——佚名(致一位9岁的小学生)

在一间黑屋里很难捉住一只黑猫,尤其是当它不在屋里的时候。

——佚名(中国谚语)

我想要在我的房子里
有个理性的妻子
一只在书籍间穿梭的猫
四季不断的朋友
没有他们我没法活。

——纪尧姆·阿波利奈尔

永远不要让一只小猫和一棵刚装饰好的圣诞树单独呆在一起。

——达夫·阿克金斯

当我叫醒我的猫,它好像对给它重新入睡机会的人很感激的样子。

——米歇尔·奥迪亚尔

天空在它的眼里,地狱在它的心中。

——奥诺雷·巴尔扎克

---

① 此处说话者是为了给孩子解释为什么名词"猫"有阴阳性两种形式。——译注

猫是美丽的;它给人奢华、干净、性感……的印象。高尚纯洁的猫,奇特的猫,它身上所具有的一切,如同一个天使的特征,既精妙又和谐。

——夏尔·波德莱尔

猫(名词):大自然生产出来的柔软而又难以破坏的自动玩具,在家里出现矛盾的时候,可以被踢几脚。

——安布罗斯·比尔斯

猫是人们仅仅出于需要才留下的不忠诚的家养动物。

——乔治·路易·勒克莱尔·布封伯爵

不论人们对它们说什么,(爱丽丝某天注意到的)幼猫有令人非常不舒服的一直打呼噜的习惯。

——刘易斯·卡罗尔

你们会说,猫不过是一张皮!根本不!猫是魅惑,是波的触摸。

——路易·费迪南·塞利纳

有时它会把一只柔软的爪子悬在半空中,并且用沉思的目光望着她。我妻子说,那是因为它希望人们能给它买块手表。它并没有这种特殊的需要——它猜测时间比我还准——但它应该有几件首饰。

——雷蒙德·钱德勒(谈到他的母猫达姬)

我喜欢猫独立的、近乎薄情寡义的性格,这种性格使它不依恋任何人。从在客厅溜达到它的出生地檐沟,它都带着这种冷漠，人们抚摸它，它会弓起背来，但这是一种身体乐趣。猫喜独居，它根本不需要任何社团，它只在愿意的时候才听话，它熟睡是为了看得更清，它抓挠能够抓挠的一切。

——弗朗索瓦-勒内·德·夏多布里昂

猫在寺院里
做爱
人们却斥责
在这里约会的
男女

——日本禅师

狗全都崇拜地看着你们。猫全都蔑视地看着你们。只有猪把你们看作是和它们平等的。

——温斯顿·丘吉尔爵士

猫如此有才，它发誓永远不会向无聊屈服；要么它把无聊变成一门艺术，比如钓鱼、狩猎或织锦。

——彼得罗·西塔提

即使最傻的猫似乎也比任何一只狗知道得多。

——埃莉诺·克拉克

如果说我更喜欢猫而不是狗，那是因为狗有警犬，而猫没有警猫。

——让·科克托

没有寻常的猫。

——科莱特

即使猫吃了人们给它的东西,它们的神情看上去似乎是偷吃了东西一样。

——丹尼斯·狄德罗

狗就是狗,猫就是猫。

——T.S.艾略特

猫:称它们为(时髦)沙龙里的老虎。

——居斯塔夫·福楼拜

猫:会喵喵叫和与老鼠为敌的小型家养动物。

——安托瓦纳·菲雷蒂埃

母猫首先教会它的孩子害怕神化了的人。然后,它解释神学的两个原则。上帝,就是好的人;魔鬼,就是坏的狗。

——费尔迪南多·加利阿尼神父

猫是一种哲学的、整洁的、安静的动物,它坚持自己的习惯,是秩序和干净的朋友,不会对粗心大意的人寄予感情:如果你值得,它很想成为你的朋友,但不是你的奴隶。

——泰奥菲尔·戈蒂耶

火灾中,在伦勃朗和一只猫之间,我选择拯救猫。

——阿尔贝多·贾科梅蒂

一旦开始抚摸猫的背，人们就无权停止。

——维托尔德·贡布罗维奇

猫用尾巴给它的每一个思想签上名字。

——拉蒙-高梅·德·拉塞尔纳

猫是绝对的诚实：人类会出于这样的原因或那样的感情有所隐藏，猫则不会。

——厄内斯特·海明威

如果你想成为能炫耀点心理学的小说家或者写人和他们的癖好，最好的办法就是和一对猫生活在一起。

——阿道斯·赫胥黎

所有猫都有一死，苏格拉底也有一死，所以苏格拉底是一只猫。

——欧仁·尤内斯库

猫，神秘又挑剔，甚至不再服从上帝，却微笑着，用一只轻柔的爪子，抖动一段细绳玩耍，带着那种它们不愿解释的、煞有介事的神情。

——弗兰西斯·雅姆

小猫和被做当作小老鼠的纸片。猫轻轻地碰它，害怕这种幻觉被打破。

——约瑟夫·儒贝尔

有些猫总是十分戒备、狡黠不忠、绵里藏针。

——拉罗什富科

每当一个情妇离我而去，我就会收养一只外头流浪的檐沟猫：一个畜生走了，另一个畜生来了。

——保尔·雷奥托

猫任由春天在它紧闭的双唇上打盹儿。

——禅师

你从未感受过，哲人，哦，我的老兄，
狗愚蠢又吵闹的忠诚：
然而你爱我，我的心已感知。
你那深邃的爱，或许只是昙花一现，
让我欢喜；安静的思想者，我把你视作，
两种高雅的美德：怀疑主义和温柔。

——儒勒·勒迈特

猫有善猜忌、喜欢爱抚、骄傲又任性的小性子，很难捉摸，只在某些入它法眼的人面前表现出来，而且受不了一丁点儿侮辱，有时哪怕是最轻微的失望。

——皮埃尔·洛蒂

据说用猫皮制作的衣服会引起消瘦，它们的味道和气息也一样。所以，我们才说应该保持远离它们和它们的气味。

——迈摩尼德

有一次我曾对它说“你好，猫咪”，之后我为自己用“你”来称呼它感到惭愧。

——吉奥尔吉奥·曼加内里

猫像纸一样，都很容易被弄皱。

——居伊·莫泊桑

猫是唯一最终把人类驯服的动物。

——马塞尔·莫斯

上帝造了猫是为了给予人类抚摸老虎的乐趣。

——约瑟夫·梅里

猫极其谨慎，永远焦虑不安、深思熟虑、善于盘算、深居简出。它不会粗暴地对待自己的快乐，而是会好好地酝酿、维护、培育、慢慢地纺织它的快乐，用一种恋人或艺术家的精湛技艺。

——奥克塔夫·米尔博

小猫死了。

——莫里哀

对那些庸俗的人而言，黑色对猫是种厄运。

——弗朗索瓦-奥古斯丁·帕拉迪·德·蒙克里夫

当我和我的母猫玩耍时，谁知道是它在打发我的时间呢，还是我在打发它的时间？我们彼此用滑稽的动作来交谈。如果说有时候是我先开始，或我拒绝和它玩，同样有时候是它。

——米歇尔·德·蒙田

猫不被理解是因为它们不屑自我解释；只有对那些不知

道沉默即表态的人来说，它们才像谜一般。

——保尔·莫朗

人想成为鱼或鸟，蛇想要拥有翅膀，狗梦想成为狮子。但是猫除了做猫不想成为任何别的，每只猫都是一只纯粹的猫，从胡须直到尾巴尖儿。

——巴勃罗·聂鲁达

在所有的动物中，女人、苍蝇和猫在梳洗上花的时间最多。

——夏尔·诺蒂埃

猫是一个不可见世界的哨兵。

——勒内·德·奥巴尔迪亚

被烫伤过的猫害怕热水
那些把猫拿去煮的人
应该把他们拿去冰镇。

——雅克·普莱维尔

理想的安宁就在一只坐着的猫身上。

——儒勒·列那尔

猫并不是在爱抚我们，它不过是在我们身上蹭。

——安托万·德·里瓦罗尔

世上没有人像我这样
讨厌猫，深深地憎恶猫
我厌恶它们的眼睛、额头和目光，

看到它们我就逃到别处，

神经、血管、四肢都在颤抖，

从未有一只猫进入我的卧室。

——龙沙

猫？一个做梦者，它的哲学就是睡觉和让别人睡觉。

——萨奇

有两种忘记生活烦恼的方式：音乐和猫。

——阿尔伯特·施瓦茨

我带着深深的敬意对它，我觉得它或许是隐姓埋名住在这里的伟大公主，分分钟都有可能登上王位。

——沃尔特·司各特（谈到他的母猫欣斯）

我更希望自己变成猫并且喵喵叫而不是一个叙事诗作者。

——威廉·莎士比亚

只有懂猫，一个人才算得上是文明人。

——乔治·贝尔纳·肖尔

当我看到一只猫经过，我心想：它对人的底细一清二楚。

——儒勒·苏佩维埃尔

我对哲学家和猫做了大量研究。猫的智慧永远更胜一筹。

——伊波利特·泰纳

在逆境中，我信任的是你，
哦，我的美猫，信任你充满仁慈的双眼；
仿佛两颗星星在我面前
幸亏它们，我在逆境中找到了方向。

——多尔瓜多·塔索

一只猫要比人们想象的更聪明，因为人们能教它做各种各样的坏事。

——马克·吐温

我相信猫是谪仙的神灵，一只猫，我坚信，可以行走云端。

——儒勒·凡尔纳

科莱特(Colette)

当人们想到科莱特[①]，人们首先会提及“克罗蒂娜”系列小说，关于她年轻时候的故事。维利，她的第一任丈夫，毫不犹豫地在上面署上他自己的名字，带着一种一直令我们吃惊的厚颜无耻。同样，当事人的顺从也让我们惊讶不已。人们也会再想到那位无与伦比的老妇人，卷曲的头发乱蓬蓬的，关节炎令她不能活动，只能从她公寓的窗子望着皇宫花园。简言之，科莱特让我们马上联想到一系列和猫在一起的形象：那些和她一起生活过，或者她满足于用一本又一本的书，从小说到忏悔录来幻想、描写和赞美的猫。

或许科莱特的作品里有两面性，两种有些矛盾的个性研究方

① 西多妮·加布里埃尔·科莱特(Sidonie-Gabrielle Colette，1873—1954)：法国著名女作家。——译注

法，这也说明了她的独特。首先，一面是来自于她的母亲，茜多，对她来说像是一个幸福的给予者，让她爱上大自然、动物以及它们最隐秘的私语的女性。另一面和维利有关，巴黎的、浮夸的、引人注目的那一面，用那些她自认为很美的句子，用所有那些她急于运用的有趣、复杂、累人、生动别致的形容词，用从前许多追求给学生做夸张的书面听写的老师们所欣赏的那种做作的自然。

从受茜多影响的一面看，科莱特通过她的轻松自如、与自然的亲近、毫无矫饰的看待猫的目光感动着我们。从受维利影响一面看，她反而会激怒我们，因为她做得过头了，“玩得太过了”。那个年轻时即登台演出的她，在杂耍歌舞厅里，赤身裸体、一丝不挂，因为她“过分写作”，用完全无用的廉价饰品打扮自己。

那就请看吧！给你们看她的一个句子、一个令人赞叹的句子、没有挖空心思的句子，写在一卷选文集子的前言里，收录了关于猫的最美篇章：

“没有寻常的猫”

言尽于此。

加布里埃尔·西多妮·科莱特在这里的表现真是有其母必有其女。“没有寻常的猫”，需要许多智慧、真正优雅的文笔和灵魂的默契，才能不带一丝夸张地表达出朴实无华的真相。

之后，“女文人”科莱特很快就取代了之前的“她”。这回，她捻动笔管，想要满足她的读者们（或者女读者们）。优美的风格如环佩轻敲，日记中一些无人能及、专属于她的表达，值得你绕远去买来看。啊！这是一位作家！商品也绝对货真价实。这是一个懂得把玩形容词，拨动难得被触碰到的心弦的人。

比如在《母猫》里，无数句子中的一句：“有着空洞、金黄色眼睛的那只母猫，被天芥菜的浓烈气味熏得恹恹的，半张着嘴，表现出忍受极端香味的野兽特有的那种恶心的恍惚”。

太过分了！“极端的香味”、“恶心的恍惚”这样的表达，天哪！就像“美好年代”的那些沙龙：天鹅绒的窗帘，到处都是的靠垫、沙发，彩釉花盆里的荷威棕榈树，以及夜来香的味道，让人头晕。人们在那里感到窒息。只有一种渴望：告辞。然后赶紧到露天的地方去，那里没有长绒猫，也没有轻佻老女人的一堆形容词。

我们换个方式来说：在这些情况下，科莱特自己就像极了那母猫，萎靡不振的、疲倦无力的、性感的、摆好姿势，让人来欣赏她裸露的胸肩，她的裘皮，她的美句。她当然像沙龙或读书沙龙的母猫，这其实是一回事，太柔软光滑，太装腔作势，而不会去露天找其他猫，真正的猫，她的竞争对手，比她高级的猫。

然而，人们大大地宽恕了她，科莱特。明确说，是因为她的猫儿们，名副其实的猫。奢华而又温情的查尔特勒猫萨阿、琪琪·拉·杜赛特、佩罗奈尔、克罗、卡波克、米尼奥纳，还有那只戴尔尼尔母猫，以及所有她熟悉的、她梦想的、她歌颂的猫。它们有时会撕掉她喜欢的书页，既默契又温柔（因为科莱特对她的猫的爱，无论是不是文学的，都从不掺假，从不伪装），更不用说有人某天送她的巴-杜，那头对人亲热又让人害怕的小豹子，她不得不马上把它交托给动物园。她也因此闷闷不乐。

当她试图让她的猫说话，试图让它们交谈，她又变得出格了。它们根本不需要我们的语言，为什么要让它们说话呢？仿佛她给它们化了装，把它们乔装改扮了。对它们来说，这样很别扭——于它们是这样，于我们，她的读者们也是。我们还是不谈这个了。但更多时候，告别了维利的那一面，舍弃了风格的效果和沙龙的矫揉造作，科莱特又隐身到她的观察中。她观察的目光是多么独特！猫让她缄默，或者说，至少让她在和猫的相处中变得简约。人们立刻变得与她心灵相通——毫无保留地赞赏她。

人们不会很快忘记米楚[1],《从我的窗户眺望巴黎》中写到的皇宫中的小母猫;也忘不了夏特(Chatte),那只名字以大写字母“C”开头的母猫[2]。那么多放肆的的红喉雀嘲弄它、摆布它,它对此却表现得毫不在乎,或者,它假装只关心其他事情。比如,把鼹鼠从花园里的洞中赶出来,以及为了这个目的,疯狂地用爪子去扒松散的土,只是要表示自己的一个态度:

> 它勤奋地掘土……那么勤奋以至于我们看见了,在洞中,一只淡紫色的鼹鼠,粉红色的小爪子,梨形的肚子,被日光折磨的眼睛——一只鼹鼠,终于,一只完好又活生生的鼹鼠……
>
> “太棒了,夏特!你发现了一只鼹鼠!夏特,真棒!”
>
> “是吗,一只鼹鼠?”夏特叫了起来,“天哪,太可怕了!”
>
> 它厌恶地抖抖碰触过怪物的爪子,逃走了。

一页这样的文字,这种格调,科莱特就配出现在所有“先贤祠”,所有天堂里。

当然,是在她的猫的陪同下。

可食用的(Comestible)

这个问题,尽管很痛苦,但还是不得不提,即使答案是确凿无疑的。是的,猫是可食用的。是的,人类没有放弃去吃它,甚至是品尝它,从无法追忆的最远古的时代以来。

我不会长篇大论地讲十分古老的美食习俗。我并不了解这些

---

① 也是科莱特的作品《米楚,或名姑娘们怎样来了思路》(*Mitsou ou comment l'esprit vient aux filles*, 1919)中主人公的名字。——译注

② 法语中“母猫”(Chatte)一词读作“夏特”,此处将该词首字母“C”大写做为母猫名有一语双关之意。——译注

习俗，也不了解异邦的习俗，我对美食习俗了解得并没有太多。中国人、印度人、勘察加人、印加人、巴布亚人、巴塔哥尼亚人、(新喀里多尼亚的)美拉尼西亚人、19世纪土耳其非正规骑兵部队的士兵们，他们吃猫同样也吃狗、红蚂蚁或者猴脑？这难道不算是未必真有其事，口味也相当诡异的民俗的范畴？或许。我们还是仅限于谈谈西方文明吧。

猫能吃——幸好它只是在非常特殊的情况下才会被吃掉。原因很简单。猫是家庭驯养的动物，或者，几乎是家养的。它是人类的一个伙伴、一个密友、一个知己、一个搭档。把同伴或同盟干掉然后吞到肚子里，这不是光明磊落的做法。不是吗？人们很少会杀死他们的所爱。否则，这会被叫做虐待狂的邪恶行为，甚至是爱的残忍。因为同样的理由，人们通常不会把他们的卷毛狗或者金毛犬给剁成小块在星期天炖了吃。理性让人厌恶这种做法。感情也是。它像一个所有文明或多或少都遵守的强大禁忌控制着我们。像一个朋友回到我们家里，并且与我们交汇一下眼神的家养动物，不可能被我们放到食品柜或冷冻柜里。

也许你会提醒我注意，我们称之为“人类最好的朋友”的马，通常被加工成肉排或烤肉。的确！尽管这种情况越来越少见。幸亏如此！为什么吃马肉呢？人的理性地强调，马确切地说不是家养动物，它并没有进入人的房屋，一直呆在牲口棚里，也没有卧在人们脚下，也不会和人争夺床上的最佳位置——除非极其罕见的情况下。就我而言，身边认识的人当中也没听说谁的马有过进屋的恩宠。每天花上几个小时给马擦身、训练马、骑马、让它们按照命令，完美地跨越前方障碍，以及完成对于外行人来说繁复累人的一整套传统动作，这样的爱马之人，很少在自己的坐骑死后或被淘汰之后，津津有味地品尝它们。对于他们而言，用来当肉吃的马——如果他们要吃的话——总是别的马。

谢天谢地！

再回到猫的话题。

迫使人类吃猫的特殊情况，一般是人类偶尔面对极其严重的饥馑时才会发生。人们想象不出其他吃猫而被谅解的情况。人们拒绝设想这些非常时期。第二次世界大战期间，没有一只动物，甚至一只猫，在德国人包围列宁格勒时幸存下来。顺带说一句，被饥饿围困的俄国人幸存下来的也很少。至少，他们还没有到人吃人的地步。猫只不过是此前的一步。

谁没有看到过，古董店或旧货店里出售的，1870—1871 年普鲁士人围攻巴黎时期的纪念品或小招贴画？上面标有食品价格。老鼠蛮便宜的，猫还是比较贵的，值 13—20 法郎。

让我们再回忆《穿靴子的猫》（参见该词条）这个故事的开篇！佩罗写到他的主人公分遗产时，没有像哥哥们那样分到磨盘和驴子而很遗憾地只分得了一只猫，跟我们说了什么？他只剩下吃掉猫然后等着饿死这条出路。幸好猫假装没有听见，不过那是另一个故事了。确切说，是童话里的故事。

啊！当人们没有任何其他可吃的东西时才会吃猫！这样的例子并不少，让我们来看看。被匈牙利人包围的萨莱诺城①里的居民们，把猫和老鼠当作日常食物。这是发生在 871—872 年的真实事件。在比萨，被围困的居民也被迫吃狗和猫的死尸。那不是最近才发生的事情，那是在 1174 年。唉！然而，这种情况，尽管在欧洲和世界范围内是很平常且历史悠久的，还是非常令人恶心。

对于猫，然而，事情还要更微妙。并不是说吃下水道里的老鼠和各种动物死尸是完全可接受的、无伤大雅的事。从前，主要在中世纪时期，猫首先让人想到邪恶。换句话说，吃一个与恶魔的神秘力量太过亲近的动物的肉，人们格外理所当然地认为就是在吃魔

① 今意大利中南部，坎帕亚大区萨莱诺省的首府。——译注

鬼！在12世纪，西德嘉·德·宾根[1]因此断言，吃猫肉会使人发疯并且会持续感染人类自己的肉体。在威内托[2]，直到19世纪，仍有某些历史学家报告说，吃猫肉的人被逐出教会，因为他又一次吃下了魔鬼的化身。

然而，最后的这个事实，不能不让人担心。不只是被逐出教会这件事本身——说老实话，被逐出教会不过是度过一个糟糕的时刻，或者永久呆在地狱。而且，对于一个人来说，这一直好像是件抽象的事——是什么促成了这类事情的发生。换句话说，有人怀疑在威内托可能存在炖猫肉爱好者，出于好玩而不是被人用刀架在脖子上，做了这样的事。因为他们当时都被围困着，甚至面临饿死的威胁。一只肥猫，从里亚托桥或圣马可广场那边看过去，不就和"檐沟上的兔子"一样吗？上帝啊！想到这，已经让人不寒而栗了。

因为某些美食家已经指出，好好琢磨下(或根据经验)，猫应该不会难吃。在16世纪末，一位叫做尤利斯·阿尔德罗旺迪[3]的博物学家曾经说："猫，老鼠最可怕的敌人，没能够避开人类贪吃的陷阱。有些人的确认为猫肉是一道佳肴，尽管它的脑子被看作是一剂毒药……猫肉从味道上来说，跟野兔肉差不多。"

从这点来说，把猫变成家常菜还是太过分！还有，那个阿尔德罗旺迪认为在西班牙的某些地区，猫完全可以出现在餐桌上(而不再是在桌子下面，活蹦乱跳地，等着吃面包屑或残羹冷炙)。证据就是：15世纪末，茹佩尔托·德·诺拉，第一本西班牙烹饪书的作

---

① 西德嘉·德·宾根(法语：Hildegard de Bingen，德语：希尔德加德·冯·宾根，Hildegard von Bingen，1098—1179)：中世纪德国神学家、作曲家及作家、天主教圣人、教会圣师。她担任修道院长、修院领袖，同时也是哲学家、科学家、医师、语言学家、社会活动家及博物学家。——译注

② 意大利东北部一大区名。首府为威尼斯。——译注

③ 尤利斯·阿尔德罗旺迪(Ulysse Aldrovandi，1552—1605)：意大利文艺复兴时期杰出的科学家。——译注

者及那不勒斯国王的厨师，在解释烤猫肉的烹调方式时，并没有觉得有何不妥：

> 你把一只肥猫割喉宰杀，然后把头剁下来扔掉。因为，只要人们说吃猫脑可能会让人变疯失去判断力，我们就不能吃它。接下来，干净利落地剥皮、开膛，以及仔细地清洗；之后用干净的亚麻布把它包裹起来，埋在土里一天一夜；再将其取出放在烤炉里烤，而且，刚开始烤的时候，就应该涂抹蒜和油；等涂抹完还要用一根棍子拍打，必须要这样做，涂抹和拍打，直到烤得差不多；等到烤的火候正好，马上就把它切好，就像切兔子或小山羊那样；之后，用一个大盘子装好，把散落下来的，冒着清亮气泡的蒜和油收集起来，洒在猫肉上，你就可以开吃了。因为，这是一道美味佳肴。

或许，我不应该把这份古老菜谱的全文呈现给你们，有时候可能会启发当代的某一个邪恶厨师。肯定会有这样变态的厨师。可悲啊！但我们还是放心吧。西班牙人已经加入欧盟，威尼斯人在他们许许多多的小餐馆里接待来自全世界的游客用餐。他们都不再把猫放在他们的菜单上。吃猫肉是大忌。人不吃猫，不应该吃猫。虽然猫是可食用的，但是猫不是供消费的食品。

思前想后，我理解并赞成从前教会的严厉。吃猫肉这种行为，就该被毫不犹豫地长期逐出教会，或者，判他服无期的劳役。这两样差不离。

D

洪水(Déluge)

当洪水时代到来，动物们，各种动物，随着诺亚和他的家人进入了方舟。《圣经·创世记》对这一点讲得非常清楚。

耶和华事实上对诺亚说了些什么？

> 凡纯洁的畜类，你要带上一公一母，共七对，不纯洁的畜类，你要带上一对，也是一公一母，天上的飞鸟同样也要带上一公一母共七对，是为了能留活种在地上。因为再过七天，我要在地上连下四十昼夜的雨。

再往下一点，《圣经》文本明确说：

> 在诺亚六百岁的时候，第二个月的第十七日，那一天，所有的深渊之泉喷涌，天上的窗户也打开了。这就是在地上下了四十昼夜的雨。
>
> 当天，诺亚进入方舟，还有诺亚的儿子们，闪、含、雅弗，以及三个儿子的妻子，他们和所有各类的兽，所有各类的牲畜，所有各类的鸟，一切有翅类。它们，一切有生命气息的血肉，一对一对地，来到诺亚那里，进入方舟。那些到达方舟的——一公一母的血肉——都是按照上帝对诺亚的吩咐来到的。然后耶和华给他关上了方舟之门[①]。

猫是一种纯洁的动物，也就是说，根据《圣经》的传统，是适宜

---

① 以上本文引用的内容是根据本文法文忠实翻译的，或与国内一些中文版《圣经》内容不同。——译注

于食用也值得被献祭的(于是,方舟里它们的数量最多,名副其实的口粮!),还是不纯洁的动物呢?可能是不纯洁的,人们希望它是这样的。但首先有一个问题:在那如此久远的年代有猫吗?

事实上,问题根本不在这里。

我们感兴趣的只是自己对《圣经》传说的看法。猫在不在方舟、是不是温顺,这种假设让我们有点神往。

那么,上帝——或者耶和华——命令所有的动物都服从诺亚这个家长,并且表现得老老实实,排成一条直线依次进入方舟。我们打赌,那里面有兔子和狼、乌龟和马、羊和牛、公鸡和鹦鹉、鼹鼠和单峰骆驼。很好!至于鱼类,凭经验说,没什么好担心的:洪水不是它们的麻烦,还不如说,是一次上天赐予的惊喜,它们生活的空间突然前所未有地拓宽了。我们不管这些!总而言之,野生动物一下子变得非常温顺,家养动物更是比以往任何时候都乖巧。前进……登船!如果发了号,它们一定乖乖听命。

但是猫,问题又一次来了。听从命令的猫?瞧!这些字眼组合在一起就是矛盾的。猫一直难以归类,它不野蛮,因此会得到耶和华的恩典和眷顾;但它也不温顺,因此天性乖张。它会轻而易举地乖乖听话立正排队?我们不愿承认与猫有关的一切都如《圣经》里所说的那般轻松达成。

自文艺复兴以来,洪水的场面、动物登上诺亚方舟,给西方绘画带来了大量灵感。那么我们观察一下这些画,巴萨诺①的、布勒哲尔②的,还有其他那么多画家的画!啊!《创世记》中的那些动物,它们都忠实地出现在画面上,听话顺从,隐约有些惊慌,这时,它们头上的天空呈现铅灰色,预示了灾难就要来临。诺亚已经向

---

① 雅各布·巴萨诺(Jacopo Bassano,1510—1592):意大利画家,擅作风景画,以及以日常事物为题材的作品。——译注

② 布勒哲尔(Pieter Brueghel,1525—1569):佛兰德画家,以表现当地风光和农民的画作闻名。——译注

它们发出了警报。它们像那些经过几小时贴身搜查后，在舷梯慢慢前进的飞机乘客一样，耐心服从命令，等待上船就座。

可是猫呢？

我寻找它。猫(我一直在那些绘画作品中找它)，我很难找到它。有时候，好不容易在画的角落里发现了它，一副面对预言的灾难满不在乎的样子。它要进入方舟吗？不一定。要么仅仅因为这刚好是它的意愿，而根本不是受到了什么神圣天命的指使。

人们不会对流传的关于猫和诺亚方舟的众多传说大惊小怪。仿佛有什么东西，的确行不通。仿佛把猫想象成安静又温顺的样子，和《创世记》的其他动物一起，这似乎太不可能了。

接着说！比如，您可以看看马恩岛猫(参见该词条)，这种无尾的名种猫，这种基因不正常、大自然的错误被永久地延续在它身上的大英帝国的(忠诚的?)岛猫！有些人认为它们没有尾巴是因为来晚了，在诺亚方舟就要关门的时候，或者是想离开方舟。然而它们想必是被打算阻止它们逃跑的狗给追上了，这才弄丢了尾巴。

我不是很喜欢这个故事，至少有两个原因。首先，如果狗，(总是服从命令，它们，总是摆出一副自以为然的警察、治安密探或协警的模样!)夺去了猫原本在两腿之间的尾巴，没有尾巴的猫仍有机会逃跑……以及在大雨中度过一小段痛苦的时光。那么，这一切其实是不合逻辑的。我不敢说这个故事没头没尾，不靠谱，尤其是这个故事会让人以为其他猫，有尾巴的猫，它们可能很听话地老老实实呆在船舱里……这样一来，猫在方舟上的故事才算完整。

更有趣也更合逻辑的故事是那些假定没有任何一只猫都乖乖登船的故事。有些传说是这样说的:猫是在洪水时代(大家可能在漫长的乘船旅行的过程中无聊透了!)出生或被“创造”出来的，比如，是一只公猴向母狮大献殷勤之类骇人听闻的爱情的产物。总之，没有比这更符合逻辑的了:猴子聪明狡黠，母狮子强壮、高贵、有王者风范。后来，猫又有了不那么赫赫有名的养父母。

另一个阿拉伯民间故事更有诗意。第二帝国末期，尚弗勒里出版的关于猫的文选中认为，伊斯兰历8世纪创作《动物史》的博物学家达米雷伊的说法是可靠的。在方舟里，老鼠繁殖过多，船上的储备食物面临威胁。诺亚的同伴们恐慌起来。诺亚，在向全能的神祈祷之后，向百兽之王狮子征求意见。作为答复，狮子从鼻子里打出个喷嚏，打出一对猫来。大小老鼠这下只好规规矩矩了。

这一次又是狮子生了猫？这种种说法我觉得都比猫排着队走着正步，在诺亚方舟前接受检阅，然后灰溜溜夹着尾巴走入方舟……而且，有的猫甚至没有尾巴的故事更容易让人接受！

还有最后一个观察：有一个品种的猫不怕水，它们到了水里就一头扎进去，瞅准时机捉鱼。这里说的是土耳其梵猫①。在哪里发现的呢？距离阿勒山②很近，而那里正是天气转好时诺亚方舟搁浅的地方。

一个巧合？

不一定。

是不是这些会游泳的猫的远祖们在船上闷透了？因此它们再也忍受不了纪律而从舷墙上跳入水中，为了以最快的速度回到坚实的土地上……

《源氏物语》(*Dit du Genji*)

一只猫，在日本文学巅峰之作《源氏物语》的某个章节中扮演了一个重要角色，这让我欣喜万分。这部作品有很多知名的章节，插图精美，为11世纪初平安京(今京都)的年轻贵族女子紫式部所

---

① 也叫作土耳其梵湖猫、游泳猫。起源于土耳其的梵湖地区，由土耳其安哥拉猫突变而成，严格说是安格拉猫的一个分支。——译注

② 位于土耳其东北方厄德尔省的阿勒山区，《圣经》中文版译作亚拉腊山。洪水之后，诺亚方舟即停于此。——译注

作。它无疑也是世界文学里程碑式的作品之一。

那时,欧洲尚处于中世纪的黑暗时期。而在世界的另一端,一部主要讲述皇子光源氏在宫中的经历、流亡、孤独、奉诏回京、夺权,以及尤其,尤其是他的感情故事的长篇小说正在酝酿。总之,人们可以从中发现爱情的各种色彩:痛苦、颤抖、欲望、不确定,有一种无法比拟的现代气息——而且这一切出自一位既才华横溢又神秘莫测的女子之手。(如果不信,不妨去读一读迪亚纳·塞利耶出版社于2007年秋出版的三卷本精装插图豪华版。)

还是再回到猫的主题上来。

在《源氏物语》的第34回,一位年轻的上层贵族女子,“三公主”,那位受光源氏冷落的妻子闷在自己的房间——也就是六条院的一间厢房里——很是无聊。屋外,为了消遣散心,光源氏邀请了一些贵族进行蹴鞠比赛。(除了这部对爱的情感和事物短暂性的描绘如此接近我们现代感觉的言情小说之外,难道那时日本人已经发明了足球?)特别是,其中有门卫督[①],也就是头中将[②]的长子。这时,一只小猫,被一只体型较大的猫追赶着,从三公主的屋子里窜出来,它身上缠着的绳子把帘子一下子掀了起来。门卫督,恰恰在这时转过头,瞥见了这位年轻女子。“身量纤巧,一袭长裾,刚好露出的她的侧影,有一种不可言喻的高贵,而冉冉垂发令这种高贵越发突出……[③]”门卫督彻底爱上了她,但既觉得毫无希望又兴奋狂热。“为了排解自己的苦恼,门卫督把猫召唤过来抱在怀里;从猫身上散发出的怡人香味,到它优雅的喵叫声,如此种种都勾起他对三公主的非分之想和痴念。”

---

① 日本平安时代的一种官职,本文只用官职称呼人物,此处指光源氏妻舅之子柏木。——译注

② 日本平安时代的一种官职。此处指代光源氏妻舅。——译注

③ 此段对《源氏物语》引用的翻译,只忠实于作者在此处的法语文字,或与《源氏物语》中文版本内容不同。

引用就到此为止。对那些想知道后续故事的读者们，我们只会透露一点内情：门卫督达到了他的目的，年轻的公主不久生下一个孩子，而他是孩子的父亲。

现在只剩下这只引出这一切故事的猫……

啊！这只猫被描绘的频率也太高了吧！现存于京都国立博物馆的一扇江户时代（17世纪上半叶）的屏风上，它看上去瘦小、黑白相间，由三公主用绳子牵在手里，被一只体型硕大的灰色虎班猫追逐着。它俩是在隐喻三公主和门卫督吗？后者不再关心蹴鞠比赛，而是注视着猫经过时掀起的帘子。这屏风引人联想的巧妙令人赞叹。我曾有幸在屏风前驻足细细欣赏过。两只猫活灵活现、跳跃腾挪的姿态令人流连忘返。

在那个时代的其他插图中，用彩色和金色绘制的，三公主的猫更像是一只小老虎。这不重要！重要的是，首先它在《源氏物语》这一回故事中扮演了微妙的、情色的角色。你们想想看。猫，这种原本已经那么性感，那么温柔，那么暧昧的动物，掀起了帘子的底部。天哪！好大的胆子！

怎能不喜欢这样只是瞥见一只脚、一角裙裾，或许更有甚者，不雅之极，瞥见了脚踝，都可让人陷入无限激情的高度文明的美好时代。这才是违背惯例、想象力的无限以及感觉的纯粹愉悦！一只猫轻轻地掀起帘子一角，一位女子出现在视线里，甚至不是一位女子，而只是一位女子的脚，就让人心思纷乱幸福不已！

如今，当裸露的身体横陈在所有的海滩上，书本和电脑屏幕上反复出现各种准确的人体构造和交媾的画面，还有何香艳、精妙、默契、触感和欢愉可言？

我喜欢神秘的紫式部创作的这只猫。那是1007年或1008年，在远离京都皇宫的一处屋舍的某个地方，她在写作那些没完没了的故事。我喜欢她赋予了这只猫的角色，也喜欢这个男主角，门卫督，居然能捉住三公主的猫把它抱在怀里。这是多么不合礼仪的举动！我看到小猫发出呼噜声，任由这个男人抚摸。啊！她的眼里没有冷淡，紫式部女士！她表达地很直白。或者说几乎。她很懂得让人浮想联翩是什么意思。一切如同感官的狂喜和想象，令人愉悦的迷乱。抚摸一只猫，这意味着一切。她知道这种动物具有很强的性感和象征意义，它的皮毛和它"优雅的喵喵声"都那么让人意乱神迷。

"猫之二重唱"(« Duo des chats »)

大家知道罗西尼[1]的那首著名的《猫之二重唱》，尽管那其实并非罗西尼(参见该词条)的作品。但这不重要！怎能因此就忽视了另外一首非常出色诙谐、被认为是莫里斯·拉威尔[2]的《猫之二重唱》呢？——它的确是莫里斯·拉威尔的作品。这一点你大可放心！音乐迷们一定会意识到这指的是，1925 年 3 月 21 日在蒙特卡罗剧院最先上演的，令人陶醉的梦幻短歌剧《孩子和妖术》[3]里最有趣味的片段之一。

这部由科莱特创作的作品和剧本，从戏剧、音乐、历史或心理分析等角度去看，可圈可点之处很多。整个剧本洋溢着夸张的滑稽和超现实主义风格。这种夸张的风格是任何严肃的思想，任何过后看来使安德烈·布勒东和他的朋友们显得可笑的、不容置辩

---

① 焦阿基诺·安东尼奥·罗西尼(Gioacchino Rossini，1792—1868)：意大利歌剧作曲家，一生创作了大小歌剧 38 部。——译注

② 莫里斯·拉威尔(Maurice Ravel，1875—1937)：著名法国作曲家，印象派作曲家的最杰出代表之一。——译注

③ 由莫里斯·拉威尔在 1919—1925 年间作曲，科莱特作剧本的歌剧幻想作品。内容是一个不愿学习的孩子为了反抗对他发火的母亲，扔掉茶壶和杯子，虐待松鼠，拽猫的尾巴，打翻开水壶，撕碎书本，破坏老钟表等等；精疲力尽之后坐在扶手椅上，椅子后退，开始了奇幻的游戏。孩子之前破坏的物品和虐待过的动物一个个获得了生命开始向他复仇，孩子在昏过去之前照顾了一只受伤的小松鼠。所有的物品和动物又原谅了他，把他带回妈妈的身边。——译注

的革命姿态所没有的。如果说,《孩子和妖术》有什么令人担忧的东西,那仅仅是因为这部欢快的作品会让人产生错觉。它把深邃的思想隐藏在浅显的表象下。尽管看上去像一个游戏,但别忘了,游戏有时候也会令人感到眩晕。不把简单的事情搞复杂,她做得更妙。她的手法是化繁为简!

啊!茶壶和茶杯之间的对话,类似于爵士乐和中国民乐的碰撞!还有那个不幸的弗朗什·孔泰钟不知怎么办好,因为淘气的孩子拿掉了它的钟摆!

但是,还有猫儿们。在我们看来,是最重要的。用两个单簧管来表现它们(普罗科菲耶夫曾经用来表现《皮埃尔和狼》当中的猫的那种乐器)。

怎能想象猫会在科莱特创作的这些"妖术"中缺席呢?啊!黑猫向那位皮毛雪白的女士发出温柔的爱的宣言,那些"咪-音-欧",还有"毛恩呜"、"呶呜"、"毛啊呜"的声音。人们会很乐意让这些声音一遍遍回放。音乐受到了人们的喜爱,猫的幽默和仁慈也获得了人们的亲睐。

E

水(Eau)

最浊的液体,是水。因为只要一滴,就足以把潘诺酒[1]弄浑。我忘记了哪个著名的酒鬼或是幽默作家(阿尔封斯·阿莱[2]?)能大声说出这样一个显而易见的事情,但我相信大多数猫都可以说出类似的话,并非因为它们喜欢用茴香酒把自己灌醉。但话说回来,在茫茫沙漠中一杯清凉的水才更令它们满足。不过,它们对水的不信任还是出于本能的。你们不会看见它们在水塘里扑水,或是像一条来到海边的拉布拉多猎犬那样在一头扎到海水里。它们讨厌被弄湿。《雨中曲》不会出现在它们喜欢的乐曲排行榜上。冲澡对它们来说,就好比让它们下十八层地狱。至于梳洗,它们不需要任何人,不需要搓澡巾,不需要按摩浴缸,也不需要泡泡浴。它们非常认真地舔舐自己,这就够了。

不要因此就认为猫生性软弱,是公认的娇气之物!它们的皮毛在干燥的时候可以把寒冷隔绝在外,这是肯定的。但是,它们的外皮下面并没有任何保护型的油脂层。总之,当它们被弄湿,或者程度更甚,当它们处于水中时,皮毛就失去任何保暖性能,会贴在皮肤上,让它们感到很冷。更糟糕的是,为了弄干自己,它们要抖动身体,可是比狗困难,也不如它们那样做有效。即使猫全都本能地会游泳(但是很快就会感到疲劳!),它们并不会因此特别坚持想要在水里泡一泡,就像夏天来临时,第一个来海边度假的人一样。这一点对它们而言,是明智之举。

猫,在这个意义上,和那些讨厌水的水手很像:他们知道水代

---

① Pernod,法国一种茴香酒品牌。呈浅青色,半透明状,具有浓烈的茴香味,饮用时加水加冰呈乳白色。——译注

② 阿尔封斯·阿莱(Alphonse Allais,1854—1905):法国作家、幽默大师。——译注

表一种危险、一个应该战胜的敌人，而且他们中的大多数甚至都不会游泳。再者，猫很长时间都与他们有合作的关系。也轮到它们，它们必须上船，没有选择。需要把猫带到船上，否则保险公司不会赔偿老鼠损坏的货物。

尽管如此，还是有很多怪里怪气的猫，或者说，不同寻常的猫。

我的老帕帕盖诺喜欢把爪子伸到流着细水流的水龙头下，甚至这样，头微微倾斜，仰着脖子喝水——有时把自己弄得满脸是水。也是活该！

有人说，某些游泳猫像水獭一样会潜入水中捕鱼。

在20世纪50年代，一种新的品种，即土耳其梵猫，在与它同名的湖泊附近，小亚细亚的最东边被发现。所有这一种属的猫，尽管毛很长而且柔软光滑，通常都是奶油色，它们对水表现出一种过度的爱好。由此，才有了“游泳猫”的绰号。但是，如果你们想和其中的一只共同生活，少不了在它们弄湿后要把它们弄干。

但是，说真的，这些梵猫有点令我害怕，就像所有博览会上的稀罕物一样。就像在马戏团里，人们会展示一些长胡子的女人或两个头的怪物。那又怎样？感到羞愧的应该是那些做这种交易的人。我个人还是更喜欢讨厌水的猫。它们令我更放心。

评分等级(Échelle de points)

2007年8月，在拉昂的老城，那里还是尚弗勒里(参见该词条)出生的地方，我和妮可在一家古旧书店淘到一本书，书名很鼓舞人心:《我们的朋友猫》，印刷完成时间是1947年6月。由日内瓦的Ch.格拉塞出版社(与巴黎的贝尔纳·格拉塞出版社没有任何关系)出版，给这本书署名的是一位叫马塞尔·热奈的人。请注意，标题页上注明的身份是“国际爱猫联合会官方鉴定师”！

Ch.格拉塞出版社和马塞尔·热奈现在怎样了？国际爱猫联

合会一直以这种形式和名称存在吗？怎样才能成为这个联合会的官方鉴定师？对于这么多问题，我很难给你们带来哪怕是一点点说明，请原谅我！

很快，在翻阅这本书时，我意识到这不是一本很有趣的书。有一些对猫令人愉快、动情的评论，但比较陈腐。没完没了地援引波德莱尔的诗句和中世纪巫婆猫的掌故。一些对猫的心理描写，还有几个参考文献，有点年份，因此比较有意思，是关于埃德蒙·雅路的……我们先略过不表。

但是，马塞尔·热奈在他的作品中特别提醒我们，他首先是公认的专家、猫的官方鉴定师。因此，他的作品（一本 250 页、印了几张照片的简装书）就有了权威性，主要针对猫的品种、分类和对它们的描写。

在这里，我不准备谈论我通常不太感兴趣的、被标准化了的猫。我在其他的地方已经解释过了（特别参见词条“埃塞俄比亚猫”和“品种”）。被核准的有资质的鉴定师要对一只参加竞赛的猫作出自己的评判。为了判定它的品质，马塞尔在他的作品中告诉我们如何计算分数，如何确定在不同类别中竞争的猫的等级名次。总分不变，最高 100 分。但是，标准的设置很显然随着品种的不同而变化。

这种排位，这种评分等级，换句话说，就是官方鉴定师们掌握的评判标准。作者提到的 1947 年在日内瓦使用的这些评判标准，所有这些，到现在是否有了很大的变化？说到底，因为它的不可动摇的逻辑或许还因为它的荒谬，这种评分等级让我觉得很有趣。

比如，对一只波斯猫来说，被毛算 20 分，头部 25 分，尾巴 10 分。可以料想到，对于一只马恩岛猫，没有尾巴被定为 15 分，身体后部的高度和脊柱的短小也是一样。换言之，一只完美的马恩岛猫，但如果有尾巴，那么最多也就只能得到令人羡慕的 85 分。这让我浮想联翩。

对一只玳瑁色的波斯猫而言，关键在于全身的被毛色泽，可以占到 50 分。相比之下，其他品质就显得微不足道了。

查尔特勒猫的眼睛占到 20 分，和身形、毛色和头部都是一样的分值。相反，毛的质地只值 10 分。在这一点上，它和暹罗猫类似，后者毛的质地和尾巴一样也只值 10 分，然而眼睛的分值翻番，一分不少，刚好 20 分。

就这样，我可以了解品种猫分数的官方等级高低划分。有什么用呢？我给你们举了几个例子。这就够了。我也跟你们说过，这种划分等级的类型，让我觉得很好玩。为了更好地评判，一只品种猫被分割成块，眼睛、尾巴、头部、被毛、脊柱长短、身体结构等等。这让我想到那些在肉铺里看到的、图文并茂的指示牌，把牛、羊切割成分散的肉块，为了更好地命名和区分这些部位：里脊肉、排骨肉、牛腿排、羊肩肉等等。

我也一度想象选美比赛，比如，法兰西小姐的选拔，假设也依据这样一部分一部分分解的标准：被毛（或者没有被毛）、眼睛、脊柱、头部、后半身的高度（再说一次，对于马恩岛猫是必不可少的！）都各自算分，还有我不敢提及的毛的质地，像人们评价查尔特勒猫那样！

或许，这样我们最终选出来的会是一个丑八怪……或许。相反，一只猫有着它不应该拥有的头，不适合这个品种的眼睛，不够好的脊柱长度，不相宜的毛色，或许会成为一只纯粹的美猫。这一切难道不是一个和谐的问题吗？

我很难再次想象一只如同复杂拼图的猫，人们仅凭割裂的、散乱孤立的图块质量评论它，而不是把图块彼此拼贴起来欣赏它。啊！马塞尔·热奈先生，国际爱猫联合会的官方鉴定师在 1947 年，这么津津有味、头头是道地跟我讲述的评分等级，是多么令我茫然无措啊！

(猫和)作家(Écrivain [Les chats et l'])

如果需要在一部百科全书或一部词典(爱猫或不爱猫的)中,对所有和猫生活过,或对猫感兴趣的作家们进行详述,或编一个词条,那么,这部百科全书或这部词典可能要与详尽的世界文学史混淆起来了。

冒昧地问一句,哪些伟大作家有恐猫症?我几乎没看到,除了那些对猫毛过敏而患有哮喘的不幸作家。当然应该同情他们……然后,要把他们与猫隔离开来。

为什么通常在文人和家猫之间,有这样一种默契关系?这其中的原因多种多样。或许,为了理解这个问题,应该首先借用马塞尔·普鲁斯特在《追忆似水年华》中的那句名言:"书籍是孤独的孩子和沉默的产物。"

在每个作家都必须面对的孤独和沉默中,只有猫能够从中找到一席之地,并在某种意义上陪伴他缓慢地写作;只有猫能成为与世隔绝的那个人的同谋或伙伴;对他来说,只有猫才能扮演必不可少的守夜人和批评家的角色。

我是不写作的 ,猫喜欢这样提醒他,我在你的灯下或电脑旁取暖,我在你的纸上打盹儿,我打着呼噜享受每一刻时光,我沉思并且把心思都藏在心底,我不要累死累活地把什么都传达出来、证明出来。我是瞬间,也是蜷缩在当下真实而纯粹欢愉中的永恒。

作家的猫不会打扰他的孤独或沉默,但它不是表现得太好,就是表现得太糟。它让作家挂心。它诱惑他。它考验他。当它睡觉时,会邀他一起入眠。

你确定睡个美美的午睡对你来说,不如辛苦地构思和写几行或几页文字更有益?你是否坚信,我还是坚持要问,你写的东西对人类有益?

读书猫

这差不离就是它会跟他说的话。

当作家沉溺于猫眼眸的深邃中，他一定会感到迷惑，最终向自己追问那些本质的问题。我是不是最好也在此时此刻迷失自己（或找回自己），而不是不知天高地厚、妄自尊大地计划将来流芳百世，也不要有一刹那以为自己构思写作的东西真的有新意，可以消遣、安慰、教育我的同类？瞧吧，多自负！多幼稚！流芳百世简直就是笑话！相信一个词、一个句子或一个思想可能会改善人类的命运，是多么荒唐啊！

很多文人（可叹的是并不仅仅只有他们！）浪费珍贵的时间，大把大把地花钱，定期去看心理医生。这些可怜人！他们喜欢那些被称为俄狄浦斯情结、禁欲回归、肛门期之类的废话，我们不再列举了。他们试图弄清记忆、遗忘、心理障碍、以往的怨恨，他们试图勾勒出纠缠他们的幽灵的轮廓，试图驱除折磨他们的恐惧以及消除毁灭他们的遗忘症。他们诉说。他们躺在沙发上，身后有个一本正经的笨蛋在听他们讲话（或在打盹儿），然后缴纳这次看诊的费用……

一个心理医生有什么用呢？对于大部分作家，起码对他们中最明智的人而言，猫可以完美地代替心理医生的职能。它也缄默不语。如果它占据了沙发，是因为沙发更舒适，是因为作家的位置不管怎样都在他的椅子和书桌上，他必须坐在那里，手里一支笔，思想保持警惕……此外都是分心、不务正业。尤其是它也能帮助作家说出心里话，让他得到释放。

在一只猫面前撒谎是不可能的。更令人泄气的是，人不可能变成猫，把自己关在内心如此柔软的外壳里。像它一样知晓与生命、死亡、精神、过去的时光、幸福的获得有关的，那些无法认知的秘密，然后选择什么都不做，或者只做一件受到猫的智慧启发随时可以抛下的事情（这就有点像那些以前总是不停地旅行、不停地去远方的人，如今，好像把一切都看淡了，收了心了）：睡觉、等候、眯眼睛、伸展四肢、发出呼噜声、拱起背以及对周围无谓的骚动漠不关心。

威廉·福克纳[1]很喜欢提到一个古老的中国传说，我可以凭借记忆引述它。从前统治这个世界的物种是猫，它们拥有所谓的文明政府。换言之，它们要接受俗世的考验，最后难逃一死：战争、饥馑、传染病、不公、愚蠢、爱慕权力、贪得无厌。这是不能容忍的。为了找到解决的办法，最聪明的猫聚集起来召开了一个大会。它们商议了很长时间。它们争吵。它们以为有了解药，却很快发现根本没有用。只剩下一个摆脱困境的方法：放弃国家，让位，放弃作为统治者所要必须背负的所有责任和不幸。而且，还得在低级物种里选出能够代替它们的物种，并且这个物种要足够乐观，以为自己能找到解决不幸宿命的良方，但也要足够无知以便永远不能获得智慧——猫的智慧。它们选择了人类，并且让位给他。人类贪婪地占有了这个位置，猫从此退居次要地位，享受着它们的舒适，用不曾有任何遗忘的眼睛看着人类。

这又把我们带回到那些作家身边。他们无法了解猫，就像无法探知智慧的秘密一样。尽管如此，他们还是试图接近这些秘密。这种接近才是重要的。此外，没有任何理由去字句斟酌，谱写一点思想的乐章。简言之，为了弥补不能做猫的遗憾，为了能企及那无法到达的大智若愚的境界，仿佛永恒就隐藏在无常的瞬间——这个被体验的瞬间包含了一切，过去和未来。于是，作家开始写作，而这一行为或许是唯一行之有效的慰藉。

在堆着一沓沓纸张、不久前电脑才占据一席之地的书桌上，猫和作家面面相觑，仿佛各自站在镜子的一边。相信镜中映出的形

---

① 威廉·福克纳(William Faulkner，1897—1962)：美国文学史上最具影响力的作家之一，意识流文学在美国的代表人物，1949年诺贝尔文学奖得主。一生共写了19部长篇小说，120多篇短篇小说，最有代表性的作品是《喧哗与骚动》。——译注

象是原形象完完全全的复制品，那就大错特错了。映出的形象恰恰是原形象的反面，所有右边的跑到了左边，等等。作家是猫的反面，他看着它并且羡慕它。由于不能占据猫的位置，他只能写作，别无他法。

猫也望着作家。它同情他。可能在它自己选择的孤独和沉默中，猫认为作家和其他人相比算是更值得交往的。它可能还会想到，自己曾经也处在他的位置上。如今，它满足于自己的命运，惬意地打着呼噜。

埃及(Égypte)

像很多历史学家、研究者、科普学者和多少有些自吹自擂的专家一样，认为猫第一次被驯化是在埃及，大约公元前3000年，这真是个巨大的笑话。至少有两个理由……

一方面，因为猫从未被任何人驯化过，我们要不厌其烦地重复这一点。另一方面，因为猫逐渐褪去野性，人类也一步步地停止游牧生活，二者自5000年前，在中东地区，底格里斯河与幼发拉底河之间的某个地方，就已经开始和平共处了(参见词条“从前……”和“起源”)。

巴斯泰托女神，青铜，42cm×13cm，卢浮宫古埃及馆，巴黎。

然而，说起埃及人在这方面所作出的贡献，还是有大功一件的：和埃及人在一起，也多亏了他们，猫第一次在文明世界里留下了历史的足迹。它公开地成为了(一些资料和众多的艺术作品证明了这一点)人类的一个伙伴。它被赞美、被疼爱、被保护，甚至，被神化了。或者，更确切地说，一个女神，巴斯泰托，被描绘成它的模样。

为什么在尼罗河两岸猫受到人们如此的喜爱和保护呢？答案不会让人有任何怀疑。仅仅因为人类和它们之间维系着那个古老的联盟，存在着客观的默契。猫消灭可能损坏人类劳动果实、破坏人们收成的鼠辈，它保护了人类的粮仓。作为交换，它们很乐意不受其他捕食动物的侵扰而在人类家里舒适地生活。

对于很多埃及人来说，猫也是一个生活伴侣、一种消遣或一种奢侈的享受。换句话说，人们对猫的喜爱很快蔓延到各个阶层。根据历史学家希罗多德（他的话是不是一直都可信？）所言，埃及人，在闹饥荒的年月，都宁愿饿死也不打算吃猫。他还声称，当他们的房子着了火，他们先救猫再抢出家具，甚至先救猫再灭火。

有一些非常严厉的法律保护这种动物。禁止惹恼猫。当然，更禁止侮辱它。从这里我们可以看出，埃及人是非常有智慧的、高度文明的——谁会对此怀疑呢？他们把这种动物看作是民族的财富，它被禁止出口到国外。如有人敢这么做，那可能会招来杀身之祸。这是对走私者的警告！

至于希腊历史学家提奥多罗斯，他曾讲过，有一驾罗马人的二轮马车轧死了一只埃及猫。这是一场事故。这场悲剧发生在公元前 60 年，正值罗马占领时期。然而，不管生性谨慎的法老托勒密十二世的命令，一位埃及士兵毫不犹豫地处死了笨手笨脚的马车夫……而提奥多罗斯没有提及占领军方面的报复行为……

你们想象一下，2000 年后，在德国人占领下的巴黎，如果发生一起类似事件：一辆装甲车碾死了香榭丽舍大街上的一只猫，一个法国警察，不顾维希政府谨慎的建议，报复性地处决了驾驶装甲车的人！德意志国防军就算善解人意，可能会没有反应？自法老时代以来，文明并没有取得多么大的进步。

从这个例子我们明白了一只猫的死亡，对于把它养在家里的埃及人来说，是一种难以形容的悲痛。为了表示哀伤（希罗多德如是说），全家人会剃掉眉毛。在猫死后丧期持续70天。这些埃及人还经常把他们的猫做成木乃伊。他们死后，一心想要猫伙伴永远地陪伴他们。我们是多么地认同他们！

于是，由此到把猫神格化仅一步之遥。这一步很快就被跨越了。当然，这种动物不是唯一被神化的。从公元前31世纪开始，一些鹮、鹰、金龟子也受到了崇拜。这是因为，埃及人不把诸神想象成纯粹的灵魂、抽象的概念，而是想象成能够化身为一些生物、动物的超凡能力，这些生物、动物的特征在某种意义上彰显了神性。

埃及女神巴斯泰托就是这种情况。

她起初被描绘成既是庇护者又是好战者形象的狮子，随后，又借用了一只非常和蔼又野性十足的猫的形象。作为狮子，她首先和战争女神赛克迈特①的身份是一致的。但是，再一次以猫形象示人的她，受到极大的欢迎，并且，埃及人不久便对她怀有过度的崇拜。

她是那位击败了蛇、象征着光明、战胜黑暗的太阳神拉的女儿，是布塔②（此处提到是为那些对神的谱系感兴趣的人）的妻子，巴斯泰托象征着生育、多产、家庭守护和精力旺盛。有时，人们把她描绘成猫首女身的形象，拿着一个叉铃（一种小型叩击乐器）或是一个篮子；但最常见的，是从头到脚，完全的母猫形象，骄傲地直立着，自视甚高又和蔼可亲的样子。通常，她以一只哺乳一群小猫的母猫的模样出现，头昂起，眼里充满戒备，保护它们不遭受一丁点儿危险……

---

① 赛克迈特原本是上埃及的神祇，是母狮的形象；下埃及的巴斯泰托是与她相似的战争与太阳女神。随着上埃及征服下埃及，她逐渐变得比巴斯泰托更具影响力。——译注

② 被称为创造之神。——译注

法国瑟堡自然历史博物馆以拥有一尊约公元前8世纪的巴斯泰托小型青铜雕像为傲。(对那些不想马上旅行去看不容错过的开罗考古博物馆的人而言,不妨先看看这个)。考古学家发现,以这种形象代表巴斯泰托的许愿小雕像或护身符多到令人难以置信。又有什么可大惊小怪的呢?那个时代,婴儿的死亡率非常高。由于缺乏抗生素和合格的产科医生,人们转而求助于我们的猫女神,期望她保佑产妇顺利分娩,以及儿童平安度过童年,不受疾病厄运的侵扰。这在当时合情合理。

要给巴斯泰托建一座神庙,一个朝圣的地方。这座神庙建在布巴斯提斯,一座位于尼罗河三角洲东部的城市(阿拉伯语:*Tell Basta*,泰尔·巴斯塔)。在那里,新帝国时代①来临前,这位女神的神庙就建成了。希罗多德(总是他!)认为,任何一座神庙都不如它养眼,建筑周围运河环绕,院子里有一条壮观的林荫大道,巨大的巴斯泰托雕像就坐落在神庙中央。

我们的历史学家(他把巴斯泰托改名为阿耳忒弥斯,仿佛把埃及女神据为己有,赋予她一个希腊女性公民的身份)这样描写膜拜她的仪式:“最主要也最受欢迎的仪式(节日)在布巴斯提斯举行,为了向阿耳忒弥斯(巴斯泰托)致敬……当埃及人去参加布巴斯提斯的活动时,他们的表现是这样的:他们通过河流到达那里,大量的男人和女人,胡乱地挤在一艘艘小船上……到达布巴斯提斯后,他们向女神献上大量供品,并且在庆典活动期间喝下比一年其他所有时间还要多的葡萄酒。据当地人说,到那里去的男男女女(不算年幼的孩子),大约有70万人。”

70万人!

长期以来,人们认为希罗多德为了让读者们惊讶,有“夸大”数

---

① 埃及第十八至第二十王朝是新王国时期,约为前1567—前1085年。——译注

据之嫌。但其实他一点也没有。在19世纪末，巴斯泰托神庙以及毗邻的一些猫的墓地的发现，则可以印证这一集体信仰在当时的重要性。

所有唯利是图的偏差行为显然都是可能的。我们打赌这种偏差并不少见！就像在德尔斐①的希腊人，就像后来在阿西西②和卢尔德③的基督徒，就像所有在日本如今被成群的坚定又温顺的本国游客扭曲变形的佛寺……照看神庙里作为圣猫的巴斯泰托的祭司们想必也和希望得到恩赐的朝圣者做了许多一本万利的好买卖。

还有更糟的！比这糟糕1000倍的！我们有各种理由认为他们应该会以高于那些简单的护身符或陶制小雕像的价格，出售比如圣物、一些被祝圣过的制成木乃伊的猫。由此可以推测，为了补给他们的库存，定期拿猫献祭是他们精心策划的。天啊！

啊，巴斯泰托女神！你为什么由着他们这样做？

因此，那些被埃及人神圣化了的猫，在巴布斯提斯应该不会比中世纪那些被天主教会妖魔化了的猫更幸福，这样的揣测也不无道理。猫，它们不向任何人索要任何东西。既不要像神一样被供奉，也不想被诋毁。还是让它们安安静静的吧！对它们来说，何时把人类奉若神明了？它们只是满足于所在家庭的温暖，满足于追逐老鼠之余躺在坐垫上的舒适。

---

① 德尔斐位于福基斯，是一处重要的“泛希腊圣地”，即所有古希腊城邦共同的圣地。这里主要供奉着“德尔斐的阿波罗”，著名的德尔斐神谕就在此颁布。现已列入联合国教科文组织世界遗产名录。——译注

② 现为意大利翁布里亚大区佩鲁贾省的一个城市。阿西西古镇是一个中世纪城市，方济各会创始人即圣方济各在此出生。无数虔诚的天主教徒都以去过阿西西为荣。——译注

③ 法国西南部比利牛斯山山麓的小城，是法国天主教信徒朝圣地，每年有几百万人前去朝圣。据说那里的天然圣水可治疑难杂症。——译注

渐渐地，埃及法老政权衰落。在地中海盆地周围，“罗马和平[①]”获胜，埃及神祇们屈膝而退。巴斯泰托，猫形象的女神，与其他神祇一样，在公元前390年，一道皇家政令甚至正式地禁止对她的崇拜。

在尼罗河两岸，猫逐渐又变成了一个普通的个体，和你我一样。人们停止了在神庙里崇拜它，以及死后把它制成木乃伊的行为。

艾尔米塔什博物馆(Ermitage [Musée de l'])

这是和全俄罗斯最大的博物馆，圣彼得堡艾尔米塔什博物馆[②]有关的几个数据……

占地9万平方米，350个展厅，由300名安保人员看护，每年大约接待300万参观者。300万也是此处艺术藏品的数量，其中，6万件列为常设展品，其他的则为馆藏品。

就这些？

这里有31幅毕加索的作品，37幅马蒂斯的作品，20件伦勃朗的作品，以及全世界最重要的高更作品收藏。

还有呢？

50—70只猫住在这里。

这些彼得堡猫不是偶然来到这里的。它们也并非是预料到了十月革命、去斯大林化、经济改革或弗拉基米尔·普金的执政才来这里定居的，哦，不，根本不是。它们把艾尔米塔什，曾作为沙皇居

---

① 公元前27年元首制度建立之后，一直到公元2世纪，罗马帝国再没有陷入长时间内战，境内相对安宁。罗马达到繁盛顶点，经济、文化、军事、艺术都达到了前所未有的高峰。世人称之为“罗马和平”。——译注

② 艾尔米塔什博物馆(冬宫)：世界四大博物馆之一。与巴黎卢浮宫、伦敦大英博物馆、纽约大都会艺术博物馆齐名。最早是叶卡捷琳娜二世女皇的私人博物馆。1764年，女皇从柏林购进伦勃朗、鲁本斯等人的250幅绘画存放在冬宫的艾尔米塔什(法语，意为“隐宫”)，该馆由此而得名。——译注

所的冬宫据为己有，确切地说是在1745年。它们的租住合同是完全合法的。请注意，是由彼得大帝的女儿，伊丽莎白一世女皇在那一年签署的，通过颁布政令使它们在这里安顿下来。

它们来自哪里，这些新住户？它们是非法移民？是盲流？不完全是，而是像那些因际遇而被召集到这里的外国工人一样。历来如此。当一个国家的公民拒绝屈从于那些他们认为无谓又艰苦的工作，当他们反感从事门房、清洁女工、道路清洁工、建筑工人、金属车工等我们不再一一列举的职业，那就需要寻求来自别处的劳动力。懒洋洋地躺在豪华的新住所——倒映在涅瓦河水面上色彩灿烂的巴洛克式宫殿——里的，那些正派的、喜欢闲散生活的彼得堡猫之中，哪一只会仍旧感觉精力充沛，可以与城里，特别是艾尔米塔什里面激增的老鼠作斗争？相反，当时人们说喀山猫棒极了。它们勇敢、好斗，甚至不辞辛劳。那就去把喀山猫弄来！

它们居住的城市非常遥远：如果挨家挨户地，或者说一个猫洞又一个猫洞地寻访，那要走上800百公里，细细算来！女沙皇的使者们上路了。他们巧舌如簧，我们无需知道那些细节。总之，几十只喀山猫在艾尔米塔什安顿下来，并且在地下室里繁衍。老鼠们从此不敢造次，数数自己有几个脑袋可以掉。

今天的情形又如何？

令人震惊的是，我们注意到，那些很快就成了合法居民的猫的后代们如今已经不再在那里，和艾尔米塔什里卡拉瓦乔、列奥纳多·达·芬奇还有鲁本斯等其他艺术家的作品为伴了。它们的确曾经经历过诸多历史动荡而幸存下来：拿破仑攻打俄国、列宁领导十月革命、古拉格集中营①。纳粹军队封锁对它们来说是致命

---

① 据安妮·艾波鲍姆著作《古拉格：一段历史》中的叙述，“古拉格”是苏联的国家政治保卫总局、内务人民委员部的分支部门，执行劳改、扣留等职。这些被囚人士数以万计，其中包括不同类型的罪犯。——译注

的——这次将近900天的长时间封锁,1941年到1944年之间,付出了近200万市民的生命,见证了饥饿之城所有动物的灭绝。可怜的喀山猫被做成了匈牙利式烩肉!

一些新来的胡子拉碴的四足动物擅自占据了空房子,接替它们在那里安顿下来,一切又归于宁静。城市、人民专员、党支部领导,以及博物馆当局保护它们,仿佛伊丽莎白一世的政令一直在实施。博物馆地下室那时还堆积着保存的艺术品。是彼得堡猫(还是列宁格勒的"同志猫"!)在保护它们,要是一些反革命老鼠啃咬柯罗或者德拉克洛瓦的油画那就太糟糕了。

此后,历史的时钟几经骤停。通常意义上的苏联和特别意义上的列宁格勒①的"同志猫"成了俄国和圣彼得堡人民心中的荣誉公民。博物馆的藏品更是明智地离开了艾尔米塔什潮湿又破烂不堪的地下室去到更合适的地方。猫,它们,留在了那里。在-30℃的冬天,躺在那些纵横交错的暖气管道上也凑合。博物馆的安保人员,他们同心协力凑份子保证猫儿们的口粮。一些兽医关心它们的健康并注意控制它们的生育……

在美丽的季节,时不时地,会有一只猫困惑地注意着那些,等着付钱进入它的宫殿的游客们排成耐心的长队。有时候,它们当中的一只,找到一些秘密通道到达某个大厅,与凡·戴克、普桑或者委罗内塞不期而遇。

有些人可能会认为,它面对大师画作的漠然也许会令人不悦。才不会!猫已经是一个杰作了。一个杰作需要欣赏另一个杰作吗?

词源学(Étymologie)

猫的来源很神秘。众多博物学家仍对此争执不休。它来自哪

---

① 此处指圣彼得堡,1924年改名为列宁格勒。1991年苏联解体后,被划为由俄罗斯联邦管辖,并经市民投票恢复原来的名字圣彼得堡。——译注

里？它何时出现在大地上？它的祖先有哪些？野猫和家猫是近亲还是远亲？我们后面会谈到这些问题……但是要解答这么多疑难问题，这就跟它的词源一样，到现在仍然很不明确，并且是众多的，经常是令人异想天开的思辨对象。

有一件事情是确定的：11世纪出现在我们语言当中的 chat（猫）这个词来自于晚期拉丁语词 *cattus*。这个形式，在公元4世纪由帕拉丢斯[①]于一部农艺学专论中特别提及的事实已被证实。

而且，这个词让人想到猫在大部分欧洲语言中的所有称呼。

让我们来辨别辨别：

英语：	*cat*
德语：	*Katze*
意大利语：	*gatto*
波兰语：	*kot*
皮埃蒙特[②]语：	*gat*
科西嘉语：	*gattu*
布列塔尼[③]语：	*kazh*
保加利亚语：	*kotka*
威尔士语：	*cath*
阿斯图里亚斯[④]语：	*gatu*
西班牙语：	*gato*
加泰罗尼亚[⑤]语：	*gat*

① 历史上，此人身份不明确。有人怀疑458年的一位与他同名的异教徒行政长官和他是同一人。根据现有资料可以确认他是一部农艺学专论的作者。——译注

② 意大利北部地区名，首府都灵。——译注

③ 法国西部的一个大区。——译注

④ 今西班牙西北部的一个单省自治区。——译注

⑤ 今位于西班牙伊比利亚半岛东北部，西班牙的一个自治区。——译注

巴斯克[①]语：*katu*
亚美尼亚语：*gadov*
爱沙尼亚语：*kass*
捷克语：*kocka*
冰岛语：*köttur*
挪威语和瑞典语：*katt*
等等。

是否应该认为斯拉夫语、凯尔特语或巴斯克语，这些与拉丁语依然是完全不相干的语言，就“猫”这个词而言，是直接从拉丁语借鉴而来的吗？或许。不管怎样，这让人们可以推定猫这个物种随着罗马帝国的征战，在欧洲扩张蔓延的时间。这就是说，词源学在这里，借助历史可以更好地弄清楚，生活在我们中间的家猫的秘密命运。

然而，问题依然存在：刚刚我们列举出的所有词都由 *cattus* 这个词派生而来，那么，这个词又来源于哪里呢？

某些语言学家推测，这个词可能源于叙利亚语的 *gato*。

其他一些语言学家则给出了一个努比亚语的词源：*kadis*，用来指猫。人们在柏柏尔语中发现了 *kadiska*，这是我在互联网上收集来的一条信息，因此，是否可靠还有待商榷……

未尝没有这种可能。

总之，出现在埃及和地中海盆地的第一批家猫来自中东。这种假设并不荒谬。

我刚才提到的互联网这个词。你们知道在 2001 年，有一位圣

① 巴斯克地区位于比利牛斯山脉西部，比斯开湾沿岸，地跨西班牙和法国。该地区包括西班牙的巴斯克自治区、诺瓦拉自治区和法国的北部巴斯克地区。——译注

人被提名为程序员、网虫以及其他网上冲浪者们的保护神吗？他就是：圣伊西多尔·德·塞维尔。

这位杰出而又知识渊博的高级教士，601—630 年之间担任他所在城市的主教。对于不太了解他的人而言，我们要指出的是，他是一位学富五车的伟大学者，用其一生的部分时间撰写了一部 20 卷本、将近 500 章的，分析词和词源的巨著。他发明了，换句话说，计算机工作者们如今称之为“数据库”的东西。

其著作名为：《词源学》。

那么，伊西多尔·德·塞维尔（1598 年被封为圣人，1722 年被宣布为教会博士[1]）对于 *cattus* 一词有何说法？

他在琢磨该词是否源自一种罕见的拉丁语形式 *cattere*（甚至著名的加菲奥[2]《法语-拉丁语词典》都没有收录！），意思是，看见，看得清楚，辨别。“*Cattus quia videt*”，我们的圣人保护神写道。意思是，“猫，因为它看见”。的确，我们从来没有特别强调猫的超常视力，尤其是在夜间。有一双猫眼睛，这个表达就说明了一切。

从察觉到抓住或者制服，从捕捉到逮住，这种过渡状态还是符合逻辑的。*cattere* 这个动词，这次成了意大利语，在中世纪和文艺复兴时期被使用。特别是，薄伽丘用它表示征服、击中一个人或一个目标的意思。

还有就是，这个罕见的拉丁语动词 *cattere* 和意大利语中可能来源自 *cattus* 的动词一模一样，而不是相反。因此，一切仍旧是扑朔迷离。我们这位安达卢西亚主教可能是考虑得过于草率了。

还有一个观察。

---

① 基督教中对那些生活和学说被奉为权威的教会导师和神学家的称呼。——译注

② 菲利克斯·加菲奥（Félix Gaffiot，1870—1937）：《拉丁语-法语通用大辞典》作者。因此，该部词典也被称为《加菲奥拉法大辞典》。——译注

拉丁人，在几个世纪里，用 *felis* 这个词来指猫——西塞罗证实了这一点。这个词派生出了 *félin*，*félidés* 等。知道 *felis* 这个词本身来自于 *feles* 十分重要，那时，在罗马，后一个词不仅指猫这种动物，还可以指其他各种或多或少被驯养过的，捕捉啮齿类动物的小型食肉哺乳动物。后来，*feles* 有了"小偷"的含义。这种总是要由猫来作为载体的偏见，就是要把它说成是贼、土匪、扒手、入室盗窃犯、败类！但是，你们要弄清楚了，再说一次，chat 这个词或者 *feles* 这个词不是来自于"小偷、贼"。晚期拉丁语词 *cattus* 也不是来自于 *cattere*。不如说，事实正好相反。

feles 的另一个与猫的形象有关联的派生词不只是参照了捕食或者偷的含义，也有性爱的意思。这可能和猫与它喜欢捕捉的鸟组成的形象搭配有关。它们隐含的色情、性感意义是不容置疑的：柔弱又懒散的鸟好比女人，猫是冷酷无情的诱惑者（这种象征在西方人的想象中一遍遍出现；自古希腊以来，有多少图画、雕刻、马赛克表现了这种想象呢?）。这还尤其与喵喵叫着吸引雄性、成为性欲的动人原型的母猫有关。证据就是，再回到从不说谎的词源学上，*felis* 这个词或者甚至 *catta* 这个词可用来指女人，更确切地说，指交际花、妓女。

洛朗斯·波比斯，在她详尽的《猫的古今历史》一书中，提到了在庞贝城的妓院街区发现的一些诲淫的铭文。那里的一些女人被称作 *felicula* 或者 *felicla*，意思就是"小母猫"，就像总在强调她们预示的所有淫荡的快乐。（母猫在俚语中指代女性生殖器就是来源于此吗？或许。同样非常巧合的是，盎格鲁-撒克逊人把它叫做 *pussy*，而 *pussy cat*① 也有两重意思。）

我们对中世纪不久后出现的，带有贬义的形象怎么会大惊小怪呢？这种形象就是来源于那时，来源于古代晚期和古罗马人，来

① pussy 在英语中有"女性生殖器"和"猫"两种意思。——译注

源于小偷猫，性感猫，与妓女有联系的，以及按照推论还与安息日、女巫有关联的淫荡猫。

又及：古希腊人把猫叫做 *ailouros*。这个词在我们欧洲的语言中没有任何派生词。埃及人，他们几乎不关心努比亚或叙利亚语的词汇。他们把猫（我们此处当然是按照音译）叫做 *Myeou*，就像一个模仿它们喵喵叫的拟声词。Mau，埃及猫这个品种的名字，似乎就是由此衍生出来的。还有，在世界上众多的语言中，“猫”这个词总是或多或少地受到它发出的喵喵声的启发，让人从语音上联想到它的叫声。

像 minet、minou、matou 这些词[①]，起始于 16、17 世纪，似乎同样有拟声的根源，最初元音化[②]的字母 m 也让人联想到猫的叫声。

说个简短的题外话，我们可以注意一下加拿大作家伊夫·博歇曼[③]非常直接地命名为 *Le Matou*[④] 的小说多么值得赞扬。1982 年在魁北克出版时，这部以流浪冒险为题材的、或多或少受到浮士德故事启发的作品卖出了几百万本。这是一个真正的文学现象。一只畅销猫。不过小事一桩！

我们最后结束这些微妙的词源学问题吧！“greffier”[⑤]这个现今或者确切地说，以前在俚语中指猫的词来自哪里？它最初的书面证据要追溯到 19 世纪。但是，它的口语使用应该在这之前。塞

① minet 是英语词，minou 和 matou 是法语词，都有“猫咪”的意思。——译注

② 指一个辅音字母在发音时像元音一样使气流从口腔通道中不受阻碍地呼出，这样往往会有发音的改变。——译注

③ 伊夫·博歇曼（Yves Beauchemin，1941— ）：加拿大当代著名作家，加拿大法语文学院院士，国家级荣誉获得者，曾任魁北克作家联合会主席，有加拿大的“果戈理”和“狄更斯”之称。《街猫》为其代表作。

④ 中文直译为《公猫》，胡小跃的中译本译为《街猫》。——译注

⑤ 法语名词，除了有“法院书记官、诉讼档案保管员”之意，在口语中，还有“猫”的意思。——译注

利纳在他的作品中经常用来称呼他的猫贝贝尔。事实上，两种相左的意见或许没有那么不可调和。第一种，很简单地把这个词追溯到 griffe[1] 这个词。猫是会用爪子抓挠的动物。就这样认定！第二种意见认为 greffier 表示“猫”这个意思就是直接从 greffier 的另外一个意思“法院书记官”，也就是负责管理一个法院的书记室、诉讼档案保管室[2]事务的公务人员，派生出来的。为什么不可以呢？拉米那·格罗比斯[3]难道不是一只虚情假意、应该要格外当心的猫吗？还有更多。跟司法有关的 greffier 和 greffe 这两个词可能都是参照了 griffe，给人铁笔的感觉。这种铁笔以前用于在石蜡上写、刻司法决议以及签名盖章(griffer)。总之，对于猫，在司法词汇 griffier 和简单的 griffe 之间就有了一个交集。

① 法语名词，意为“爪子”。——译注

② “法院的书记室、诉讼档案保管室”在法语中是 greffe 这个单词。——译注

③ 在拉封丹寓言中，它是一只过着清心寡欲的修士生活、外表温和善良、仿佛是个圣人的猫，是一个裁决棘手案子的专家。解决兔子和黄鼠狼的纷争时，把两个诉讼者骗上前，吞入腹中。寓言影射法国中世纪时期各地领主请国王调解纠纷最后却得不偿失。本文用来类比法院公务人员。——译注

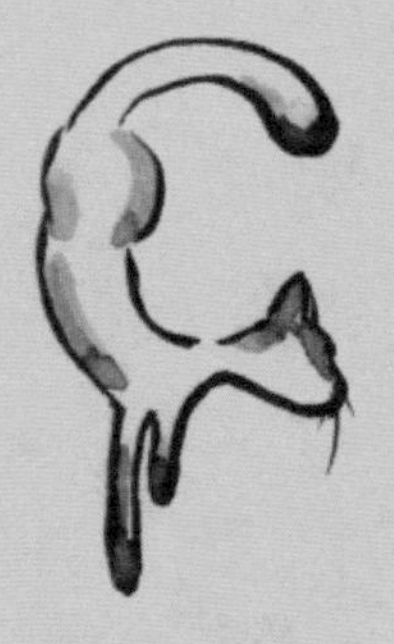

法布尔(Fabre)

雄猫,要比雌猫具有更强的狩猎动物性,更会"标记"自己的生活范围(参见词条"领地")。由此再进一步说,它与雌猫相比,领地意识更强,更不爱迁徙,可以说,更不愿意迁居。

让・亨利・法布尔(1832—1915)卓越的《昆虫记》中给我们讲了一个令人印象深刻的例子。

人们对这位伟大的学问家、阿委龙省贫穷农民的儿子、无可争议的昆虫学家的功绩永远歌颂不够。他不仅非常严谨地观察昆虫,小心地推论,而且很擅长讲述他的发现,使那些充满个人轶事趣闻和诗意动人的注释的作品,成为完全属于我们文学遗产范畴的书籍。

对于他的猫儿们,他在《昆虫记》中用了一章,以《我的猫儿们的故事》为题做了记述。法布尔在其中特别讲到了连续几次搬家的故事。

1870年,他不得不离开阿维尼翁到奥朗日居住。因为,他在此前犯了一个不能补赎的罪过:竟敢在一所女子学校里教授自然与物理科学。天啊!不仅教她们空气和水是什么,闪电和雷声是怎么来的,还特别教她们种子如何萌芽以及花朵如何绽放!这不是惊世骇俗之举吗?

于是,他收拾好自己的装备及行李,准备携孩子和猫前往新的居地。后者中,有一只出色的猫,是之前某天在他们阿维尼翁的花园墙头上出现的……

> 一只可怜的猫,毛乱糟糟的,身子瘦瘪,脊背的皮包骨头一节节显露无遗。它饿得直叫。我的孩子们,那时他们还小,很怜悯不幸的它。他们用一根芦苇将蘸了牛奶的面包递给

它。它接受了……

很显然，渐渐地，流浪猫被驯养了……但是当他们必须搬家的时候，令人悲伤的事发生了！此时，这只已经年迈的猫无论如何不接受搬家。它从新家逃走之后，又回到原来的住处，但还是被找回，并带到奥朗日——当时法布尔和家人居住的地方。它在那里一日不如一日，在无法抚慰的忧郁中日趋衰老。

> 假如它力气尚可，是不是会回到阿维尼翁？我不敢肯定。我认为一个动物因为年老虚弱不能回到家乡，最后郁郁而终，这至少是一件了不起的事情。

不久后，这家人又有一次搬家。这一次，是从奥朗日搬到塞里尼昂。猫家族勉强接受了新居，除了那只领头猫。尽管我们采取了万全的措施：

> 我们把它放到阁楼上，它在那里有足够宽敞的空间可以玩耍；为了缓解它被囚的苦恼，我们一直陪伴着它，拿双份的食物供它舔食，时不时地让它和几个伙伴呆在一起，以便让它知道不是独自在这新家里；我们对它极尽所能地仔细呵护，希望它忘掉奥朗日的家。它似乎真地忘记了。在我们的抚摸下，它显得很温顺，听到召唤也很快跑过来回应，打着呼噜酣睡。逗它时还会直立起来。可以了。一个星期的禁闭和温和的对待应该让它打消了任何想要返回的念头，我们还是恢复它的自由吧。它下楼来到厨房，和其他猫一样在桌边驻足；它在爱格兰①的严密注视下到花园里去，一副天真的样子，到处

① 法布尔的女儿。——译注

巡视,最后回到屋里。太棒了!这一次猫不会再逃走了。

然而次日,它不见了。会溜到哪里去呢?当然是去了奥朗日,原来的住处。让·亨利·法布尔是这样估计的,他也的确没说错:

> 爱格兰和克莱尔[①]出发了。像我说的那样,她们果然找到了它,把它放到篮子里带了回来。它的腹部和爪子上沾满了红泥,然而当时是干燥的天气,没有泥浆。它一定是横渡艾格河的激流才弄湿了身子,湿漉漉的毛就沾上了所经田野的红土。从塞里尼昂到奥朗日的直线距离是七公里,艾格河上有两座桥,一座在上游,一座在直线距离相当远的下游。猫没有走任何一座桥:它的本能告诉了它最短的直线距离,它就走了这条线路。它沾满红泥的腹部就是证明。它穿越五月天的湍流,那时的河流水量丰沛;它克服了对水的厌恶只为回到心爱的住所……

法布尔重又把叛逃者关回到阁楼里。它在那里被关了两个星期才又被放出来。唉!还不到一天的工夫,它又跑回奥朗日了。

> 我们只好随它去,让它听天由命。我乡下旧居的一位邻居告诉我说,有一天他看见那只猫躲在篱笆后面,嘴里叼着一只兔子。再没有人给它食物。曾经过惯舒适生活的它,窥伺着空屋附近的家禽饲养棚,把自己变成了偷猎者。我后来再没有它的消息,它最终的结局一定不好:成了偷吃农作物的小偷,想必落得个小偷的下场。

---

① 两人都是法布尔的女儿。——译注

这只猫，固执地踏上旅程，无论如何一定要回到它永远认作是它的领地的地方。它的故事当然令人揪心，而且可能会使你们甚至不敢有搬家的念头。

猫对和它生活在一起的人类不够忠诚吗？

不是的，不完全是这样。它更忠诚于所属品种的特定性格特征、它的本能、它作为野生动物和领地动物的过往。就是这种忠诚——伟大的昆虫学家《昆虫记》里给我们举的这个例子中，这种对于表面的安逸与否表现出毫不在乎的忠诚——实在令人心痛……这种忠诚再一次在那些雄性猫、狩猎动物性强的猫、大步丈量生活和生存领地的猫身上表现得要比那些更关心自己以及子嗣的、安逸的雌性猫和幼猫更强烈。

菲利克斯猫(Félix le Chat)

如果，在本书里不向一只曾经在他那个时代是世界上最著名的猫致敬，那可真是匪夷所思。最愿意在这方面语气夸张的美国人，至少会毫不犹豫地断定他是“世界上最著名的猫”。他的名字是：菲利克斯猫[①]。

他第一次出现在荧屏上，是在1919年一部名为《猫的闹剧》的短片中。这部几分钟的动画片如此成功，以至于他的制作商派特·苏利文公司，不久又另外设计了150多部著名的“派特·苏利文卡通”出品的关于他的动画片。换句话说，菲利克斯猫作为当时无数长片的补充，出现在世界所有电影院的荧屏上。他的职业生涯得到了保障，他在全世界变得赫赫有名。

超级明星菲利克斯猫？当然是！

---

① 英语为：Felix the Cat，法语为：Félix le Chat，中文也译作“菲力猫”。——译注

菲利克斯猫(Félix le Chat)

道格拉斯·费尔班克斯[①],玛丽·璧克馥[②],拉蒙·诺瓦罗[③],莉莲·吉许[④]或者鲁道夫·瓦伦蒂诺[⑤],以及其他著名的美国无声电影明星们,可以卸妆退到一边了。菲利克斯猫的风头压过了所有这些人。啊,可是,与其他很多同时代电影传奇的例子一样,它很难超越无声电影的界限,和有声电影一起继续他的生涯。一个声音的问题?不!那是因为实际上有另外一位明星开始赶上了他的风头……充满讽刺的是,他不是一只以1930年代的时尚改头换面的新的猫,而是……一只小老鼠。这对他来说,简直是一种侮辱!

他对手的名字是:米奇。

他设计者:沃尔特·迪士尼。

后来的事情大家都很清楚了。

菲利克斯猫因此,在所有的大陆,只是他那个时代的,一个辉

---

① 道格拉斯(Douglas Fairbanks,1883—1939):美国演员、导演、剧作家。以默剧演出闻名。——译注

② 玛丽·璧克馥(Mary Pickford,1892—1979):美国电影演员,制片人。美国默片时代最受欢迎的女演员之一。她是美国电影艺术与科学学院的创始人之一。——译注

③ 拉蒙·诺瓦罗(Ramon Novarro,1899—1968):墨西哥演员,默片时代大明星。1960年获第17届美国金球奖特别奖。——译注

④ 莉莲·吉许(Lilian Gish,1893—1993):好莱坞无声电影时期女明星。1971年获第43届奥斯卡金像奖终身成就奖。——译注

⑤ 鲁道夫·瓦伦蒂诺(Rudolph Valentino,1895—1926):美国著名男演员。——译注

煌、最受瞩目的佼佼者。没有任何语言障碍会让他失色,没有任何社会偏见会减少他的众多仰慕者。他用模仿、愤怒、机灵对所有人说话。他后来也成了一本连环画的主角,那是因为,需要在各种可能的载体上好好开发这个人物。某些历史学家甚至认为,他是在1917年10月,美国报纸的《连环漫画》中迈出的第一步。我可以相信他们的话,但是这一切不怎么重要!他首先,而且特别是,在电影荧幕上,带着憨厚、纯朴、天真的风格——就像原始绘画的那种风格,一直令人难以忘怀,并且直到今天,他仍保有自己的影迷、迷恋者、收藏者、狂热爱好者以及研究者。

接着说!如果你们有兴趣在谷歌上打出"Félix le Chat"这个名字,你们会看到这个搜索引擎在几秒钟的时间里就搜出了254万条结果。如果你们用它的原始语言打出"Felix the Cat",会得到差不多相同的数字。这样的结果令人神往。

再回到我们的猫。我刚才说它比鲁道夫·瓦伦蒂诺,或者道格拉斯·费尔班克斯还要有名。但是,只有一个喜剧演员,或者进一步说,同时代另一个角色,能跟他在荧屏上以同行的身份一争高下。你们可能猜到了,那就是查理·卓别林,和他演绎的角色夏尔洛。

的确,在很多方面,这两个角色人物都有相似之处。他们俩都很调皮、滑稽好笑、生活困顿。他们都经济拮据,对1920年代经济增长造成的失业者、流浪汉、破产者、被社会遗忘的人的困境感同身受,但并不因此自暴自弃。啊,不!他们有时也会唉声叹气,当然。他们尤其容易动怒。他们坚定、富有想象力、机灵、固执。他们发奋直到成功跨越人生的风浪——或者利用这些风浪。夏尔洛会表现得富有挑衅性,让人觉得很厉害。菲利克斯也是。过于信赖那张与他的嘴巴、白色大眼睛、用力或思考时拱起的身形、尖尖的耳朵和非常古怪可笑的手势相配的,长着滑稽大鼻头的黑猫的亲切面孔,那就有失谨慎了。要当心睡觉的猫——尤其当他没睡着的时候！同样也不要低估夏尔洛这个流浪汉的本事。爱幻想、一颠一颠的、像一个橡胶那么有弹性，配上他的帽子、鸭子步还有那根被他的体重和失望压弯的拐杖，当他遭遇世界上所有的不幸或者来自情敌、街角警察、肥胖自负的神气活现的富人的所有恶意时，一旦醒悟就会表现得很可怕。

了不起的菲利克斯猫，我们再来看看他。他那有点像在跳舞的步伐，他在面对世界时的惊讶，他的勇敢，为了打败亚利桑那州的歹徒，变身为西部牛仔，或者为了对付来自月球的坏家伙变身太空探险者的举重若轻，真是到了极致！人们不可能吓唬住他。他的手提包里总会有一个可以应对的法宝。好在，他有一个包，一个神奇的包，能够变出轮船或飞机，里面装着数不清的、各种大小的东西作为他征战时的珍贵道具……因为，我们的朋友菲利克斯，他不缺对手！尤其是可恶的老教授和他的同党笨蛋洛奇(原版电影中名字为：Rock Bottom)，他们总想着下手偷走那个著名的手提包(大家明白他们为什么这么做！)。幸好菲利克斯可以依靠几个可贵的协助者，比如，科学天才小比盖(原版电影中名字叫做：Poindexter)，他不是别人，正是老教授的侄子。

我说他是超级明星菲利克斯猫。证据就是，他是整个电视史上的第一个明星。不，这不是一个粗略的印象、一种大概的估计。这是一个无可驳斥、确凿无疑、尽人皆知的事实，完全配得上载入(或者说可能已经载入，我对此并不清楚)《吉尼斯世界纪录大全》。1928 年，实时应用集群①的技术人员和研究者们探索研究一个电视图像传输的最佳可能条件(当时用的是一个屏幕 60 条扫描线，内行的人可能了解！)，他们找了哪一位明星作为实验对象？当然是菲利克斯猫。一座在自转的、我们喜爱的、英雄的黑白小雕像，他们就这样监视着手绢大小的屏幕上的复制品。啊！令人难以忘

① 数据库技术术语。——译注

怀的菲利克斯！

首先，他的名字起得好。菲利克斯！这个名字，现在对于我们是多么一目了然，毋庸置疑！Félix 犹如 félin 一词，以及古老的指猫的拉丁语词，*felis*[①]。Félix 这个名字还跟幸福、快乐[②]等有关。这里不存在任何可能的模棱两可，Félix 这个名字就决定了一切。甚至到了今天，菲利克斯这个朋友在银屏上消失了好几十年后，所有人都还知道这个名字，所有人都会把这个名字和一只猫的名字对应起来。一些精明的企业家可不会错过机会，他们用它的名字给猫罐头和猫粮的品牌命名，那完全不在话下！

那么，是谁给这只年轻调皮的猫取了这样一个如此有趣，如此准确的名字呢？换句话说，谁是菲利克斯猫之父——或者说教父？

在很长的时间里，人们认为是派特・苏利文（1887—1933）。他在 1917 年成立了自己的动画工作室，并且，这个工作室的名字在菲利克斯猫的所有银屏冒险故事上出现了 10 年时间：就是前面我们提到过的"派特・苏利文卡通"。

事实上，应该把菲利克斯之父的名号给他的合作者之一，奥托・梅斯默（1892—1983）。他从 1917 年就开始跟派特・苏利文一起工作，1919 年一战结束从军队复员后，又跟他重新合伙。是他，独自一人，萌发了为《派拉蒙电影杂志》创造一个名为菲利克斯猫的新人物角色的想法。派特・苏利文鼓励他在这条道路上走下去。于是，他在 1920 年代写作、绘画、制作了所有的菲利克斯猫历险故事。

在那个时代，著名的"咆哮的二十年代[③]"，很多人，很多艺术家或者很多思想家都不怎么重视作品的署名、所属以及著作权。

---

① 关于这两个词，请参见本书"词源学"条目。——译注

② Félix 这个名字来源于拉丁语，意为"幸福的、幸运的"。——译注

③ 咆哮的二十年代(Roaring Twenties)：是指北美地区（含美国和加拿大）20 世纪 20 年代这一时期。10 年间，它所涵盖的激动人心的事件数不胜数，因此也有人称这是"历史上最为多彩的年代"。——译注

梅斯默首先算一个。他从未想过在《菲利克斯猫》上署名，以及从中抽取他应得的利益。他是一个安静的，甚至腼腆的人。他很满足于每天早上坐在画桌前，以及定期地、体面地领取薪水，不用绞尽脑汁。派特·苏利文负责这些，也负责抽取影片的所有盈利，他负责支配、管理、预算、争取和收取版权费。他过早地于1933年去世，其家族继承人则在这一年把《菲利克斯猫》的版权卖了一大笔钱，也没有想过让梅斯默参与交易的分红。

不公平？肯定是。几乎没有哪个名人或是作品被他人非法占为己有的所得，能与菲利克斯猫带给派特·苏利文，以及后来他的继承者们的所得相比。然而，要公平地明确这一点，在他活着的时候，派特·苏利文保护了他这位性格上如此不喜操心、脆弱的合作者兼朋友。当然，他拿走了“狮子的份额”，他俩交易就是这样定的（梅斯默拿“猫的份额①”？）。但他也是一个人独自面对商业的杂乱纷争，独自一人与大型的电影制作室进行复杂的谈判，独自一人经受电影工业残酷的风险和风暴，而让他的朋友和他带领的动画制作小组远离和避开所有这一切。

苏利文去世后，奥托·梅斯默退出了电影界。菲利克斯猫也是。然而，梅斯默继续画以菲利克斯为主角的《连环漫画书》，他一点也不觉得苦涩。这就是天才逆来顺受的智慧？或许是。在20世纪60年代，当一批年轻的电影工作者，这一次是在电视屏幕上，让菲利克斯猫新的历险故事发出声音并拥有色彩，他甚至感到相当高兴。仿佛他的神奇手提包还没有停止变幻出奇迹。

风水(Feng shui)

如同亚历山大·维亚拉特可能说过的那样，中国风水要追溯

---

① 狮子的份额意思是“最大的一份”，猫的份额意思是“很小的份额”。——译注

至最古老的年代。在至少将近4000年前,传说中的伏羲把他所知的一切记录在著名的《易经》里。或多或少地,由这部概论衍生出了全部中国传统以及道教思想。后者的理论,尤其是平衡理念,是风水的基本原则,而风水的目的在于,构建人与其所处环境的和谐。

那么,猫呢?

在很长很长一段时间里,它们在中国并没有受宠,也没有被溺爱。人们倒是把它们和很多迷信联系起来,在这些迷信当中,它们主要扮演着不祥的角色。为此,它们被认定为鬼怪的同谋……可怜的中国猫!当然,您可能会毫不迟疑地提出反对意见。在华北地区,被叫做狸兽(或者不是这个叫法,谁知道呢!)并且保护庄稼收成的神灵,就表现为猫的形象。尽管如此,它们还是动不动就被认为与玄奥世界最邪恶、最不祥的势力有紧密的联系。

我们还是再回到风水的主题,来讲一讲人与其周围的某种物质、某种与看不见的事物和散发在各事物,以及各地方的能量紧密联系在一起的物质之间的和谐。换言之,就是道教传统中的阴阳调和,即天地自然变化发展的基本规律的紧密关系。风水特别采用了能量或者说能量流的概念——它在各种生活空间、屋宅、办公场所、花园起着支配作用。

一位风水师可以非常细心地(以及花费不菲地)帮助您把这种能量,也就是"气",降服,以便让它特别表现得有利、均衡——这种"气",如同每个人所知的或者应该知道的那样,是以螺旋状和波状流动的。这就说明了为什么您的风水师若是在您家里发现了螺旋状的楼梯可能会吓昏。因为这犯了大忌!这样的楼梯会把"气"成团地旋转着吸走。就像面对面摆放的镜子会把它们的映像成倍地增加至无限多,从而消解了它们的能量。他还会谴责在房间里放置过多的家具、物品、小摆件或雕像。那么"气"的流动呢?要知道,永远都不能阻碍它!

同样，这位不可或缺的（也是要价昂贵的）风水师还会向您解释不同的“气”的基本区别。比如“死气”、“煞气”和“生气”。第一种是过于缓滞的能量，第二种是过于急速的能量，第三种才是有益健康的能量。尽管，这属于古老的、有利于天空和星宿的影响在您房屋空间里最佳布置的罗盘（或者指南针）学说，或者属于凸显大地、地形、地势作用的象术学说（也是同样的古老，您大可放心），您的风水师还是很乐意跟您讲讲每个位置的五行：火、土、金、水、木，以及如何使五行共存。他也会谈及八卦，这种由阴和阳衍生出来的八边形标志，上述 5 种元素经过多种组合汇聚在此中，并且这种标志应该能够像栅栏一样起到保护您居所的作用。

哪里可以找到这样的风水师呢？

他们，似乎出没于从中国香港到新加坡的大街小巷中。那里没有一座摩天大楼，没有一座游泳池或者没有一座小宅楼不是在它们的主人咨询过风水师之后才建造起来的。但是，在我们这些西方国家呢？哪里可以雇到那些有证书的——假如我们借用这样的一个新词——风水学家们？

一般来说，找到他们并非很难。总之，几十年来，东方的灵修、哲学、医学以及智慧风行的，这种潮流在欧洲和美洲已经大为发展。芝加哥的瑜伽信奉者比印度的马德拉斯①还要多，法国蒙特勒伊的佛教禅师比大阪还要多，泰晤士河两岸的针灸师比黄河两岸还要多……

但是，我们私下里说，一个风水师有什么用呢？

还有比风水师何止是 100 倍，1000 倍，甚至 10 万倍更加经济或省钱，100 万倍更加令人鼓舞的方式……就是猫儿们，我们要谈到它们了！还有猫，尽管在伏羲认为在龟背上发现了让他洞悉世界的著名的八卦图的那个年代，它们还是那么少（龟背，您可注意

① 即印度城市金奈，泰米尔纳德邦的首府。

了,而不是在猫的皮毛上显现的符号)！还有猫,被排除在中国十二生肖动物之外,后来又对此报复的可怜的猫。自己本身表现得就像个独一无二的风水猫大师。

谁在它们身上发现了这一不可思议的能力呢?

我无法告诉你们。不管怎样,如今专门写风水猫的著作很多,而且都秉持着一个几乎无可辩驳的原则:这种动物对"气"有一种直觉的理解力,并且能把负能量,"死气"和"煞气",转换成正能量。

对我而言,为了结束这个论述,禁不住想要给你们引用几句艾莉森·丹尼尔斯夫人的话。这位夫人的身份是一位记者,据说,是期刊《风水艺术》不可或缺的合作者(她的插图作品《风水猫》,已经在 2001 年从英语翻译成法语由弗拉马里翁出版社出版)。

> "当您相信,"比如她这样写道,"您的猫在一个阴暗的角落里,或是在一块比较隐蔽的隔板上安静地睡午觉,它或许正在向您的房子,因而也向您的生活,散发着它有利的影响。"

说真的,我并不认识哪个爱猫人士敢冒昧地反驳这种说法,不论他信不信风水。

> "好好放松自己,抚摸一只打呼噜睡觉的猫,会降低心跳速度,缓解紧张和压力。"她进一步指出。

这一临床医学观察是源于对风水的严格信奉吗?我对此并不相信。但也是在这一方面,不论她怎么说,我都很难反驳她,除非,我们对老猫的健康担惊受怕。和老猫们在一起,我们的心跳会加速吗?它们会不会因此提前退休或被扫地出门?

丹尼尔斯夫人马上又明确说:

> 这并不意味着您要用一只年轻的猫代替您的老猫。即使它不再像从前一样敏捷，而且有一天之中大部分时间都在睡觉的趋势，但凭着它滋生的爱和温情，它仍继续在中和“戾气”。

好吧！这样我们就放心了。然而，也并非全然放心。我们这位《风水艺术》的合作者紧接着补充说：

> 只要它不生病、没有病痛，它就可以过安宁幸福的日子。

可憎的艾莉森·丹尼尔斯夫人！一只生病的或遭受病痛折磨的猫就不再有任何价值，就不配在我们家里，过着尽可能安宁幸福的生活吗?

不过，丹尼尔斯夫人的想法有时候有点令人费解。她一会儿跟我们解释说，负能量区域似乎像磁铁一样吸引着猫。神奇的大公无私的猫！它强制自己把不利的“气”转化成对家宅有利的正能量。应该感谢它们才对(你愿意像丹尼尔斯夫人那样在猫生病或被病痛折磨的时候把它们赶出家门吗？得了吧!)。一会儿她又说，它们喜欢蜷缩在我们的枕头上、沙发的角落里或陷在扶手椅的深处，这些恰恰是我们自己平时想坐的地方。那么，这是什么意思呢？不利的“气”就盘踞在沙发上或被子下面？这可不好回答。

艾莉森·丹尼尔斯夫人及时地给我们介绍了一个可以消除我们顾虑的经验之谈。只需要把扶手椅、沙发或者床挪到客厅或卧室的另一个位置。如果猫转身惬意地蜷缩在那里，毫无疑问，它们选择那里首先是因为那里舒适；如果相反它们对新的地点不理睬仍回到老地方，那很可能是因为那里的“气”是不祥的，因为猫非常清楚这一点，并且不论是从前还是现在，一直努力与这种“气”作斗争。总之，您可以从中得到启发重新考虑家具的摆放位置。

我们对艾莉森·丹尼尔斯夫人、风水，尤其是猫的功绩真是永远也赞不够。

菲尼(Fini)

一得知我正在编写《猫的私人词典》，我的朋友们都异口同声地问我，莱昂诺尔·菲尼[1]和她的猫会引起我怎样的评述。

“我想我不会谈论她！”

“怎么会?！你开玩笑吧！她那么有名！”

她是个不拘一格的明星没错。她是媒体的焦点。那么美丽，棕色的头发，浅黑的皮肤，那么神秘，那么有艺术家的气质！在她画室里的那些猫儿们呢？报纸杂志上刊登过它们的照片！到处都有！还有一些关于它们的书！

“你可不能疏忽这个，不可以。”我的朋友们一再强调。

“相反完全可以。我写的是我个人的猫的词典，当然有权谈论我所喜欢的、合我意的，不是吗?”

“那你不喜欢莱昂诺尔·菲尼?”

“我对她的绘画完全没有感觉。那些画里有种内在的粗俗，在我看来。”

① 莱昂诺尔·菲尼(Leonor Fini，1908—1996)：生于意大利，主要受前拉斐尔派及奥布里·比尔兹利的影响，后加入超现实主义运动。拥有异国情调的美貌和无穷魅力的莱昂诺尔·菲尼，在巴黎作为女性超现实主义画家，完成了光鲜的初次亮相，在各领域大放异彩。——译注

“那她做的那些舞台背景呢？还是很出色的，不是吗？”

“或许吧。”

“那她的猫呢？她有几十只猫。”

“这正是让我感到困扰的地方，同时养一堆猫。这其中有种近乎病态的执着。或者说，做作。我为这些猫感到难过。猫生来就是不适合群居的动物……好吧，莱昂诺尔·菲尼可能很喜欢她的波斯猫，她的名种猫。她喜欢和它们一起让人拍照。这是她独特的吸引媒体的拿手好戏。不过还是别提了！”

“那么你不准备谈论莱昂诺尔·菲尼了？”

“是的，不谈。”

“一点都不谈？”

“好吧，我会说我不打算谈莱昂诺尔·菲尼。”

檐沟(Gouttières)

现代社会对檐沟猫都不太待见,这实在让人痛心疾首。个中原委,我看至少有两方面:一方面是害怕说真话,或者说,是政治正确的高压;另一方面是建筑形式的变革。

兽医、饲养者、词汇学家、观念正统的人、反歧视专家们、心地善良的人、因左派而为左派的人、因喜欢右派而为右派的人,简而言之,所有人都说,喋喋不休地说:不该再说什么“檐沟猫”啦。这个词是轻蔑的,是贬义的。还有人说“流浪汉”这个词吗?不,我们小心翼翼地称之为“SDF”(sans domicile fixe),“居无定所者”。谁还会冒昧地称别人“聋子”或者“胖子”呢?人们有分寸地称其为“重听者”或者“(稍微)超重的人”。

檐沟猫、偶遇相交或露水情缘产生的杂毛猫也是如此。首先,这种称呼不再合适,不复存在。有关统计资料中再见不到这些词。从此以后,只有欧洲猫——欧猫种,总之,没有种的猫,可以是黑的,可以是白的,可以是虎斑纹的、巧克力色的、红棕色的、玳瑁色的,等等等等。它们的眼睛可以是碧绿的,可以是紫罗兰色的,像伊丽莎白·泰勒的眼睛一样,甚至可以是黄的、鲜栗色的。欧洲猫,对人也罢——对猫也罢,是一种地位的提高。这称呼不乏气派,拿得出手,可以要价,可以提高身价,在猫展上很有脸面,在兽医发的健康证上也同样如此,也没有国别限制。而檐沟猫,再一次,就像个偷渡客,像个小流氓,像个懒汉,像个惯犯。一瞥到它,就差没马上报警了。

其次,就是檐沟本身的原因。现代大楼不再有锌做的檐沟或屋顶,大都是些高楼,水泥的、金属的或玻璃的,阴森森的。通常都有露台。有了露台,在暴风雨或严寒的日子,猫就不可能钻天窗(天窗也没有了)到屋子里,或到女仆的房间栖身(没有多少女仆,也没有什么女仆的房间了)。说到底,没有了檐沟,您叫檐沟猫怎么活啊?可怜的猫只能挪窝。它们不再守着巴黎(里昂、波尔多或者马赛),它们不再是守夜人,不再是主人。这样一来,它们一下就失去了所有威望,也一下失去了称呼的合法性。

叫我说,这太令人叹惋了。

我呢,喜欢的就是这个词,这个古老的可以追溯到12世纪的词。当然,它的词源是"水滴"。但它不仅指屋顶用以排雨水的内侧边缘,而且,这个词的复数形式可以引申为屋顶本身。换句话说,檐沟猫不只是占领檐沟,还是屋顶的主人。在让·吉奥诺[①]最伟大的小说中,霍乱蔓延期间,作家在安排轻骑兵出现在马诺斯克小镇的屋顶这一幕之前,他安排了一只与主人公亲如兄弟的猫,这一场景实在令人难忘。在一首散文诗中,马拉美明确把猫称作"屋顶的主人"。言尽于此。可今天,一切都随着这个响亮、喉头发音、饶有趣味、雄赳赳的词消失了。我的脑海中,这个词残留着些许19世纪的风貌:住在阁楼的穷学生或艺术家,纵情声色的生活,当然还有与女仆之间的爱情,屋顶上划破夜空的猫叫声,挂在烟囱上的月牙儿,蒙马特高地,激烈的浪漫主义——一个似乎最终在雅克·普莱维尔[②]的文字和雷内·克莱尔[③]的电影中才得以继续存在的世界。

檐沟猫啊!

我发现它们在像斯坦朗(参见该词条)那样伟大的艺术家笔下永生,被像达米娅那样强有力的现实主义歌手带进音乐,在左拉的小说中被细致地刻画……对我而言,所有这些有些分不清了。

---

① 让·吉奥诺(Jean Giono,1895—1970):法国作家,大部分作品以普罗旺斯为背景,著有《一个郁郁寡欢的国王》作品。——译注

② 雅克·普莱维尔(Jacques Prévert,1900—1977):法国诗人、电影编剧、20世纪著名诗人,同时也参与多部电影台词及歌词创作。——译注

③ 雷内·克莱尔(René Claire,1898—1981):法国著名编剧、导演和演员、诗意现实主义电影大师。与让·雷诺阿、马塞尔·卡内尔并称法国影坛早期三杰。——译注

檐沟猫啊!

它们如某种巴黎,消失了,在我心头激荡出一股温柔和忧郁。自由和它们曾经是那么契合!和它们的名字联系得多么紧密啊!而且,它们还有着自由而傲慢的外表!檐沟猫,曾经是方托马斯①的帮凶,是无政府主义者、死硬分子、罪犯;与此同时,它们又是王子,它们美丽,却对此毫不在意。真像阿里斯蒂德·布留安的悲歌中吟咏的让人神魂颠倒的皮条客或婊子。

从此,檐沟猫消失了。欧洲猫取代了它们的位置。你们惊讶于我们市民中的大多数,曾经出于合法的义愤,通过他们选票对欧盟说不。谁知道这是否意味着:反对欧洲猫,支持檐沟猫这个称呼!

爪子(Griffes)

在美国掀起了一股可恶的风潮:让兽医拔掉家猫的爪子。做这种拔指甲手术的人是可耻的!但要求做这种拔指甲手术的人更可耻!

为什么这些蠢货——我是不知道还有什么好称呼给他们!——在兽医那里的时候,为什么不把他们的猫的尾巴也剁了呢?因为猫尾巴有时会浸到大汤碗里。为什么他们不把猫的胡须也拔掉呢?因为胡须有时会挠得人不舒服。而且,说到底(这或许是最简单的),为什么不立马让它们安乐死,然后填满稻草做成标本呢?这样一来,他们的猫就能一直蹲在壁炉上,或者躺在扶手椅里,变成一种装饰,任人抚摸,毫无遗憾。完全驯服、无菌、美式。一只"快餐"猫,就此再无烦忧,不用再提!

---

① 方托马斯(Fantomas):惊险小说《方托马斯》主人公,领导着在巴黎制造案中的庞大犯罪集团。——译注

爪　爪

猫没了爪子,换句话说,就畸形了。当然(唉,我们都无奈地发现),室内的猫,就像人们说的,总有在最糟糕的地方“磨爪子”的恶习:昂贵的皮质或天鹅绒的沙发上、人们尤为珍视的挂毯上、书架上精装绝版书的皮塑封上,真是一场灾难!

当然,我们用尽了可能的(和不可能的)手段。我们买来散发着诱猫气味的“猫抓板”,或者找一截树干回来,在上面钉一块漂亮的布。简单说,我们鼓励我们的动物在被允许的,甚至是被嘉赏的地方,练习、拉伸、磨爪、松背,跳它最爱的、必需的体操。无济于事!它撕碎两层窗帘或厨房缎纹台布,我们狠狠地骂它。白搭!总是枉费心机!一张沙发、一块挂毯、一本古籍,这些可有趣多啦!

药品杂货商那儿有一些针对猫的驱逐剂,可以买来喷在人们特别宝贝的家具和织物上。你以为呢!我的猫们才不理会这种气味。如果你觉得这个法子会让我眼前一亮,还是拉倒吧。

结论呢?

当然了,结论首先是,猫值得养。不过,没有准备好做出一些牺牲的人、爱他的双层窗帘胜过他的猫少爷的人,就不配与后者共同生活。

还有。

要拔掉一只猫的爪子的人,其实说明他一点也不懂猫,甚至是否定它的存在。就是这种拔指甲手术让它们置身危险之中啊!这只不幸的猫,它在外面怎么办呢?当面临对手或是天敌的威胁时,它要如何保护自己呢?碰到紧急情况时,它怎么爬到树上去呢?

尤其是,人们自以为猫是养在家里的动物——而它不是,也从来都不是。猫是一种与人类结盟的动物,但并没有表示降服。结盟与降服,这可大有不同。猫是猫科动物。它有猫科动物的所有特征,高贵,有时显露出远古时期的野蛮残忍,独立,卓然不群。

猫有爪子,它亮出它的爪子,它需要它的爪子。拔掉它的爪子,就是再一次拒绝它的独特之处。这是一种残忍的表现、一种愚不可及的表现。对那些更喜欢他们的舒适生活不被打搅的人而言，有长毛绒的玩具熊和玩具猫呢。

我既不是医生也不是解剖学家，既不是动物学家也不是兽医。我就不在这里展开说明猫爪的器官特征、性质及其可伸缩活动的特性了。我只要用通常人们所说的"猫爪病"，这一简单的词，就能总结上文。

啊，能有几次我不听人说，猫爪子很脏、会感染病菌，被猫抓了，人就会生最重的病！

首先，这话不对，至少不总是对的。的确有猫爪被一种细菌感染的情况，这种细菌在1950年被罗伯特·德伯勒鉴定出来，并命名为"汉塞巴尔通体"①(该名称是为了那些严谨的科学术语爱好者而确定的)。我们确定这一名称是为了让人们知晓，即便没有猫作为载体，这种细菌也会自发感染人类。您妻子的或她闺蜜的纤纤玉指同样脱不了干系。这种病，换句话说，也叫动物传染病。因为，这是一种人畜都会得的传染病。

多数情况，这种病是温和的，并且只会在免疫力低下的人身上加重。根据最近的一份调查，23％的猫可能被感染，尤其是幼猫和生了跳蚤的猫。可以说，这两种"疾病"，幼年和跳蚤，是完全可以治愈的疾病：前者无需用药即可医，后者采取一定治疗方法即可。无论如何，一个人，被爪子感染细菌的猫挠了，即便是一个免疫力低下的人，最多就吃点抗生素，也就不痛不痒地好了……不过，说真的，您周围有很多认识的人，老是被猫挠吗？

至于抓伤本身和抓伤可能引起的伤口，这就是另一码事儿了。一场力量的对决。一场人和人的对决或是人和猫的对决。

谁挑起的？谁的责任？谁先出手的？如果起冲突的时候需要

---

① 汉塞巴尔通体(*Bartonella henselae*)：经猫爪咬后侵入人体引起的感染性疾病，俗称"猫爪病"。——译注

仲裁的话，我建议猫儿们选我做辩护人。这是因为，我认定它们十有八九是完全无辜的。正当防卫，这是个无法反驳的论据，对吧？

格里莫(Grimaud)

对我而言，几乎无法想象一个村庄里，尤其是在南方地中海沿岸的一个村庄里，看不到四处转悠、懒散躺着的猫。在大城市，它们销声匿迹，川流不息的车辆让它们沮丧，它们很难成功地记住车辆出入大门的电子密码。以前，大门总是开着，总能让它们穿过楼房的院子和看门人的门房到人行道上去——那时候，人行道上溜旱冰的和骑自行车的还没有让道路变得猫不能走……我扯远了，我偏离地中海沿岸村庄这个主题了……

如果，我住在米克诺斯岛、西西里岛、杰尔巴岛[1]或者巴利阿里群岛[2]，当然会告诉您有关占领这些岛屿的猫儿的故事。从很遥远的时期开始——腓尼基人统治时期、土耳其人统治时期、柏柏尔人侵略时期、十字军反攻时期，谁知道呢？正巧，我一年中有一段时间，住在一个窝在山麓中的中世纪村庄里，村庄处于城堡废墟的保护之下（相对而言），位于瓦尔省，它的名字叫做格里莫。

那我就给你们讲讲格里莫吧。它坐落在一个离海湾几公里远的地方，以前这个海湾也叫格里莫，后来由于旅游业兴起而声名大噪。当然，这海湾更多地被称作圣·特罗佩海湾[3]。如今，提到这个名字，必然会联想到：酸臭的汗味、粗俗的打闹、可怕的堵车和无

---

① 杰尔巴岛(Jarbah)，法语作“Djerba”或“Jerba”。地中海加贝斯(Gabes)湾中岛屿，与突尼斯本土由海堤连接，长约27公里，宽26公里，面积510平方公里。——译注

② 地中海西部群岛，西班牙的一个自治区和省份。——译注

③ 圣·特罗佩(Saint-Tropez)：法国南部旅游胜地，被称作“太阳城”，负有盛名。——译注

谓地追求时尚、衣服上劣质的亮片、小明星、真真假假的“名流”、梦想着成为电视真人秀中女明星的洗头妹、曾是洗头妹的电视真人秀女明星、小白脸们、大腹便便的企业家、你推我搡地追求一夜爆红和片刻刺激的热切而放肆的姑娘们。不过，够了！格里莫才不吃这一套。必胜客、麦当劳或尼斯的三明治，在海边吃吃就好了。

让·吉奥诺让人注意到这个现象，只要有海滩，就免不了会有一堆庸俗之人围在那里。在格里莫没有海滩，虽然它居高临下俯视海湾，但跟海滩还是有一段距离——只有泉水潺潺，显然不会吸引任何人来泡澡玩水，也不会飘散着任何油炸食品的味道。不过，这似乎很合村里猫儿们的心意，成群结队的游客不会想到要叨扰它们。因为，格里莫没有什么游客，也没有梦游者、忘乎所以的寻欢作乐者和四处游荡的少年郎。原因很简单，在格里莫既没有歌舞厅，也没有夜总会和交换性伙伴的场所——尽管在离格里莫几公里的地方，这些场所不仅都有，而且在夏天还热闹非凡。

在格里莫，只会偶尔遇到一些散客、一些不慌不忙的漫步者，他们穿街过巷，途经拱廊，走近城堡，对争先恐后爬上墙头、给露台带来阴凉的九重葛和紫藤赞叹不已——更不用提格里莫人了，他们静悄悄的，不让人注意到。因为，有时候若招来羡慕嫉妒，势必会打扰他们的归隐生活。

在格里莫，值得一提的是，有猫。

当然了，我一开始就说了，地中海沿岸四周的村庄里都能看得到猫。只要有太阳，阳光把石头晒热的地方就有猫。在毗邻半岛上的那些老镇，如拉马蒂埃勒、加森，都有猫。有时，我还会去看望它们。我甚至认识其中的一些，要么天不怕地不怕，要么期期艾艾装高冷，一如既往地在圣·特罗佩度着假，在里斯广场附近城堡的壕沟里，或在古老的渔港彭时港的长凳上。

在格里莫，总归，还是让人感觉不一样。为什么？因为我自己就住在这儿，从某种意义上说，我也因此成了当地的居民？因为这里的猫在我看来更明智、更达观？完全有这个可能……

格里莫的猫，它们让我想到坐在草编椅子里的那些老人，他们被时光和阳光雕刻的轮廓，他们看着往来的人们和拉长的影子。他们因此让我想到一位亲爱的歌手朋友，他生于亚历山大港①，在那里长大，他的父亲在那里有一家大书店。当人们问他长大之后想做什么的时候，乔治·穆斯塔基②（我说的就是他）没有像您或我那样，回答消防员、足球运动员、潜水员或者宇航员，都不是，他说他长大后想要做的事情，就是变老。孩子们不得不去上学，他解释道；成年人为了完成工作，精疲力竭；但是，老年人，他们，什么也不用做，一直坐在草编的椅子里，让太阳晒得暖暖的，看看那些从他们面前走上大街，放声大笑的美女们。如果乔治·穆斯塔基此前来过格里莫，他也许会这么回答，当他老了，他要变成一只格里莫的猫。对那些来格里莫观光的漂亮姑娘或更性感成熟、更深沉有个性的女人，他会像个驾轻就熟的情场老手般欣赏她们；他会在城堡糕点店③的露天座下蹭着她们的小腿，来一场美食的约会；他会在钟楼大街的上坡欣赏她们的袒胸露背的服装；之后，他会在同样奢华迤逦的幻象中睡去。他，这漫不经心的、享乐主义的艺术家，曾一度告诉妮可和我，他慢吞吞地睡觉……啊！慢吞吞地睡觉！这话让我着迷。猫儿睡得尤其慢吞吞。它们如此明智，以至于它们知道要享用睡眠。它们不急不躁地品味睡眠，耐心地从中汲取精华。

不过，还有更多的理由来解释我对格里莫的猫的偏爱，和我在它们身上发现的智慧。当然咯，它们并不比大多数的同类更漂亮、更机灵、更博学或更审慎。然而，只有它们，事实上，在一段时间

① 亚历山大港：埃及第二大城市，重要海港。——译注

② 乔治·穆斯塔基（George Moustaki，1934—2013）：法国著名歌手兼作曲家，曾为皮亚夫、蒙当、芭芭拉等法国著名歌星作曲。——译注

③ 格里莫著名的糕点店。——译注

内，成功地占领了它们的村庄，就从它们中的一位爬上市长这个位子来看——确保了它们的安宁。

我夸大其词？

几乎没有。

当我和妮可在格里莫住下的时候，大约在20世纪80年代（在一栋离这里15公里的家族别墅里度过我童年的假期之后），一位医生做了村长。这是一个热情、缜密、积极敢干、雄心勃勃的男人，为美化村庄劳心劳力。带着他的助手，一位贵族出身的古董商，在上瓦尔省的市镇重新买了些陈旧而古老的市镇喷水池，放置在格里莫小广场上，代替那些可怜的已经生锈的小东西；他修缮老磨坊，在历史遗迹建筑师的帮助下修葺了破败的城堡；他让人在村庄四周的墙上画上栩栩如生的错视画。也许他有点滥用职权了。那猫儿呢？说真的，我不觉得他为那些猫儿操过多少心，他得操心选民，得奉承选民。他就只想他的小城发展起来，富裕起来，之后，再促进房地产的发展。

这正是让猫儿们忧心忡忡的事情。

所有这些工程，我的神啊！乱七八糟！尘土飞扬！新的入侵者蠢蠢而动！周围的山丘、能让猫儿撒欢打猎的宝贵领地，不久就要交给推土机了！

可能猫儿们多虑了。不过，您得理解它们。它们天性多疑，防患于未然。它们组团去拜访一位老朋友，一位兽医，他对谁都一无所求，只是在他那位于海湾尽头的拉富的诊所里照顾那些四条腿的病人；他不汲汲于名利，不想做议员，不想做部长，也不想做共和国总统。据我所知，他唯一的消遣就是拉拉大提琴，来打发时间。一位智者，您明白了吧。政治野心跟他一点也不沾边。猫儿们至少为这些事情心焦。那我们自己的宁静呢？我们的山丘呢？可能威胁到我们舒适的生活，甚至我们的生活艺术的房地产开发的压力呢？让我们越来越贫穷、虎视眈眈的人口过剩问题怎么解决？

如果您以我们的名义而掌权，就应该让我们获益，否则，要么人工流产要么服用避孕药，最起码采取有效的措施来绝育。

简单地说，猫儿们旁征博引，用上了最特别的、也最无可辩驳的论据。当然，现任市长从未伤害过它们。不过，好吧，他也没照顾过它们。他关心的是人类的健康。我们拉富的兽医最终答应了它们的请求——或者说，答应了参与协商此事的它们的两条腿代表和保护者们的请求。他名列下任市政选举名单，参加竞选……最终当选。猫儿们庆祝了一番。它们掌权了。它们能在邻居面前炫耀了。

哪个邻居？

根据瓦尔地区的记录，有两个村庄一直互不相让，针锋相对。格里莫和加德-弗雷内：前者受到温润的海风吹拂，气候宜人，被葡萄枝蔓和橄榄树环绕，曾一度作为气候疗养站；后者，气候严酷，土地贫瘠，高高地坐落在莫尔山顶，冬季北风一来就天寒地冻，有古老的软木塞店，因而更加工业化。虽然这些店关门很久了，但还是在那里培养出了社会主义工人和共和主义的悠久传统。而幸运的格里莫更多地偏向保守主义阵营。说白了，这两个村庄就好比狗和猫，有一天，瑟奇·雷兹瓦尼，加德-弗雷内的常住民，这么跟我说。

当然咯，得从这些词语的字面意思看。

格里莫，如您所想，是猫儿的村庄。也就是一种生活的艺术，一种闲逸懒散的艺术。那加德-弗雷内呢？一点儿也不。当天气能冻死流浪汉的时候，一只猫能在那么高的地方寻到什么呢？加德-弗雷内是狗的村子，因为，这个村庄首先是一个猎户的村庄。千万别拿打猎这事打趣那里的村民，对他们而言，这是消遣、特权和革命的权力，是他们心心念念的！猫儿们呢，它们对此嗤之以鼻，正如它们对最早成熟的栗子不屑一顾一样。但是，在栗树林中追踪一只野猪，一路沿着莫尔山丘的坡地，这种事情，村里没有一只狗会溜号的。

在19世纪末20世纪初，征兵体格委员会检查之后，每个村庄入伍的年轻人都要会会面，无非是逮到机会挑衅滋事，痛快地打上一架。今天，在加德-弗雷内和格里莫之间，在分别被狗和猫占领的村庄之间，后者刚刚得了一分。它们的人当上了市长呢！那在对面阵营呢，有谁呀？或许是一个勇敢的社会党人，可他连半点帮“喵星人”或“汪星人”的才能都没有。换句话说，就是半个人也没有咯！

可惜，格里莫的兽医市长在20世纪90年代去世了，就在他第二届任期的时候。永别了，那些在格里莫的圣·米歇尔教堂由他演奏的大提琴音乐会！公猫们披麻戴孝。它们并没有因此而藏到丛林里去，而是继续留在村子里，因为在那里，仍有一些慈悲为怀的人眷顾它们。

事实上，在说到格里莫的猫时，我太从整体出发了，这有点不妥。应该区分辨别这些猫之间，或者不同猫团体之间的细微差别。不同的猫团体互相并不怎么来往，它们各自占领着多少有点雅致或者相对热闹的街区。

首先，有郊区居民、顽固分子、刺头分子，无疑还有最难劝诱的那些，它们还不至于烧掉小汽车，既不会靠些见不得光的非法买卖来发家致富，也不会太明目张胆地蹂躏经验不足或容易轻信他人的猫小姐……不过，也就差这些了。通往加德-弗雷内的省级公路顺势上行，因此，这条路地势比村子低些。那些猫，它们中的大多数，就在这条路的另一头游荡，挨着警察局似乎也不太碍着它们。原野和开阔的空间能让它们一有风吹草动就逃之夭夭。

我认识一些社工或者说像妮可·马拉德那样尽心尽责的女人，为了和它们对话，寻找共同语言，让它们放下戒备，让它们安心，给它们喂食，有时还试图抓住它们好给它们绝育。这可是份苦差事！在2007年初，甚至上演了一幕惨剧。警察局被拆，转移到了几公里开外、离酿葡萄酒合作社不远的地方。人们打算在之前的场地上挖一个停车场，再建一些居民楼。咳，在这场大变动中，那些猫儿会怎样呢？是沦落到悲惨的境地，遭遇工伤事故，被卡特彼勒大吊车碾压，眼见自己的住所被毁（怎么用猫语说贫民区？），还只是笼统地被宣布死亡？妮可和她的朋友们，竭力为它们找到继续生存的新住所并帮助它们搬家。她们什么苦都不怕。这里先不细说……

在村子地势高的地方，远离了让人提心吊胆的车辆交通，猫儿们能在新据点——法兰西咖啡馆四周，繁衍生息，总归不是最倒霉的事情。享有饭店老板的保护和亲切的友谊总不能算是能发生在它们身上最糟糕的事情。作为回报，它们也没有忘恩负义。只要它们出现在顾客身边，姿态优雅，浑身洋溢着幸福安详，它们就是这家饭店和厨艺的活广告，因为，这里就是它们的福地。

格里莫公墓已经被好几只猫选定了，但我并不认识它们，还没人把我介绍给它们，因此我还不知道能说些什么。

靠着城堡入口大门的城墙街上，也滞留着一些有着红棕色茂密毛发的青壮年猫，有点安哥拉猫的气度。它们充当游客的导游吗？我不知道它们是靠什么为生。靠常年住在这里的格里莫人的慷慨吧，我猜想。这都是些独行侠，一些探险家。我能认出其中某些猫，它们折回老路之前，有时候，会在村庄的其他街区巡逻。在那里，它们似乎下定决心表现得不比在别处混得差，那别处既离我家很近又离我家很远，大约 50 米的样子——在其他屋子的掩护下，在我听不见的、泉水声中摇荡的其他法国梧桐的树荫里。

在格里莫，和在其他地方也一样，很难辨别那些不属于任何人的猫。它们住在人类附近，却又保持一定距离，总是小心翼翼、惊恐不安，又谨慎万分。而那些属于一些屋子、一些家庭的猫，有着可以安睡的床铺，有着无论严寒酷暑还是凄风苦雨，都能解决需求的猫砂，连爪子都不必伸出门。

举个例子?

这事儿已经有很长时间了。那时候,我们刚在米杜和米歇尔商店里买了报纸从老广场回来。这个商店很长时间以来都是村庄的战略中心,所有的约会和讨论都在这里发生。就在我们借道钟楼街准备回家时,一只虎斑猫,体型瘦长,性格温顺,鼻子有点长,紧紧地跟着我们。或者说,它走在我们前头,因为它知道我们住在哪里。它在门口等着我们,第一个钻进了屋子。它会回应“班博”这个名字。妮可以前叫它“格里布耶”。显然这么叫它对谁都没什么坏处,尤其对它。它对什么都毫不在乎。它在扶手椅里舒展腰身,躺了十多分钟。它从不会太饿。这并不是一个专业吃白食的,而是一个殷勤可爱的小家伙,透着一股贵族般的稳重,尽管看起来,它并非出身名门(您和猫相处过就会知道!),就像个迷人的邻居,简单客套地拜访了我们,之后同样优雅礼貌地跟我们告别、道晚安!

话不太多,格里布耶?那又如何?

这让我想起雷蒙·格诺[1]。

在1973年和1974年,《扎西在地铁》[2]的作者,已经步入暮年并且鳏居,要我时常去他伽利马出版社的办公室,在塞巴斯蒂安-博丹街上。他很高兴见到我,他对我说。他很喜欢我的第一部小说,它才出版没多久。但谈到关键地方,他就沉默了。没什么话题能特别吸引他。我不得不唱独角戏般,惴惴不安地转换着话题,因为我们之间的沉默更是让我惊慌失措。有时候,他突然大笑起来——那种犹如波涛般汹涌的放声大笑,格诺的亲朋好友们永远不会忘记这种笑声。半小时就这样过去了,然后他站起来,陪我走

---

① 雷蒙·格诺(Raymond Queneau, 1903—1976):法国小说家、诗人、剧作家、数学家、文学社团“乌力波”创始人之一。——译注

② 《扎西在地铁》是雷蒙·格诺的小说,曾被改编为戏剧和电影。——译注

到门口。常来啊,别犹豫,你来看我我总是很开心。他又这么对我说。这几乎就是他那天在我面前说的所有话了。

格里布耶就是这做派(希望这么说不会冒犯格诺先生)。它来到我们家,走在我们前面,似乎很高兴见到我们;既不喵喵叫,也不磨爪子,也不吃东西,什么都不要,表面上看对什么都不饶舌。它用那双专注的眼睛凝视着我们,眼神有些嘲弄又有些亲切,它似乎并不反感听我们对它说些趣事,说些天气,或晴或雨,说说最近出版的书籍、颁布的文学奖项,以及我最新的小说。然后,再会。我很快就回来,相信我!

格里布耶,我们后来才知道,并不是村里的流浪猫,它是一只只属于自己的猫。它是一位文质彬彬的绅士,住在钟楼大街,由那里的一户人家喂养。它从半开着的窗户钻进别人家,为的是得意洋洋地展示自己的仪态,在找够了乐子之后,再回自己家。

在巴乌街和堡垒街交汇的环岛,在苦修会小教堂和我家之间,有六七只猫占了那里的空房子。你去辨认看看,哪些是流浪猫,哪些是布尔乔亚猫!不过还是有个人和它们处得来的,她是村庄记忆的一部分,就是我所提到的,亲爱的米杜·雷洛,不久前转让了她在老广场的铺子的那位。五六只猫在她家寄宿搭伙,来路各不相同,更不用说那些过路的独行侠、流浪猫、野猫、半野猫、只过一晚的朝圣猫、几次三番惹事的猫、忧郁的猫、愤世嫉俗的猫、异域的猫。她知晓一切,或者说能猜出一切:它们的饮食偏好,它们的出生地,它们的性格、政治取向和癖好。

近十年以来,在我写下这些文字时,也还有一只勇猛威武的猫来她家吃饭,它肚子上有着虎斑纹,而爪子白得完美无瑕,她因此叫它“白爪爪”。

它在哪里出生?它是被抛弃的猫还是从没被一个家庭收留过?米杜寻思道。它拒绝谈论自己的过去。这是只腼腆、沉默寡言的猫。就像个不知哪儿来的牛仔,某一天来到城里,推开一家酒馆的大门。它会在汤姆斯通[1]还是格里莫定居，是清算和OK牧场的旧账，还是向往在柏树树荫下度过悠闲的退休时光呢？它圆圆的面孔让我想到了奥迪·墨菲[2]，他在第二次世界大战之后，荣耀加身，风光无限(他是美国大兵中被授予最多勋章的士兵)，并在无数西方人中享有盛誉。

和它的同类相比，白爪爪可是个好咕哝抱怨的家伙。当周围有别的猫可能会打搅它消化食物和它的宁静时，他就拒绝在米杜家吃东西。它是想到了自己沉重而痛苦的过去吗？它是否在什么偏远地区因凶杀案而被追捕呢？它是不是有充分的理由不信任其他猫，一如它不信任人类呢？有时候，它似乎表现出一些自相矛盾的冲动：被领养和坚决地独来独往，保持警惕，随时持剑以待，一有危险就伸爪开挠，绝不容忍任何对它关上的大门。

这只猫出现在格里莫不久，就成了我和妮可的朋友。第一次遇到它和它打招呼时，我们不知道米杜叫它白爪爪。当我们给它取名"普普奈"时，它并没什么异议——这名字并不是天马行空乱取的。当然(至少自从T. S. 艾略特发表了那首极负盛名的诗歌之后，就众所周知了)，普普奈和所有猫一样，有了第三个名字，它自己的名字。这个名字它谁也不会告诉，只有自己知道。这个名字给它打上"流放者[3]"或"亡命之徒[4]"的烙印，无法摆脱的烙印，这个好比无法篡改的身份证上的名字，在被查到的时候，它会拒绝出示。

和格里布耶不同的是，它一上来就到我们家吃得饱饱的。在

---

① 汤姆斯通墓碑镇(Tombstone)：美国亚利桑那州的著名小镇，因1881年OK牧场的一场枪战闻名于世，许多好莱坞西部影片在这里拍摄。——译注

② 奥迪·墨菲(Audie Murphy，1926—1971)：一位在二战中表现非常杰出的美国大兵，战后成为著名的电影明星，曾经在44部电影中出现。——译注

③ 此处为英文outlaw。——译注

④ 此处为西班牙语desperado。——译注

我们家,得了吧!一开始就占据了厨房的窗台,一有动静就拖走所有吃的,溜之大吉。勇敢的普普奈接受了它有些通俗幼稚的新名字(名字的第一个音节由于爱称而发成叠音,语言学家也许会如是说),并没有因此变得精神分裂,当它再回到米杜家时,总能回应白爪爪的名字!它也毫不犹豫地在巴乌街其他邻居家吃上几顿。在博格家,一对瑞典夫妇,可惜,他们更常住在东非。或在莉迪和斯坦利·帕尔默家,在它眼里,他们有着和猎獾犬共同生活的惊人爱好。似乎它能知道我们哪天、几点、几分到达格里莫。我们才打开汽车后备箱,拿出行李,它就在那儿了,坐在擦脚垫上等着我们。它是更偏爱我们的饮食习惯,还是我们尊敬地对它说话的方式——使用法语而不是瑞典语、荷兰语或英语?我们一到村子住下,它就绝情地冷落了博格和帕尔默这两户人家,也不再冒险去米杜家。它和其他猫没法安心共处。它选定了我们,将这恩惠赐给了我们。它眼睛睁得圆溜溜地看着我们,始终用这种方式。一丝一毫的怀疑闪现都会立刻让它感到不安。有时候,它会冒险跑到屋子里来,为了感受沙发的柔软。不过,这只在它能立即跑出去情况下才会发生。

它容光焕发,普普奈。它一年年混得不错,一直身材丰腴,毛发无懈可击。我们越是乐意接待它,它在我们家呆的时间就越久了。有时候,它来睡个午觉;有时候,我们晚上陪它看会儿录像,不过看不了多久它就要求出去。不,门关着,这一点不合它的心意。妮可为了以防万一,在门口放了一盒木屑,这样,它想方便的时候就不需要再跑回大街上了。它出神地看着这盒木屑,不知所措,好像猜不到它的用途,然后喵喵叫了好一会儿,要求出去。为了离家出走?当然不是。为了看门,但得在外面看着,在合适的那一边,在擦鞋垫那边。或者说,在自由那边。

可怜又寂寞的普普奈啊!

它在格里莫会活多久呢,我们的朋友?有几个月了,它让我们觉得它好像没那么朝气蓬勃了——嘴边挂着一溜口水。米杜和我把它放进铺了毛毡的篮子里,立马带去了兽医那里。一位年轻的女士继承了我们前任市长在拉富的诊所。它的下颌情况很糟,好多牙齿已经变质腐烂了。它需要睡眠,需要手术。更糟糕的是,它还患上了尿毒症,验血结果表明了这一点。碰巧邻居们都被动员起来,需要的药物在这家或那家找到了。普普奈在大家同心协力下,得到了最好的治疗。米杜提防任何可能发生的意外。我们回到巴黎之后,她认真地在电话里给我们汇报它的健康状况。我想写一部关于普普奈的小说……关于普普奈的死亡,它在2007年末走到生命尽头,责无旁贷的米杜守着它直到最后一刻。

老实说,这种有关猫儿、外国人、流浪汉,尤其是地中海沿岸村庄里的探险者的念想常常袭上心头。正如我从让·吉奥诺的一部小说中所受到的启发那样。这部小说是他最为惊世骇俗、最别开生面的小说之一,笔调无拘无束,充满了无与伦比的、天马行空的想象,它叫《诺亚》(一部真正的新小说,就是它!吉奥诺没有刻意寻找,但他找到了;他拥有这种写作的好运气,更不乏勇气,在他首先表达出的简单的狂喜之下掩藏着大胆的叙述方式,瞒过了文学的学监们和那些一本正经板着个脸的人们)。在某一时刻,如果我记得没错的话,吉奥诺描写了一列停在终点站的有轨电车。在马赛那一站,乘客们一个接一个地上了车。吉奥诺详尽地描述他们。他想象出每个人的命运,给他们一人一个身份,每人赋予一份过去,给他们提供一些奇遇、一些秘密、一些恐惧、一些经历或者一些期待。这些乘客变得有血有肉,他们成为主人公,他们在一段持续的时间里存在,他们被甩入虚构的世界。他们中的任何一个人都能催生出一部小说。吉奥诺,他自己,在列车的尽头,满意地观察着他们。之后,列车驶出。我想,那就不会有小说了,而《诺亚》中的让·吉奥诺就会路过,去想别的事情了。

是的，普普奈本可以成为一个小说人物，不然也可以成为西部影片中的人物，或者是格里莫一则传闻中的主角。可是够了！它的过去，它的秘密，随它们去吧，随它名字去吧。它的真名，无论如何，应该比普普奈或是白爪爪更正经：法布里斯、大卫·科波菲尔或盖尔芒特公爵[①]之类的名字。不过，我再说一遍，我不知道这个名字，而且我也不会去写这部关于普普奈的小说。

战争(Guerres)

人类相较于所有动物，尤其是猫，有一个不可小觑的优势：他们自相残杀，而且似乎甚至喜欢为一些匪夷所思的理由自相残杀。这和简单的求生本能毫不相干。当他们以集体、部落、同一片土地上管辖的国民的形式聚集起来，去屠杀相邻集体、部落和另一片土地上管辖的国民时，他们把这样的行为称为战争。为了这一行为，他们发挥极大的想象力、创造力、智力和残忍，使得他们更加优等。这一点不容置疑，即便是对于宇宙所有其他物种而言。

所有动物，尤其是猫，可能丝毫不会把人类的这种最高权力放在眼里，若不是它们成了和它们毫无瓜葛的冲突的直接或间接受害者的话。可惜，它们是受害者。更糟的是，它们被迫卷入这些无情的战斗或复仇中，成为某一方的同盟。

人们当然会第一时间想到马儿，几千年来被征调入伍，负载敌对双方的兵力，遭到开膛破肚或者被机关枪打得稀巴烂的厄运。可是马儿不是唯一卷进去的动物。自不必提那些骡子、驴子或者

---

① 法布里斯是司汤达的长篇小说《巴马修道院》中的人物；大卫·科波菲尔是狄更斯的同名长篇小说中的人物；盖尔芒特公爵是普鲁斯特的长篇小说《追忆似水年华》中的人物。——译注

所有其他不幸的拉车牲口，它们被使唤去运送物资和枪炮弹药，最后还为此送了性命；自不必提那些大象，好在从汉尼拔·巴卡[①]将军之后，它们的使用率非常幸运地在下降；更不必说那些信鸽，当无线电波发射器出故障的时候（或者当它们还没被发明出来的时候），它们可是密探和潜入敌营的侦察队的宝贝助手。不，在人类的历史上，人们想到要征用的动物远不止这些。

比如狮子，阿蒙霍特普二世[②]或拉美西斯大帝[③]在他们的军队中任意调遣它们；犀牛，印度人利用它们冲破敌人的防线；猴子，也是印度人，现在或以前，把它们打扮成士兵的模样，送到巴基斯坦防线上充当侦察兵，这让他们在那些不幸的动物被伏击时，确定敌方前哨的位置；蜜蜂也是，当围攻者（或被围攻者）朝对手投掷蜂巢的时候，它们能发挥极大的作用，据说狮心王理查[④]围攻圣女贞德时就用过这招；羊群，根据传统，会被赶至布雷区，让它们不断跳跃，从而清除地雷；间谍海豚，在冷战期间，由美国海军训练，能在苏联核潜艇的艇身上放置侦查设备；鲨鱼，由海军基地喂养，用来驱赶潜水员；还有狗……

还记得库尔齐奥·马拉帕尔泰在《毁灭》中几页令人赞叹又如同噩梦般的文字吗？描写了红军和德意志国防军最初的几次交锋，我印象中好像在乌克兰。我们知道苏联人训练了将近5000只饥肠辘辘的狗，在坦克底下找它们的口粮；训练好之后，让它们身

---

① 汉尼拔·巴卡（Hannibal Barca，前247—前183）：北非古国迦太基名将、军事家，欧洲历史上最伟大的四大军事统帅之一。——译注

② 阿蒙霍特普二世（Amenhotep Ⅱ）：古埃及第十八王朝第7位法老，在位约26年（约于前1427—前1401年在位），图特摩斯三世之子。大征服者。——译注

③ 指的是拉美西斯二世（Ramesses Ⅱ，前1303—前1213），古埃及第十九王朝法老（前1289—前1237年在位），其执政时期是埃及新王国最后的强盛期。——译注

④ 狮心王理查：即英国国王理查一世。——译注

负炸药包，在德军装甲部队面前把它们放出来……

回溯历史，埃及人和高卢人都让牧羊犬带上有铁刺的颈圈。在那之后，经编年史作者确认，亨利八世在对抗查理五世的军队时，放出了500只看门犬。我觉得都不需要再提雪橇犬、扫雷犬、看门狗以及阿尔卑斯山区和北极圈拉雪橇的狗……

不过还是让我们回到正题。

回到猫身上！

很难想象这个物种穿起制服，就像高卢犬，美国佬的鲨鱼，印度人的猴子或者迦太基人的大象那样！甚至很难想象它们能接受人类的训练，来帮他们达成什么无耻的目的。然而，猫儿还是用它们的身躯，在战争中起到过辅助作用——情况很少就是了。感谢上帝！

我们已经见识到，在阿赞库尔（参见该词条），英国军队在“猫军团”协助下赶跑了前来抢掠的鼠群——鼠患在那个时代很常见。一部百科全书中提到，在16世纪，炮兵统领哈布斯堡的克里斯朵夫曾建议把炮放在猫背上。这一想法从未付诸实践。幸亏没付诸实践！对猫来说，自然是逃过一劫，对哈布斯堡的克里斯朵夫而言更，是免得落人笑柄。这样的大炮能是什么样？肯定不能是什么大型炮弹！至多就是轻型卡宾枪。可是谁又能保证这一荒诞不经的发明不会在猫发狂的时候，倒戈相向，先朝自己人开火呢？太容易发生这种情况了。还是忘了这个可笑又可悲的军事家吧！

举第一个有史可考的例子，在这场战争中，猫起到了决定性的作用。公元前525年，在波斯人和埃及人的一次冲突中，国王冈比西斯二世的军队想要攻占埃及法老所在的城池佩吕斯。波斯军队的长官给先锋士兵们分配了一些猫，每个人身前都配着一只猫，作为盾牌。无论如何，埃及人，作为文明人，都不能接受拿一只猫的生命冒险。一只猫也不行。不管是自卫还是反攻。这不是一种神圣的动物吗？他们的女神巴斯泰托不就长着一个猫头吗（参见词条“埃及”)？因此，他们不敢开始这场对抗卑鄙无耻的进攻者的战斗。他们放下武器，逃走了。我记不太清了。

应该花上几秒钟时间再现一下这场称不上战斗的战斗。那些波斯士兵会高兴胸前抱一只猫吗？在这种情况下他们势必要放下武器，在跟敌方士兵叫阵前，还得费力抵御公猫们的进攻。我敢肯定，那些猫肯定不顾一切地去挠啊、抓啊，直想撕碎那些本该自己穿了盔甲去进攻却拿它们当起人质的家伙。也许，这些波斯士兵是把猫绑在盾牌上的。这样更省事，如果从他们的立场考虑的话……可是，我永远不可能从他们的立场考虑……

不管怎么说，看到这种炼狱般的场景，人们还是会不寒而栗：几百只猫被捆在盾牌上，它们嘶吼着、咒骂着、挣扎着，向佩吕斯城的城墙脚下进发。哪个变态的电影导演胆敢重现这一场景？

这么一来，波斯人用他们的无耻行为衬托了埃及人的高贵，他们显然认为埃及人是高度文明的民族——对埃及人而言，但凡生命，更确切地说，猫的生命，就应该受到不惜一切的保护。事实上，他们揣测埃及人宁愿被杀或是成为奴隶，也不愿意伤害一只公猫的性命。

(在《计谋》中，公元2世纪的作家波利昂，明确提到，波斯军队不仅在军队前安放了猫，还放置了其他埃及人崇拜的动物，比如狗和白鹮。这在我看来做得有点过了。狗会逃跑，白鹮会飞走。它们天生不能被固定住。这个说法提到太多动物，反倒使这则小故事失真。在佩吕斯，只有猫是唯一重要的存在。)

这个猫参战的例子里，不管它们是自愿还是被迫，更确切地说，是当作牺牲品，是独一无二的吗？可惜不是！我下面作为结尾要向您讲述的故事，让上面提到的波斯人相比之下还显得更文明一点呢。他们不就是利用埃及人不忍心伤害猫，而宁愿接受失败的慈悲吗？这个策略是一种要挟。可以想象，战斗之后，这些动物活下来了。可是跟在多灾多难的20世纪，在印度支那战争中，与那些坏得没法用语言表达的、疯狂而又异想天开的行为相比，波斯人的行为根本不值一提。

保罗·博纳卡雷尔在他的作品《以血雪恨》中，引述了一位名叫斯特拉斯的荷兰籍士兵提供的证词。他的岗哨由7名外籍军团士兵和8名游击队员守卫，而他是唯一的幸存者。

听听他怎么说：

> 夜半时分，周遭似乎很平静。丛林里什么声音都没有，直到我瞥见一道光亮划破夜空。警报声随即响起，所有人涌到雉堞前，盲目地在黑暗中开火。
>
> 第一个亮点坠落在据点院子中央。我们以为是当地人自己做的炸弹，直到，我们惊愕地瞥见，这是一只四脚刚刚落地的猫，一只活猫。它的尾巴上缠有一根火绒引线。突然，这个动物像个火把一样，烧起来了，随后，尖叫着开始狂奔。它后面还紧跟着五只，接着六只，最终上百只疯了一样，痛苦地嘶吼、四处逃散的猫。
>
> 正是用这种令人难以置信的方式，越南人完美地达成了目的。好几只着火的猫成功地跑到军需仓中避难，导致整个岗哨几乎全被炸毁。原来这些猫之前被浸了汽油，再被抓着尾巴扔出来。

继续！别用这么悲惨的故事收尾。

1968年，美军想到要开发利用猫在黑暗中的视觉敏锐度。为什么训练有素的公猫不能协助侦察兵侦察，并帮助他们回到大部队呢？为此，他们带了一些猫，这些倒霉蛋，去越南驯养，以便进行强化训练。这些猫应该很快就意识到危险，并竭尽全力迅速回到开往故土的船上。对于这份交给军方的让人忍俊不禁报告，大家会如何评价：

一支接到转移命令的小分队，被这些猫领着四处跑；好几次，这些动物把他们带到了浓密的矮树丛，或是带着他们追赶战场上的鸟和老鼠。这些士兵不得不强迫猫们重新回到队伍的方向；这些动物经常伺机袭击在它们前面行进的士兵的包上垂下来的皮带。如果下雨，甚至天气变幻，那些猫就躲得无影无踪了。

提起猫的反战才智，人们说得还远远不够。

H

俳句(Haïku)

如果借用百科辞典干巴巴、严谨而没有个性的定义,我们可以说,俳句是日本18世纪开始出现的,一种非常符码化的诗歌形式。但俳句之名出现的更晚一些,直到19世纪末才有。

确切地说,这是怎样的一种诗歌形式?通常是用来表达事物短暂易逝的短诗,不求细说,而重在感叹、联想到对自然、季节的感受,人、物、印象的无常,预示永恒的如微风一样的瞬息之象。如果用法语诗歌的韵律去套用,俳句是一种三行押韵诗,首句五音,次句七音,末句五音。

很少有西方的诗人尝试作俳句。这种文学样式,的确很难照搬照套。日本书法在其中起到了一个决定性的作用,它就是思想或情绪活动的姿态和痕迹。但无论如何,也不要忘记保尔·克洛岱尔从中想找到的一些对等的东西——这就把我们引向了猫。耐心些,容我慢慢道来……

在远东生活,确切地说,1921年到1927年间当法国驻日本大使的经历,让克洛岱尔有了用中国的墨汁和毛笔写字作诗的念头。一些散文体的短诗,题为《扇子诗百首》。首先在日本他任期即将结束的时候,发表了这本诗集,用东方三折的古书灰布硬壳包装,象牙扣。之后是1942年在伽利玛出版社出版,采用一个更小更传统的开本,加了一个标新立异的序言。

在序言里,他特意写到:"今天,这本诗集(克洛岱尔坚持用诗歌和诗人这两个词的古老写法,写成 poëme 和 poëte 而不是 poème 和 poète;我们就尊重他这个癖好!)第一次飞翔在法国的天空,而16年前,在日本创作它们的时候,我妄图以俳句的格式入诗。"

"若非这支随着我手指游走的毛笔,若非别人送我的和丝绸一样有裂帛之声、如弓弦一样紧绷、像雾气一样柔软的纸张，我有什么理由去抵挡那些到处洋溢着的书法的魅力？难道我不也是一个文人墨客？”

猫可能也应该是俳句中最受欢迎的主题之一。难道它不是代表了世界之美，光阴短暂，生命玄奥，充满矛盾？难道不是这个瞬间、这种闪现是作为诗歌类别的俳句努力想要捕捉的？在这个意义上，我不知道猫是否一直都为日本的著名徘人们带来灵感，就像日、雾、月、河水或树叶一样经常出现在诗中。但我知道，它至少在克洛岱尔的诗集中出现过一次——这首俳句，或者更确切地说，这个写在扇子上的句子，不啻为一首绝妙好诗。

当然，这里也应该重现它的原貌。克洛岱尔每首“扇子诗”都排成三列。左边一列，应该是出自有岛生马[①]之手的书法。然后，还有两列克洛岱尔亲手用墨汁书写的诗句。

诗句如下：

蹲	猫先生
在	半眯着眼睛
鱼缸	说
边	我不喜欢
	鱼

在我看来，这是历代关于猫的最简洁、最好玩、最有画面感、最深刻的文章之一。

一切尽在其中。

天真而突兀。

---

① 有岛生马（Ikuma Arishima，1882—1974）：日本画家和白桦派作家。——译注

猫先生

猫的一动不动和很快它就要做出的让任何人都猝不及防的动作。

庄重，当然还有幽默——在克洛岱尔笔下，首先是毋庸置疑的幽默，而幽默也神秘地滋养了他的作品。

猫特有的安定柔软的内心，找到舒适、尊严（"猫先生"，不是吗?）和来自远古黑夜的毋庸置疑的暴虐、野性和神秘，它们至今都在完美诠释着。

猫是骗子?

这样说又太过了。这是人类把自己的情感投射在它身上，与它何干。

伪君子?

当然不是！猫并不想欺骗世界。它才不把世界放在眼里。它不骗人。它只想着它自己。它耐心地躲在自己的世界里。它的速度在等待中仿佛有了一层伪装。时间，或者说永恒，是它的同盟。它只顾念自己的欲望、美食和舒适。等待，对它而言，是一种满足的形式。"眼睛半闭"，好吧！

但要小心保尔·克洛岱尔这首诗里到底写了什么！猫没有跟我们撒谎，并没有告诉我们它从来都不喜欢鱼。它只是在自言自语。它只不过用自己的态度来见证它一贯的、矛盾的真诚。

我们可以为它山寨《传道书》中的句子：

爱有时，恨有时，饿有时，馋有时，有时在一个鱼缸前打盹，有时把爪子伸进去……

在所有的动物中，猫先生毫无疑问是我们最亲近、最密切的一个陪伴，趴在鱼缸旁边，睡在我们最喜欢的扶手椅或枕头的凹陷处，波德莱尔笔下热烈的爱人和严肃的学者多年的同伴。同样，它也是我们最陌生的朋友。

作为总结，克洛岱尔在这里灵光一现想要表达的，正是这种二元性。

纹章(Héraldique)

猫很少出现在纹章图集中。对此,人们并不感到奇怪。这是因为,在中世纪贵族阶级中,在十字军东征时代,对于最早的骑士来说,猫这种动物没有多大名声。有谁愿意在自己的纹章上看到一个狡猾、不忠又让人难以捉摸的,简言之,鬼头鬼脑的东西?

但是事实上,猫并不总是以这种可憎面目出现在人们的视野中。在古代,它被视作独立自由的象征。

尚弗勒里(参见该词条)在其献给猫的文集中有这样的描述,在由提比略·格拉古[①]主持建造的罗马自由女神庙里,女神像身着一袭白衣,一手持权杖,一手拿软帽,脚边蹲着一只猫,这只猫正是备受讴歌的可贵自由的象征。

之后,许多达官显贵乐于以幻想出来的动物作为徽章,比如狮身鹰翼兽,比如龙或其他诸如此类的虚构物。与此同时,还有一些大家族比较特立独行,把猫搬上了徽章,换言之,猫本身就被视为一种神奇的物种。不过,这类较为叛逆的家族并不多见。

皮埃尔·帕里奥特(1608—1698),纹章学领域的泰斗,其1660年出版的《真正的完美纹章学》被视为业内权威著作。作者在该书中指出,古老的勃艮第人曾将猫作为象征物。伟大的勃艮第啊!据帕里奥特所记,克洛蒂尔德,"国王克洛维斯之妻,一个勃艮第女人,她的金色纹章上有一只黑猫,正猎杀一只黑鼠"。

当然,姓氏中带有"猫"一词的大家族不能不将这种动物添加到他们的纹章当中。卡森(Katzen,德语中"猫"之意)家族的天蓝

---

① 提比略·格拉古(Tiberius Gracchus,前168—前133):古罗马政治家,平民派领袖。——译注

色纹章上有一只银猫，嘴里衔着一只老鼠。德拉·加塔(gatta 在意大利语里是母猫的意思)家族，那不勒斯的贵族，他们天蓝色盾徽的上部有一只身裹红色直纹布头的银猫。夏法多家族的天蓝色家徽上有三只金色的猫，其中两只面对面位于家徽上部。

纹章学所用词汇自成体系、奇妙无穷，怪异、精准又富有浪漫气息。

随着中古时代的远去，猫的形象越来越正面化。尤其是在威尼斯。从很久以前，猫族便作为正式市民而存在。尚弗勒里再次指出，16 世纪威尼斯共和国有名的印刷商塞萨家族的徽章、标志或者尾花[①]用到了猫的图案，周围环饰有诸多美女和爱神。

啊！我多么想在此向这些有先见之明的印刷商致以敬意，他们有着将猫与工作联系起来的大智慧。跳出蒙昧主义，猫实际上集智慧、光明、静默、沉思甚至知识于一身，这些都是书本、典籍以及新知识的诞生所特有的品质。因此，猫在当时可被看作是文艺复兴精神的化身。然而，却有那么多阴险的审讯者，拥有着所谓宁静的灵魂，对猫族和异教徒施以残忍的火刑，并焚烧宣扬无神论的书籍。例如，有些书上说地球围绕太阳转。在威尼斯这座自由之城，在这个商贸发达、兼容并包的城市，存在着一批印刷商，他们无视教会法庭的禁令，公然在自己的纹章上刻着猫。这种英勇之举理应得到后人的纪念。

在时空变换中将目光移向更近代，我们注意到，普吕东[②]画笔下的自由女神也被赋予了寓意。活泼愉快的古代自由女神，身着短款紧身裙衣，手持一杆标枪，枪上顶着一顶弗里吉亚帽，脚下蹲坐着一只昂首挺胸的猫。只有猫，或者更应该说，只有象征自由的

① 尾花：章末的装饰图案。——译注

② 普吕东(Pierre Paul Prudhon，1758—1823)：法国新古典主义画家。——译注

女神,既没有平等(这对猫也没啥用)也没有博爱(这对猫而言,就更不用提了),但此处还是略过不谈吧①。不管怎样,这还是让我们对古时候的纹章学感到隔膜,因为那些时代是如此遥远,如此模糊,打上了君主和贵族的烙印。而共和时代已然来临。

希罗多德(Hérodote)

此人被誉为"历史之父"。名副其实!希罗多德(前 484—前 420)确实是我们所知的第一位历史学家。其独一无二的巨著流传至今,我们可以将之译作《历史》(*L'Enquête*)。那么他是第一位现代历史学家吗?恐怕不是。此誉当归于另一位希腊人,来自雅典而非哈利卡纳苏斯②的修昔底德。修昔底德比希罗多德小 15 岁,他并不看重神祇圣物、神话传说,且不据此讲述历史。相反,他总是坚持寻找客观材料,对其进行合理、严格的考证,然后以完全的中立性展示《伯罗奔尼撒战争史》的环境。这部伟大的作品应该一读再读,值得反复阅读,反复思考,但在此略过不表。

我们现在再谈希罗多德。这位"历史之父",在我们眼里还有另一个功劳,且更为重要:他是第一位具体写到猫的作家。确切地说,有关文字出现在《历史》的第二卷,该卷讲述了居鲁士之子冈比西斯二世征服埃及的战争。与其对原文做解释,不如将本书第 2 卷第 66 和第 67 章(或节)的有关文字完整引述如下:

---

① 法国的国家格言为:自由(Liberté)、平等(Égalité)、博爱(Fraternité)。——译注

② 哈利卡纳苏斯(Halicarnasse):小亚细亚加里亚国王首都,位于今天土耳其布德伦港。加里亚是阿那托利高原西南部的一个小国,早在公元前 6 世纪中期,就和小亚细亚海岸的其他希腊城邦一样,屈从于波斯帝国的统治。希罗多德就是哈利卡纳苏斯人。——译注

> 尽管埃及家养动物数量可观，但如果猫没有遇到这样或那样的祸害，那数量还要多得多。母猫产崽后便不再寻觅伴侣，公猫想找个伴儿却找不到，便耍起了手段。它们巧妙地从母猫那儿把猫崽偷出来，毫不留情地将其咬死。猫这种动物很是爱护自己的幼崽的，母猫一旦失去幼崽，就会想要再生，也就会回头去找公猫。每次发生火灾，猫会遇到一些事，这些事的来由很奇特。埃及人根据一定的间隔围成一圈，不去灭火，只留意动物的安危。可是猫呢，要么往人缝里溜，要么从人身上跳过，扑进火里。遇到如此情景，埃及人总会表现出极大的哀痛。如果哪家的猫老死了，家里不管住什么人都要剃去眉毛；如果死了狗，他们就要剃去全身毛发，包括头发在内。
>
> 刚刚死去的猫被送进圣堂，涂上香料，葬在布巴斯提斯。至于狗，每个人都会在各自所处的城市为其办个葬礼，将其安放在圣盒中，猫鼬也这样安葬。鼩鼱和雀鹰会送到布陀，白鹮则送往海尔摩波里斯。在埃及较为罕见的熊，以及比狐狸个头大不了多少的狼，死后就地埋葬。

这段文字需做多种考量。

首先做一说明。对于古希腊人和古罗马人，猫鼬指的是一种吃蛇、吃鳄鱼蛋的獴科动物。而埃及人对这种动物十分喜爱，再说，这种动物往往被称为埃及鼠。

希罗多德同时代的人常常指责他故弄玄虚，好把神话叙述当作客观事实。不过，众所周知，这位历史学家曾长期在埃及居住，名言“埃及是尼罗河的馈赠”就出自他之口。换言之，他对于埃及人的举动，对于他们对猫的喜爱，以及他们的葬猫方式的见证值得特别关注。此外，值得一提的是，之后在布巴斯提斯——位于尼罗河三角洲东岸的圣城，公元前10世纪时为古埃及的都城——人们发现了一座大型的猫公墓。

希罗多德是位无可非议的动物学家或者动物生态学家吗？是与否，都另当别论。他对跳入火海的猫表现得如此青睐，对此，你怎么看？此事看上去可信度不是很高。杀死猫崽以便赢取母猫的关注，他对于公猫的行为分析，你又做何感想？我很怀疑他是认真的。

总而言之，某些研究学者已经强调过一个明显的事实，那就是，希罗多德呈献给读者的动物，多是陌生且稀奇的，诸如河马、鳄鱼、白鹮等等。同时，他认为没有必要对猫进行过多地描写，因为猫对于希腊人、对于读者、对于那个时代的人来说，是一种常见而熟悉的动物。换句话说，或许猫的足迹早已遍布雅典古卫城，或许它曾与斯巴达的战士并肩阔步，或许它曾向德尔斐神庙的皮提亚①传达过神谕也未可知！简而言之，猫在伯罗奔尼撒半岛上已不算一个陌生物种。

布封的《自然史》(*Histoire naturelle* de Buffon)

这是自然科学历史上最伟大的作品之一，更是一部法国文学名著和思想史上的杰作。在启蒙思想光辉闪耀的年代，它与达朗贝尔和狄德罗主持编纂的《百科全书》有着同样重要的、振聋发聩的作用，以及划时代的标志性意义。这是一部包罗万象、取材广泛、视野开阔、行文严谨、下笔精确的传奇之作，其中充溢着新奇别致的直觉与智慧。清晰明快的形式、苍劲有力的语言、诙谐风趣的措辞间，透露着入木三分的思考和细致入微的观察，兼有大胆的假设与之交相辉映。总而言之，在这里，处于黄金时代的法兰西语言，其表现力已登峰造极。

---

① 皮提亚(Pythie)：又译皮媞亚、皮提娅、琵西雅，德尔斐城阿波罗神庙中宣示阿波罗神谕的女祭司，被认为能够预见未来。——译注

我所说的这部作品便是乔治·路易·勒克莱尔撰写的《一般自然史和特殊自然史》。勒克莱尔1707年出生于孟巴尔城。1772年,国王路易十五敕封他为布封伯爵,其子孙后代承袭的便是这一姓氏。

这部36卷的《自然史》于1749年开始正式出版,至1788年布封逝世时,后几卷仍在发行当中。一年之后,他的合作人拉塞佩德做好全部的善后工作,从而完成了整部书的出版发行。

布封毕生从事博物学研究,在此过程中得到了很多来自朋友的帮助和启示:比如,道本顿,赫赫有名的解剖学家,专门研究四足动物。尽管如此,《自然史》仍然是一部凸显个人文笔的作品,明显带有作者本人的风格("风格即人"之后成了布封的名言)及其所处时代的思想特征。

布封将《自然史》第6卷的开篇50页献给了猫,这些内容值得我们的目光为之停留。1756年,该卷内容被发表在皇家印刷厂的出版物上。强调这个时间并非毫无意义,因为在这个时期,布封的思想变化在"神人同形同性论"①和"物种进化论"之间找到了一个平衡点。早期,他坚定不移地相信"神人同形同性说",之后他倡导"生物转变论",这一点在1778年出版的《自然的分期》中有所体现。我们从中可以看到一个秉持科学态度、对客观事实和动物行为观察细致入微的布封。是否从来没有人比他更擅长描写猫儿调皮狡黠的举动?接下来的文字将让你领略到布封那诗意盎然、比喻生动形象、富有文学气息的笔触。

"双眼在黑暗中熠熠生辉,有如两颗晶亮的宝石,茫茫夜色中映射出白日间周身浸润着的光芒。"

请继续品读布封笔下的猫:"它们只做自己想做的事情。一旦

---

① "神人同形同性论"(anthropomorphisme):是指人们认为其他生命体或者类生物体都具有人类的情感,甚至具有自己的性格特质的一种观点。——译注

决定远离某个地方，世上便再无可能让它们在原地多停留一分一秒。大部分猫处于半野性状态，不认它们的主人，经常出没在阁楼或屋顶。”

尽管如此，说到底，猫并没有入布封的法眼。

为什么？

正是因为布封是启蒙时代最杰出的代表人物之一，而相对于光明，猫更适应，也更愿意待在阴暗的环境里。布封是理性的化身，而猫则是最缺乏理性的动物之一。从很多层面来讲，它甚至超出了人类的理解。后者说，人们更喜欢把什么都分门别类，这是百科全书时代最为看重的。

布封对野生动物进行统计、观察、研究、分析，同时对家畜或人们十分熟悉的动物的观察研究工作也毫不懈怠。但是猫就另当别论了。在他眼里，家猫极具野性。那么野猫呢？几乎是不可捉摸的，像极了家猫。总而言之，在布封的《自然史》中，猫不属于任何类别。

让我们再深入一些。

猫与18世纪格格不入。18世纪以前，事情十分简单，猫是魔鬼般的存在，我们不再多谈。但在19世纪，对于浪漫派艺术家来说（对于高蹈派诗人和象征主义者也一样），猫是确确实实的魔力、快乐、神秘之源。在大革命前夕的岁月中呢？就不多谈了吧。它行踪诡秘、捉摸不定，我们便放弃捉摸它，正如放弃将它作为绘画对象。您有看到猫频繁出现在动物画家的画布上吗？比如戴斯伯特斯或者乌德里的画作？

再说一遍。时代将科研好奇心投注到离我们十分遥远的物种身上和我们几乎一无所知的地方，就我所知道的，比如有长臂猿、大猩猩、狮子、大象、犀牛等等。家畜沦为人类的奴隶，人类就很有兴趣去了解它们，以便更好地利用它们。我们尚未从笛卡尔所谓的“动物是机器”的观念中脱离出来。人类视自己为宇宙的中心，唯一被赋予理性的存在。布封在1761年出版的第9卷中清晰确切地写道:"人类完全是上天的杰作,而动物则大多是大地的产物。"猫依然没有入他的法眼,它既不能带来任何好处,又不是来自美洲的那些因为稀奇而引起人们兴趣和热情的物种。

当然,布封在人们眼里是一位科学家,这无可非议。他对动物做了细心的统计和描述,制定出野猫和家猫的对照图表,尤其是通过肠长对它们加以区分。好吧!多亏了布封,我们才了解到猫的第三根掌骨(最长的一根)的平均长度是1法寸[①]2法分,主动脉的外直径是3法分……但是,请容我再次强调,布封还是没有捕捉到猫的精髓。这使他愤怒到极点,据说,他因此对猫的行为举止作了不那么客气的评价,以此纾解胸中郁闷。

啊,如果我们真能将猫驯化该有多好!所有的一切回归常序,符合18世纪的时代精神,顺应理性的要求!布封开始对猫产生喜爱之情,像喜爱狗一般,狗给他带来了些许创作灵感!但是事实并非如此!读读下面的文字,因为我们永远不应该失去阅读和援引这些内容的兴趣:

> 它们(猫)天生不受任何束缚,这使得它们无法接受系统连续的训练。然而,据说塞浦路斯岛上的希腊僧侣曾经将猫驯化成猎手,捕杀岛上泛滥成灾的蛇。但是,猫这种捕猎行为实际上是出于它们喜欢搞破坏的天性,而非对命令的服从。因为,它们总是乐于对弱势动物进行窥伺、突袭、冷漠无情地攻击,比如,小鸟、幼兔、野兔、田鼠、家鼠、鼹鼠、蜥蜴、蛇等等。它们与顺从不沾边,除此之外,机敏度不够高,嗅觉也不够灵敏,这两样都是狗身上的突出品质。当小动物消失在视野当

① 法寸:法国古长度单位,1法尺等于12法寸,1法寸等于12法分。——译注

中，猫便会放弃追捕行动；它们不去主动追赶，而是静静等待，伺机而动，发起突然攻击；在玩弄猎物一段时间之后将其杀死，尽管有时候这样做毫无必要，因为在饫甘餍肥、不需要任何猎物来果腹的情况下，它们照杀不误。

在这段精彩的文字中，布封毫不掩饰自己的感情与倾向。比如，他指责猫只攻击弱小的卑劣行径，肯定的语气虽有些大胆，却秉持着科学的态度（他肯定地说猫缺乏灵敏的嗅觉，不够机警），展现了他追求详尽的癖好（比如猫的猎物清单），显示出众所周知的主观性，和坚持不改的以人的视角去看问题的倾向。难道我们见过任何捕食性动物毫无理智地对抗比自己更强大的种类，并慷慨赴死吗？

布封针对于猫的不满和厌恶，如果可以这么说的话，在其写给猫的章节的开篇就已表露无遗：

猫并不是一个忠实的家仆。人们豢养猫只是出于个人需要，为了让它对付另一个更惹人讨厌的、赶也赶不走的家庭祸害。这样说时，我们没有将对各类动物都有兴趣的人，包括在内，他们养猫仅仅是为了娱乐。由此看来，养猫一是为了利用它，一是为了满足自己的恶趣味。尽管猫看上去优雅可爱，尤其在年幼时，但它们同时又具有天生的狡黠，性格虚伪、乖戾。随着年龄增长，这些天性愈加凸显，人类的后天教育只会让它更加懂得伪装自己。良好的驯养仅仅使它们从确定的偷盗者变得像骗子一样灵活机变、懂得讨好逢迎，实际上，它们还是同之前一样狡猾敏捷、爱搞恶作剧、好巧取掠夺。比如，它们知道要掩盖自己的踪迹，隐藏真实的意图，留心观察，伺机而动，抓住做坏事的良机，然后设法避开惩罚，躲得远远的，直到主人重新召唤。它们很容易就沾染上一些社会习性，但从来

> 没有养成好的品格：只是表面上看起来忠诚而已，从其斜向行路的习惯和暧昧迷离的双眸中可见一斑。对于喜欢的人，它们从不正面接触，而是取道迂回，绕着弯子套近乎，寻求爱抚，因为抚摸触动它们敏感的神经，使其感到愉悦——足见其虚伪多疑的性格。一般而言，忠诚的动物，它们所有的情感都和主人相关，但猫则不同。它们好像只为自身着想，即使付出爱也有一定的条件限制，投身交际也只为了从中渔利。出于这种天性，比起真诚直率的狗而言，它和人处得就没那么和睦了
>
> …………
>
> 幼猫活泼、欢快、漂亮，如果不是爪子锋利到令人害怕的地步，很适合做孩子们的玩伴。尽管其逗趣行为看上去轻快而舒适，却从来不是单纯无害的，并且它们很快就转向狡猾，这是猫的天性使然……它们天生不受任何束缚，这让它们无法接受系统连续的训练……

这些内容再次显出布封的风格之独到，观察之精妙细致，所得结论中渗透着对猫的尖锐的敌意。在他眼中，猫的冷漠成为不忠；独立是一种掩饰；自由不羁实为寡情。在“家畜”一词当中，他尤其强调“家”在仆人、仆从这个层面上的意义。作为家仆，猫却不具备任何相应的品质，布封对此不予宽恕。换言之，他仍然不接受猫的独特性，但他却通过对猫进行适当的观察，“发现家猫和野猫之间的细微差别”。但是很明显，这种细小的差异对于布封来说，是难以忍受的，甚至是无法理解的。

基于以上内容，我们便更能理解浪漫主义者对于布封的怨念和不满。例如，泰奥多尔·德·邦维尔[①]在其以动物为灵感来源

---

① 泰奥多尔·德·邦维尔（Théodore de Banville，1823—1891）：又译西奥多·庞维勒，法国诗人、作家。——译注

的佳作《猫》中，这样表达了对布封的愤怒：

> 布封写给猫的片段是如此不公正，如果记忆出现空白，这些文字会带着我们重构路易十四的统治时代，那时，人类自诩为太阳，认为自己是世界万物的中心，只能想象出成千上万的星辰撒满天空，不管原因为何，总之不为人类自己所用。于是，戴上这种思想枷锁的博物学家对猫这样一种高雅而亲切的物种横加指责，将它们猎取自己所需食物的行为说成盗窃。他貌似在猫的世界里构想出一个关于财产的确切概念，以及对规则的深刻认识。所幸，这些概念和认识没有被加之于动物身上。他还补充道："它们只是表面上看起来忠诚而已，从其斜向行路的习惯和暧昧迷离的双眸中可见一斑。对于喜欢的人，它们从不正面接触，而是取道迂回，绕着弯子套近乎，寻求爱抚，因为抚摸触动它们敏感的神经，使其感到愉悦——足见其虚伪多疑的性格。"哦，伟大的科学家，您怎能如此不公平！难道我们人类寻求爱抚是为了找不痛快吗？您竟然说猫的眼睛暧昧迷离！这又与什么有关？如果从一开始我们就参不透这微妙而深邃的思想，是不是因为我们智力不足，缺乏直觉呢？

的确，猫是文明程度最奇妙的"指示器"之一。请告诉我你怎样看待猫，我就能说出你的为人、你的所思所想、你相信什么以及你所生活的世界的真正价值。

布封先生的《自然史》是18世纪的鸿篇巨制。在伏尔泰、卢梭、狄德罗所处的年代，在《百科全书》盛行的时期，展现了彼时法国一代天才伟人的思想光辉。但是，其中关于猫的章节暴露了他理性的局限性，他以人为本的视角就如被挡上了护眼。时代不可避免地将理性光辉照耀到大自然，这部《自然史》似乎比时代更为急切地使所有隐藏在阴影之下的领域脱离黑暗，尽管在当时的条件下，仍有许多力有未逮之处。

而猫当初就处于某个晦暗的角落。

星象(Horoscope)

飞碟的存在、苦行者的超感官能力、水的记忆功能、顺势疗法[①]的可行性、精神分析法治疗的功效、税务监察人员的宽容度、公务人员的服务热情，甚至汉堡的营养价值、电视的教育功能、思想的传递与承接以及灵魂转世说，对于这些问题，您相信吗，全凭个人自行决定。既然如此，何不相信星座运程和星宿之于人生命运的影响？自古以来，人类就对此深信不疑。是人类总耽于幻想吗？历经千万年，沧海桑田，星移斗转，正如荣获诺贝尔奖的物理学家乔治·夏帕克所言，宇宙之中星辰的排列布阵已发生明显变化，金星、土星也好，黄道十二宫的其他星座也罢，如今其代表意义和运势影响在重大事件的发展上已不再举足轻重。但我们必须承认，人自出生之日起，便打上了星座的“印记”，甚至受到大气压力、月球周相变化、母体分娩时的情绪抑或其他因素的影响，我们对此不做赘述。

那么，一个基本问题就来了：为何人有处女座或射手座、双子座或双鱼座之分，而大洋洲食蚁兽、加蓬鹦鹉、西部野牛或极地浮冰白熊却没有？为何动物，所有动物就不受出生日期、时辰和地点的影响？我找不到任何解释的理由。星座运程要么对所有人都起

---

① 顺势疗法：又称同类疗法，一种替代疗法。由德国医生塞缪尔·哈内曼(Samuel Hahnemann)于18世纪创立。其理论基础是“同样的制剂治疗同类疾病”，意思是为了治疗某种疾病，需要使用一种能够在健康人中产生相同症状的药剂。目前医学界一般认为，没有任何足够强的证据证明顺势疗法效果强于安慰剂。——译注

作用，要么对任何人都没有作用。我们不能整天只关注人类自己的权益或窘境。还有我们的猫呢？哦，还有猫！为什么猫不能像你我一样，它的太阳星座①为狮子座，上升星座②为巨蟹座；或者太阳星座为白羊座，上升星座为天秤座？为什么没有专门的占星家观察星象变化，卜说猫的命运走势？

你以为我在开玩笑？完全不是！为猫而生的占星家和星宫图是确确实实存在的。网络资源提供的信息足以令你相信这一点。但是，有时候想要获知一只猫的确切出生时间并非易事，尤其是那些突然从天而降的猫。它们从矮墙上一跃，进入你家中，来去自在，无拘无束，给予你与之共同生活的荣幸。于是，猫科占星家为弥补这种遗憾，便生发出一些奇思妙想：我们给猫起的名字也会对它的命运有所影响。比如，面对一只猫，你是低声轻唤"小猫咪"还是威风凛凛地喊它"普鲁托"③或"阿提拉"④，此中差异，或可体现在各自的命格上。

那么，在猫的命盘上，各个星座有何寓意？稍安勿躁！

占卜时，将星象图与猫的名字进行比照，将其联系在一起，就足以给人以启示，演绎出未来发生在这只猫身上的事情。

几个月前，我曾做过一个实验。自我在格里莫小住以来，惹人思念的普普奈便住进了我的房子。事情的结果是这样的：如果家中与你作伴的动物超过一种，那么和平共处很可能是一种难以企及的状态，因为朱庇特以制造混乱为乐。吵闹声将不绝于耳。每

---

① 太阳星座：通常我们谈论十二星座时大都指的是太阳星座，根据出生日期划分，体现人的基本性格。——译注

② 上升星座：指人出生时，东方地平线与黄道交界处升起的第一个星座。上升星座是人的外在表现，是外界所觉知到的你。——译注

③ 普鲁托(Pluton)：希腊神话中冥王哈得斯的别名。——译注

④ 阿提拉(Attila，406—453)：古代欧亚大陆匈人领袖，他使匈人帝国的版图扩张到盛极的地步，率军队席卷欧洲，使西罗马帝国名存实亡，史称"上帝之鞭"。——译注

一种动物都使尽浑身解数，为称王称霸将好斗本能发挥到淋漓尽致。要重回和平，就需要主人你的强势介入了。

由于我们独一无二的普普奈来到家里，我便不那么忌惮朱庇特了。难道我这种想法是错的？好吧，单单一只猫就以迅雷不及掩耳之势引起骚乱！那能与小村里其他的猫和睦相处吗？唔……如此这般，对于强势介入猫的纷争我是无能为力的，并因此惶然不安。我试过好言劝说，也试过用讨好的办法息事宁人，但大部分时间是无可奈何地让步。我真是个可怜的驯养人！如此窘境却毫无希望去改变。

这跟星象这个话题离得有点远了，但同时也让我们远离了人类的愚昧。请原谅我这样讲，其实这并非坏事。

蠢事(Idioties)

当人们面对熟悉的动物(就好像在婴儿面前一样),立刻就会变得愚蠢。他们装模作样,矫揉造作。通常,他们会尖着嗓子说话。他们创造了一种愚蠢的语言。总之,他们变得傻乎乎的。

一般来说,最聪明的动物——我指的是猫,你们都明白!——面对这样的态度显得很沮丧。它们观察着不幸的人类自以为不得不在它们面前假扮小丑,以示谦逊,可怜兮兮地说着它们不懂的语言。然而,它们冷静地等着这一切停止,更聪明的干脆直接转身离开。

别再继续了。我过分嘲笑我的同类可不讨喜。我们中有谁从未像这样使自己变得滑稽可笑呢?

虽说都是愚钝,也还是存在不同等级,如果我可以这么说的话。他们对猫(或者对小宠物狗)讲话的方式就好像它们是大人物。我认识一些人,他们会给动物准备生日礼物,也不会忘了在圣诞树前摆放给它们的新年礼物。冬天,他们给自己的猎獾犬穿上毛皮大衣。还有些人试图让动物陪着自己一同吃饭。每晚,给它们读一读《自由报》和《米奇杂志》的片段。最后,还有人不惜倾家荡产,为了给它们立一座墓碑。

这样的例子数不胜数。这一切都没什么害处,从某些角度说,还令人动容:他们赋予动物以人性,试图靠近它们,战胜孤独。然而,恰恰相反,我们应该做的,却是增加它们对我们的眷恋,当然,还应该丰富它们无法剥夺的奇特性。既然我只对猫感兴趣,那么具体说来,就是指猫身上惊人的神秘感。但这类可笑的事情有一个界限,而我对此比较敏感。就人类而言,这个界限不是让自己变得可笑(毕竟,这是人类自己的问题),而是通过“传染”,让跟他一起生活的猫也变得可笑(这一点就无法原谅了)。

唉,很快,边界就被越过了。相信我,由于猫十分敏感,所以它们讨厌我们拿它们的脸开玩笑。猫和狗不一样,原谅我这么说,狗太单纯了。猫不愿意扮小丑,但我们却很愿意这么做。它们非常矜持。跟你们说,当人类侵犯它们的自尊时,我多么为它们难过。

不幸的是,这样的例子太多了,有时候,显得既荒诞又痛苦。比如,每一位小姐、成熟女士可以自由戴上假睫毛,或者为自己的硅胶隆胸而洋洋得意!但是指甲,给猫贴上假指甲,我们把荧光色、玫瑰色、蓝色、绿色的假指甲套在猫原来的指甲上,多么恐怖啊!这些假指甲由美国 Soft Paws 公司设计,一个盒子里有 40 组假爪子及配套的胶水,售价 30 欧左右。厂商保证可以使用 4—6 个星期。2004 年 3 月,据法新社快讯报道,在东京,日本人掀起了抢购热潮。

还有更糟糕的。这一次,是另一家报社——路透社——向我们报道。不久前,在吉隆坡举办了一场猫化装大赛。活动现场有近 200 只猫,它们戴着帽子、配饰,打扮成火枪手或侯爵夫人。显然,这样的愚蠢行为深不可测,而它似乎在马来西亚跌倒了记录的谷底。

最后是人类愚蠢登峰造极的表现(可能更糟糕,极度厚颜无耻的商人利用同伴病态的愚蠢)。美国氧气频道(Oxygen)设立了一档节目《喵电视》(Meaow TV),期待的受众是现代新潮的猫以及"这些猫要忍受的人"(原文如此)。节目将松鼠、鱼的视频和命名为"瑜伽猫""俳句猫"的镜头交替轮播,给那些想走动或想放松的猫看。当然,出于商业需要,节目都会以电视购物结束,主持人劝说猫咪(或者它们身边的人)来买不同种类的卫生、美食产品。

《喵电视》的执行制片人,艾黎兹·罗斯,镇定自若地表示:她的艺术使命就是创办一档可以让我们和猫一起观看的节目。

2003 年,美联社传来了一条重要信息,它指出,这一节目在布鲁克林的一间画室进行测试,终究无法成功吸引两只 11 岁的肥猫:加里,一只虎斑猫,开始忙于仔细地为自己梳洗;希尔维,一只灰白相间的猫,在节目正播到一半的时候决定去吃饭,此前它茫然地盯着窗户看了很久……

纽约的猫没有它们的主人那么愚蠢。当然,世界各地都一样。东京如此,吉隆坡亦然。

对此,有谁会怀疑呢?

从前……(Il était une fois)

从前,大约1万年前的一天,在中东的某个地方,一只野猫走进了一座被人类占领的村子,或许,它比其他猫要胆大一些。

长期以来,这些人都是游牧者,从事狩猎和采摘活动。他们刚开始尝到定居的好处,亲自建造房屋,种植第一播谷物,储存粮食。就在此时,这只猫出现在他们身边。也许,这只猫觉得,和这些人相处,要好过躲避捕食性动物、鬣狗或其他比它个头大的猫科动物,这些动物在四周游荡,对它构成威胁。这只猫还在人类居所和粮仓附近发现了足够多的小型啮齿类动物来维生。

这些首批定居者很乐意和它相处,他们之间形成了一种联盟,猫可以保护他们的粮仓免遭啮齿类动物破坏。当猫在那里产下小崽时,孩子们兴高采烈地欢迎新生命。就这样,野猫慢慢变成了家猫……

需要明确一点,这只猫的祖先可不是随便一种野猫。在史前时期,这一品种的猫分成了5类亚种:欧洲野猫、近东野猫、南非野猫、中亚野猫和中国沙漠野猫。它们中只有近东野猫繁衍出了家猫。

一个很美好的故事?

不,不单单是一个美好的故事!同样也是今天最有可能,甚至是最科学、最先进的假设来解释家猫的出现。我们要把这一切归功于马里兰州遗传多样性实验室的卡洛斯·德里斯科尔和所有国际研究者团队，他们花了6年的时间来检测全世界猫科动物、野猫及家猫的DNA。（我们可以在2007年6月29日的《科学》杂志上看到实验结果。）

更好的是，他们已经证实，所有家猫的祖先都可以追溯到五六只属于近东野猫一族的母猫，数量不会比这一数字更多。没错，就是这五六只近东野猫繁衍出了今天世界上的所有家猫，大约有60亿只，遍布各大洲。足够让人头晕眼花了。

德里斯科尔教授进一步明确，并不是人类驯服了猫，而是猫自我驯服，或者至少是，猫在和人类接触中，自我适应了一个新的、更加安心的环境，而人类还处在文明初期，正艰难地从游牧生活过渡到定居生活。

注意到这一点，我们不禁感慨，多么不可思议的直觉啊！没错！多么奇妙的智慧！使这只猫——或者这5只野猫——在1万年前接近人类！这简直是地球遗传或生物转变史上一项丰功伟绩！

在今天，作为普通的猫科动物，各地的野猫都面临着灭绝的危险。而近东野猫，或者不确切地称之为家猫（更准确些，按照法国国家科学研究院研究员让-丹尼斯·韦尼的意思，应该叫"驯服的猫"，他曾在塞浦路斯岛①的新石器时代遗址上发现一座8个月大的猫的坟墓，旁边挨着一座人的坟墓，距今有9900年。），经历了我们所熟知的命运：随着人类找到新的地点，开化新的大洲时，猫总会自我调整来追随人类。自此，他们的命运就被维系在一起了。

因此，人类的历史、文明的历史，也是猫的历史。它们几乎同时产生，或者，几乎同时形成。总而言之，它们相互关联。

对此，有谁会怀疑呢？

---

① 位于地中海中部的一个岛屿，塞浦路斯共和国的所在地。——译注

进口商(Importateurs)

一些人从国外进口一些自认为是第一个发现的、珍贵稀有的、让同胞兴奋的东西,以此发了财,或是至少希望以此发家致富。这些人被称作聪明的进口商。他们为自己的新发现喜不自胜,他们很幸福。当然,他们也完全有理由这么开心。至少,他们确实让自己未来的顾客也感到开心。

17 世纪初期,有两个著名的人:一个是意大利贵族彼特罗·代拉·瓦勒,1586 年出生于罗马,另一个是法国贵族克劳德-法布里·德·佩雷斯克,比前者大 6 岁,是艾克斯大区议会的参议员。二者正是这一类人。

他们让自己的同胞见识了什么呢?

猫。

不是普通的猫,不是那些或多或少已经出现在欧洲、短毛、品种未知的猫,而是特殊的、异国的、高雅的、奢华的、柔顺的、来自神秘东方的猫。在他们眼里,这种猫就是猫中的极品,是无价之宝,十分昂贵,也可以说是供娱乐消遣的猫。如果冒昧地讲一句,它们可是猫之显贵,是纯性感、纯贪欲的猫。这样的猫,当然不会把它降级成普通的、用来捉老鼠的猫。啊,万万不能!

多亏了彼特罗·代拉·瓦勒和克劳德-法布里·德·佩雷斯克,西方得以发现其他品种的猫,而且更重要的是:发现猫的美,被视为同伴和艺术品的猫,用以取乐和宠幸的猫。

意大利人阿尔贝托·萨维诺(画家乔治·德·基里科①的弟弟),20 世纪最有才华、最细腻的作家之一,他认为,文明就是无用

① 乔治·德·基里科(Giorge De Chirico, 1888—1978):希腊裔意大利人,形而上学画派创始人之一。——译注

战胜必要。由这二人发现的新品种猫恰恰就证明了这种胜利：它们是无用的猫。换言之，不可或缺之猫，奢侈之猫，高级文化之猫。

彼特罗·代拉·瓦勒是一位伟大的旅行家。受教皇之命，来到了贸易大都市——威尼斯。在那里，他坐上开往埃及的船，抵达圣地叙利亚，之后到达波斯。在波斯，他担任波斯国王和基督教团体的中间人。随后，他的脚步，或者不如说是一艘船只，把他带到印度。旅途中，他和那不勒斯的一位医学教授马里奥·施帕蒂往来书信。17世纪中叶，二人的通信被出版、翻译成多种语言，闻名全欧洲。

在一封于1620年6月20日从伊斯法罕[1]寄出的信中（劳伦斯·鲍比斯在其著作《猫的历史》中引用过），提到了最初的发现：

> 我在这里看到了一种品种极其优良的猫，它们源自南呼罗珊省[2]，与我们高度称赞的叙利亚猫不同，这个品种的猫具有另一种优雅和品质。叙利亚猫和南呼罗珊省猫相比，显得一文不值，我想把这一品种带到罗马。从身材和外形上看，这就是普普通通的猫，它们的美丽在于颜色和皮毛。它们是灰色的，没有条纹，也没有斑点，身上只有一种颜色，然而，有的地方颜色深，有的地方颜色浅：背部和头部比较深，胸部和腹部比较浅，有些猫的腹部几乎是纯白色……此外，它们的毛很轻、很细、富有光泽、像绸缎一样柔软。即使毛很长，也不是完全卷曲，但有些地方的毛会打卷，尤其是喉咙、胸部和爪子那里。总之，南呼罗珊省猫和其他的猫不一样，正如长卷毛猎犬和其他狗不一样是一个道理。这种猫最漂亮的地方在于它的尾巴。长满毛的尾巴特别长，如果展开，宽度有半个手掌大，很像松鼠的尾巴。如果它们像松鼠一样，在背上合拢尾巴，尖

---

① 伊朗第三大城市。——译注

② 位于伊朗东部。——译注

> 头朝上当作羽毛装饰，简直优雅至极……我一共选了4对雌雄猫带回罗马，以繁衍这一品种。旅途中，我打算把它们放在笼子里，就像之前葡萄牙人把猫带到印度那样。

这些南呼罗珊省猫(今天我们称之为波斯猫)之后命运如何，我们不得而知。或许，它们中有几个发现了永恒之城，但是，没有史料记载它们在台伯河[1]边的驯服过程，以及它们给教皇的臣民留下的印象。

佩雷斯克游历的地方比代拉·瓦勒要少一些。他只是通过商人和通信人引进了亚洲猫。有些来自安卡拉[2]，正如地名所示，它属于安哥拉品种[3]。在他眼中，把这样一只稀有、美丽、无价的猫献给恩人远比其他任何礼物都要珍贵。

很快，有人告诉佩雷斯克另一品种的猫，即彼特罗·代拉·瓦勒发现的著名的波斯猫。与其转述这件事，不如听劳伦斯·鲍伯怎么说：

> 他在东方的密使，泰奥菲尔神父，在大马士革看见一个人，带着一对全白的猫，毛像极了长卷毛猎犬——这对猫来自“蒙古国”——打算献给“君士坦丁堡大王”。兴致勃勃的佩雷斯克开始怀疑是否真的有这种猫，以为泰奥菲尔神父把猫和雪豹混淆了。随后，他意识到，这对猫所要进献之人的地位就足以表明这确实是珍贵之物。没多久，一位马赛商人向他证实曾见过这样的白猫，尾巴像羽毛一样，比长卷毛猎犬的尾巴要漂亮得多。

---

① 意大利语称特韦雷河，意大利第三长河。——译注

② 土耳其的首都。——译注

③ 安哥拉猫是最古老的品种之一，源于土耳其。16世纪传入欧洲。——译注

佩雷斯克的信件告诉我们之后他是如何获取、驯服这一新品种的猫，并让它们进行交配，繁衍后代的。诱惑、说服、创造一种需求，并精打细算，卖出高价，这是多美妙的交换货币啊！比如说，当他想买古董花瓶时，会额外再许诺给卖家两三只猫，前提是请对方“不要逢人吹嘘此事，以防其他更加位高权重的人向我提出请求”，他向一位中间人这么说道。

虽然有彼特罗·代拉·瓦勒和克劳德-法布里·德·佩雷斯克这两位首批进口商，同安哥拉猫一样，很长一段时间内，波斯猫仍然十分稀有珍贵。好像欧洲还没有为这么精致、奢侈的东西做好准备。

或者说，还没有为这种程度的文明做好准备。

隐形猫(Invisible)

还记得在赫伯特·乔治·威尔斯[①]的著名小说《隐身人》中，消失的不仅仅只有主人公吗？主人公开始做实验……和一只猫，当然了，这只猫可没要求这么多！

起初，这个聪明人反复摸索，成功地让猫消失不见，除了它的目光和爪印。

这还不至于让我们震惊。我们差不多能证实这个实验结果。黑夜里，一只看不见的猫，只有瞳孔里的一束光，反射着远处的光芒。至于爪子，则是另一回事，在彻底的黑暗中，它偶尔唤起我们美好的记忆。摸到爪子和看见爪子，有什么区别呢？总之，威尔斯和他书中的主人公没有发明什么了不起的东西，仅仅是证明了一个简单的事实而已。

---

① 赫伯特·乔治·威尔斯(H. G. Wells, 1866—1946)：英国著名小说家，尤以科幻小说闻名于世。——译注

威尔斯书中的主人公，格里芬，继续着他的实验。终于，他成功找到了针对猫咪的有效处方。实验还在进行中，猫还是有些若隐若现，但没有持续太久。只能静静等待结果：

> 我本应该给它喂牛奶的，但我没有牛奶了。它不愿保持安静。它坐下来，一直喵喵叫着溜到门口。我试着捉住它，打算把它扔出窗外，但捉不到，它不见了，却不停地在房间四周喵喵叫。最后，我打开窗户，大喊了一声。也许，最终它走了。我再也没有看到它，也没有听到它的声音。
>
> …………
>
> “你不会是想说这世上有一只逃走的隐形猫吧？”坎普博士问道。
>
> “除非它被杀死了……为什么不可能有呢？”隐形人回答。

这个故事让我不寒而栗。因为我确信它真的存在，我们周围都是隐形猫。威尔斯小说中的猫已经生下小崽，一代代享受着这种让人半信半疑的隐形特权。

一般来说，这完全是猫的特权，小说家在刻画猫的时候，也只满足于表现这一点而已。猫很容易就从我们的视野中消失，进入到另一个世界。它在我们周围边走边叫，让我们感知它的存在，却继续保持隐形。

相反，我一点也不相信人会完全透明。这是一个有趣、新奇、小说般的想法，威尔斯凭借他的才能，知道该如何收放。但是猫呢？这可不是一部小说，而是一个事实。

换句话说，猫的确很神奇古怪。对于经常和猫生活在一起的我们而言，可以接近隐形猫，估量它的魔力，触及它的秘密，这是我们莫大的殊荣。

J

枫丹白露的治安法官(Juge de paix de Fontainebleau [Le])

这是一个应该被记住,甚至还要向他致敬的人。一位治安法官,一位默默无闻的枫丹白露治安法官,他在 1865 年做出了一次决定性审判,为后人树立了榜样。

他叫理查德。治安法官理查德。

尚弗勒里(参见该词条)在一部以猫为主题的经典著作中,首次讲述了该事件。随后,在对"从中世纪到今天的动物诉讼案件"所做的研究中,让·瓦蒂埃明智地以尚弗勒里收集的信息为素材,向此人致敬。因为这是第一次,法官明确认为任何人杀死家猫都是犯罪,即便理由是这只猫擅入了他的宅邸。

那一年,在枫丹白露发生了什么?

一位业主,看到他的花坛被街区里的流浪猫践踏损坏,十分恼火,就在花园里设置了很多陷阱,并放上诱人的诱饵。自然,街区里的猫马上就跑来了。可怜的家伙! 大概有 15 只猫因此丧了命。邻居深为震惊。法官也是。他本人可能也养了猫,故事里没说。

总之,以下是判决书节选,业主被定了罪:

> 鉴于家猫是主人的财产,应当受到法律保护……
>
> 鉴于家猫在某种程度上具有复杂的本性,它是一种多少有些野性的动物,但如果人们期待它为自己服务,那么不管做什么用途,都应该考虑到它的本性;
>
> 鉴于 1790 年法律允许人们屠杀家禽,但将猫归于此类动物并不准确,因为家禽是注定早晚要被杀的,它们在某种程度上被人掌控、被关在完全封闭的地方,但同样的情况却不适合猫,如果想让它顺从天性就不能把它关起来;
>
> 鉴于法律决不允许公民设置陷阱,用诱饵把整个街区无

辜的猫连同有罪的猫一起抓起来；

鉴于猫是一种受法律保护的动产，因此受害动物的主人有权要求使用刑法，惩罚故意破坏他人财产的人……

我们不再继续往下看了。

值得称道的片段！

值得称道的法官理查德！

他充分理解了猫“具有复杂的本性”，也就是说它既可以被驯服，又具有野性，不能只欣赏一点而忽略另一点。他认为欧洲长久以来对猫进行集体屠杀的行为是无法接受的，因为它将“无辜者”和“有罪者”混为一谈（原文如此）。此外，他也没有把猫和鸡混为一谈，这既为他赢得了尊重，也显示了他的洞察力——尽管家禽的“本性”就是“被关起来”这一点值得商榷。他还认为作为动产的猫属于其主人，应当受到法律保护。不，再说一遍，这在那个时代并不多见。

我们还可以再向前追溯，追溯到中世纪早期，那时，猫已经被视为财产。因此，在这个意义上，它值得受到保护。

劳伦斯·鲍比斯在《猫的历史》中提到了10世纪威尔士的法典，它们是以习俗和古老习惯为基础制定的，其中猫的价值是根据极为严格的标准确定的。在该地区，猫刚出生睁开眼睛时值1便士，从此时直至抓到第一只老鼠值2便士，成年后值4便士。在其他地区，猫的价值是由主人的社会地位决定的，普通百姓的猫值4便士，国王的猫值1英镑。当然，这个价格针对的是交易状况良好的猫，也就是说，爪子完好，会抓老鼠；以及母猫，它能够抚养幼崽，而不会吃掉它们。

注意！仔细确定猫的价格并不是为了使讨价还价有据可依。这种价格首先具有司法价值，也就是说，猫很珍贵，应该受到法律的保护。的确！人们制定了小偷和谋杀犯应当给猫主人经济赔偿的标准。这样，如果有人杀死了看管皇家谷仓的猫，那么罪犯就会受到极为严酷的惩罚。至少，在威尔士南方的迪米蒂地区是这样的。您来评评是不是在理：

> 把猫的头放在平坦干净的地面上，尾巴向上竖起，就这样吊着，然后往猫身上倒麦子，直到猫尾巴被完全覆盖，这样就能算出猫的价格。如果没有谷粒，那就按一只母羊加上羊羔和羊毛的价格算。

反之，还应当指出，威尔士的法典同样规定，对于猫造成的混乱或损失，猫主人应该作出赔偿。但与之不同的是，古爱尔兰的法典规定，猫在夜间干的坏事不用赔偿，这跟白天干的不一样。您在夜里辨认一只猫试试！难道它们不都是灰的吗？在这种情况下，起诉猫主人可能就会冤枉到别人头上！凯尔特祖先的智慧真是怎么夸赞都不为过！他们知道判错是不可容忍的。

实际上，在中世纪的欧洲，这些为猫“辩护”，或者至少指出其商业价值的法令真的很少见吗？在 12 世纪末西班牙的 *fueros*①（给予某些城市特权，允许他们根据习俗制定在当地具有法律效力的特殊规定）中，可以找到一些与猫相关的规定。例如，昆卡②的 *fuero* 规定，如果有目击者证明，谋杀猫的人就会被罚 12 个银币。阿尔卡拉斯和阿拉尔孔③的 *fuero* 也有同样的规定，这两座城市是国王阿方索八世在 12 世纪初收复的。

最有趣的无疑还是韦斯卡市的 *fuero*，那是国王海梅一世④在

---

① Fuero，西班牙语，意为法典。——译注

② 昆卡(Cuenca)：西班牙马德里西南部城市。——译注

③ 阿尔卡拉斯(Alcaraz)、阿拉尔孔(Alarçon)以及下文的韦斯卡(Huesca)均为西班牙城市。——译注

④ 海梅一世(Jaime Ier de Aragón)，阿拉贡国王，人称“征服者”。——译注

1247 年颁布的:"如果有人抓到了偷猫贼和被偷的猫,就要在周长60 英尺的空地上树一个木桩,用绳子捆住猫的一个爪子,把它拴在木桩上;小偷要往猫身上倒没有磨成粉的黍子,直到猫被覆盖;倒完之后,就可以把小偷放走,让大家来分享这些黍子,就像分享其他罪犯被罚的银币一样。如果小偷恰好穷得无力偿付债务,就要把他带到事发地附近的院子里,让他光着身子跑,把猫拴到他脖子后面,让他们从一座城门跑到另一座,人们会用皮带抽打他们,小偷和猫一样都会被抽打,挨打的次数也一样。"

人们自然会为可悲的小偷受到严酷惩罚而感到高兴,但同样也会为可怜的猫遭受到虐待而感到愤慨。它什么也没有做,却被人偷走,远离了家庭的宠爱,为什么要用黍子把它活埋,难道不怕它窒息?更糟糕的是,为什么还要用皮带抽打它?人们对第二个问题做出了回答,尽管回答得很巧妙,但还是不能让人心满意足。因为人们猜想,惶恐不安、受了伤还受到惊吓的猫,肯定会用爪子去抓跟它绑在一起的小偷的后背,还会去咬他,这样就会使他遭受双重折磨,而且这种折磨恰好来自于被偷的猫本身。但为了折磨刽子手而折磨受害者,无论如何都挺荒谬的。由此,我们可以看出,在 1247 年的韦斯卡,被偷的猫的性命根本不算什么。

我们来总结一下。威尔士的法典和西班牙的 *fuero* 都具有教育意义。它们间接地告诉我们,在当时的社会,猫是一种家养动物,它的珍贵之处在于可以抓老鼠、看管国王的谷仓或农民的黍仓。换句话说,它的价值是可以估量的。但如果是流浪猫,法律还会保护它的生命,保证它的身体完好无损吗?会考虑它遭受的痛苦吗?这就是另一回事了。

枫丹白露正直的治安法官做出评判之前,人们早已对威尔士、西班牙,以及世界其他地方的此类事件见怪不怪了。更不必说又过了很久,现代人才多了一分同情心,意识到动物也有感受,应该让它们免受不必要的痛苦。

K

吉卜林(Kipling)

吉卜林，伟大的鲁迪亚德·吉卜林(1865—1936)，是一位伟大的作家。但太多读者和知识分子执意忽视他，认为他不过是个儿童作家，甚至愚不可及地把他视为维多利亚和后维多利亚时代英国帝国主义和殖民主义的歌颂者。吉卜林很少谈到猫，尽管他的动物寓言集卷帙浩繁。在他的两部《丛林之书》中充满了猴子、豹子、老虎、狼等动物。狗在他的作品里随处可见，大象、马、骆驼、北大西洋的鱼也是如此……他在哪儿生活，就在哪儿观察它们，亚洲、非洲、美洲、海上。

可是猫呢?

在他的一部短篇小说中，有只动物虽然叫"猫"，却是一匹驰骋马球场的马儿! 在他早期的短篇小说合集《紫海故事》中——后来他忽略了这几篇小说，不愿将其收录进全集——还有一只毛发略秃、十分贵气的猫，名叫埃拉斯塔索斯的猫。它帮助了一艘破船的船长勒瓦戈奥尔。正是这只猫，在漆黑的夜里跑到船长的驾驶舱，以凄惨的叫声发出警报，拯救了船员和船上的货物。当时，登上甲板的中国人正准备杀人越货，与此同时，与他们合伙的一艘海盗船正在海面上穿行……

但我再说一次，这些全都无关紧要。如果吉卜林没有写出下面这篇短小精悍、精妙绝伦的小故事，他就不会出现在这本词典中了。故事名叫《独来独往的猫》，1902 年在合集《如此故事》(原版名为 *Just So Stories: for Little Children*)中出版。

他用短短几页纸的篇幅，向我们讲述了一个美丽、诗意、奇幻、美妙的故事——让人忍不住想回到童年，在睡前聆听这个故事——更重要的是，他在这篇故事中显示出对猫，对其奇特、独立和热爱舒适的品性的深刻了解和非凡直觉。

也许，如果有一天，要让外国人或外星人了解被称为“猫”的这种动物的真正本性，了解它表现出怎样的性格，显示出怎样的秉性，或许应该先递上吉卜林这十几页文字……

让我们来重读这个故事：

最初，世界是野蛮的，动物是野蛮的，人也是野蛮的。女人突然降临。男人“自遇到女人之日起才被驯服，女人说不喜欢他野蛮的举止”。她住在一个很干净的山洞里，要求她的伴侣在回家前把脚擦干净。

接下来要驯服动物。

对她来说这不会太难。

首先来的是野狗。女人扔了一块羊骨头给它。狗美餐一顿。她对它说：“野山林的野孩子，白天帮我的男人去打猎，晚上在这里看家，你想要多少骨头我都给你。”

当然，狗顺从了，被驯服了。猫听后冷笑着：“真是条傻狗！”它叫嚣道。

接下来女人如法炮制，用在火上烤干的草驯服了野马。马任由她驱使。

“我是独来独往的猫，哪里对我都一样。”猫反复说着，觉得女人很狡猾，但比不上它狡猾。

继野马之后，野牛也被女人逮住，受了她的蛊惑。猫很难过。但有一天，它朝山洞走去。

它看到了挤奶的女人，看到了山洞里明晃晃的火焰，闻到了乳白色的温牛奶的香气。

女人瞥到了猫，想赶走它：“你是独来独往的猫，哪里对你都一样。你既不是朋友，也不是仆人。这是你自己说的。那就走吧，既然哪里对你都一样，你想去哪儿逛就去哪儿逛吧。”

猫执意留下。女人一不小心向猫许下一个诺言。如果她忍不住说出一句赞美猫的话，猫就能进入山洞；再说一句，它就能坐到火边；到第三句，它就能一天喝三次乳白色的温牛奶。但她肯定这种事情不会发生。

夜晚降临，当男人、马和狗打猎回来后，她只字未提跟猫达成的这个协议，怕惹他们不高兴。

几个月后的一天早晨，蝙蝠飞来告诉猫："山洞里有个婴儿，他刚刚出生，小家伙粉嘟嘟胖乎乎的，女人视他如珍宝。"

我的机会来了，猫想。

婴儿在山洞里哭，女人在做饭，猫抬头看着他，向前伸了伸小爪子，摸了摸婴儿的脸，婴儿笑了。

蝙蝠告诉女人，野山林里的一个孩子在跟婴儿玩。女人说要感谢它，不管人们怎么称呼它。

"是我。"猫突然出现在女人面前，"我可以进山洞了。"

女人很生气，但还是屈服了。

后来，猫一走远孩子就开始哭。于是，猫就回来逗小孩，拨弄线团玩。婴儿任由猫逗弄，然后伴着它温柔的呼噜声睡去。

女人向它表示感谢。猫在火边安顿了下来。

之后得有一只老鼠，把女人吓破了胆，于是，猫把它抓走，吃掉，第三次赢得女人的感激……于是，它可以喝牛奶了。

故事结束了？

不尽然。

女人告诉猫，它并没有跟男人和狗达成同样的协议。他们回来后会怎么做呢？

实际上，男人和狗也准备跟猫达成同样的协议，只要猫抓住所有的老鼠，温柔对待孩子，男人就不会朝猫的头上扔靴子或石斧头，狗也不会追着咬它……但猫总是爱吹牛，独来独往，还不停跟别人念叨“我是独来独往的猫，哪里对我都一样”，激怒了他们……

于是狗对猫说，它会继续追猫，把猫赶到树上，男人继续朝它头上扔靴子。

吉卜林这个故事的结局绝妙又复杂，向我们道出了猫的两面性，这正是猫的本质所在：它一方面喜欢温热和食物，喜欢柔软、温情、跟家庭有关的一切；另一方面又喜欢孤单、独立，拒绝一切束缚。正如人（或狗）也有两面性一样，他们既想利用猫，也会对它表现出残忍无情的一面。

“五分之三的人，”吉卜林总结道，“一见到猫就会朝它扔东西，所有的狗都会追着它，把它赶到树上。但猫总是信守约定。只要它在家里，就会抓老鼠，只要婴儿不使劲拽它的尾巴，它就会温柔对待他们。但在此之后，当皓月升起夜幕降临时，它又成了独来独往的猫，哪里对它都一样。于是，它又踏上野山林湿漉漉的道路，走到树下，爬上屋顶，摇着尾巴，孑然一身。”

《键盘上的小猫》(*Kitten on the Keys*)

您是否抓到过您养的猫，在您的打字机或者现在用的电脑键盘上，不知廉耻地行走，压根不顾会给您造成了什么麻烦，也不管您在做什么工作，它都很高兴破坏这一切？我记得有一次，我的猫尼斯跳上了我的第一台麦金塔电脑（那是在20世纪80年代的英雄时期），不知用什么不合时宜的操作，完全锁住了我的电脑，不可挽回地吞噬了我正在写的文件。我向一位计算机编程专家求救，他怎么也弄不懂我是用什么奇迹，或者什么令人目瞪口呆的编程技巧，才得到了这个令他难以想象的结果。尼斯不过是用爪子敲打了键盘而已，它凝重地看着这个家伙，自然什么也不会解释。

让我们回到正题。

美国人泽格·翁弗雷(1895—1971)[1]在1921年采用拉格泰姆[2]音乐的形式，创作了一首让人毫无抵抗力的钢琴曲，曲子节奏顿挫，转换饶有趣味，音调变化耐人寻味。他将其命名为*Kitten on the Keys*，意为“键盘上的小猫”。据他讲述，灵感来自于观察奶奶家的小猫，它常常在客厅的钢琴上踱来踱去，踩出一连串让人惊奇不已的音符，节奏也非同寻常。

这样一只拥有音乐天赋的猫或者小猫，我当然要为它鼓掌！跟可怜的尼斯和我的电脑键盘根本不能相提并论！啊，如果尼斯在我的屏幕上打出兰波那样的诗句(哪怕我要修改语法错误)，那就另当别论了！

如果我可以这么说的话，这位泽格·翁弗雷是个有趣的人、有趣的家伙，如今他有些被人遗忘了。他接受过良好的古典主义教育，深受德彪西和拉威尔的影响。出于幸运——或者不幸——他很快就要靠在各种管弦乐队改编曲子或创作各种音乐来谋生，并取得了很大成功。他本人还指挥过一段时间自己的小型管弦乐队。总而言之，他是“咆哮的二十年代”的一位明星。

今天，谁还知道他的名字？但是，《键盘上的小猫》以它自己的方式成为了经典。从某种程度上说，是奶奶的猫让他得以流传后世。

---

① 泽格·翁弗雷(Zeg Onfrey，1895—1971)：美国作曲家。——译注

② 拉格泰姆(ragtime)，美国流行音乐形式之一。产生于19世纪末，是一种采用黑人旋律，依切分音法循环主题与变形乐句等法则结合而成的早期爵士乐，盛行于第一次世界大战前美国经济的繁荣时期，发源于圣路易斯与新奥尔良，而后美国的南方和中西部开始流行。它影响了新奥尔良传统爵士乐的独奏与即兴演奏风格。——译注

偷窃癖(Kleptomane)

猫是小偷？是亚森·罗平那样的侠盗？还是患了偷窃癖(我很喜欢偷窃癖这个词，它指的是一种临床疾病，一种不可遏制的为了偷而偷的冲动，除了偷这一行为本身没有别的企图，但它又带着某种洒脱、不羁、优雅、怀旧的意味。)？把违背道德规则的意愿强加给猫，而那可怜的家伙根本不知道有这种东西，还要把它当经神病去看待。这很荒唐，也很无耻。最糟糕的是，这很愚蠢。一句话，蠢得都不知道如何去形容了。

一只患了偷窃癖的猫，首先得有很强的占有欲，是一个爱攒钱的小资产阶级。它似乎会对我说这样的话：餐桌盘子里这些美味的油浸沙丁鱼，我很清楚它们不属于我，那是你一个人的午餐，但我不在乎，我看到它们就高兴，我才不会不好意思呢！

猫当然不会不好意思，但意思跟我们理解的不一样。“这些美味的油浸沙丁鱼，它们就在那里，供我享用。”它自语道。为什么要舍近求远呢？世界对它来说，就是一家令人眩晕的自助餐厅。不幸的是，并不是一切都唾手可得。或者说，被觊觎的最新物品，并不总是唾手可得。其他的都不重要。这些长着和贡多拉一样尖尖的头的沙丁鱼，谁想要它们，它们就属于谁。“属于我。”猫才不会想更多。

严格地说，它的行为有着某种斯大林的意味。因为斯大林曾这样定义他的外交手段：“我的一切都是我的；你的一切都值得商榷。”

L

拉封丹(La Fontaine)

拉封丹(1621—1695),令人敬佩的拉封丹,不可忽略的拉封丹,性情中人而非朝中之臣,一直看重忠诚甚于荣誉,从不否认对富凯怀有的友情,哪怕这会惹怒路易十四。拉封丹,我们最伟大的散文作家(或诗人)之一,其作品语句清晰、耐人寻味、富有节奏感,朴素而广博。简言之,人们在学校里学过太多他的作品,以致成年后不愿重读——这是一个很大的、非常大的错误,如此便放弃了充满魅力的源泉!——我们会问,拉封丹,我们毫无保留地热爱与崇敬的拉封丹,是猫的伟大朋友吗?

可惜不是!

我们带着无限遗憾在此说明……并举几个例子来佐证。

在19世纪60年代末出版的文选作品《猫》中,作者尚弗勒里如此评价他这位同时代友人,勉强可以算是称赞吧。因为作者毫不犹豫地写道:“拉封丹描写猫时,像是仔细研究过,如大师一般研究过它的各个方面。拉封丹是描写猫的荷马。”人们可以辨认出略有微词的评价,尤其能将它们与最公正的颂词区别开来。在这个问题上,为什么不更进一步说,拉封丹也是描写乌鸦、蚂蚁、狮子、鸭子、青蛙、猴子、乌龟、蝉、兔子等动物的荷马?说实话,在其动物寓言集中,猫并不是主角。直到第6部作品的第5篇寓言,猫才首次登场,与小公鸡和小老鼠一起……

这只猫一上来就没有扮演什么好角色。一只莽莽撞撞的小老鼠被扑闪着翅膀、声音刺耳的小公鸡吓到了,而一只“温顺、和善、优雅”的猫没费什么力气就诱惑了它,哄骗了它,“我觉得这动物如此温柔……低眉顺眼,但眼里闪着光”……

说什么呢!其实这只猫显示出的不过是一张“虚伪的小脸蛋”……

这则寓言最著名的寓意无疑是：

> 只要你活着，就要当心。
> 不要以貌取人。

对我们宠爱的这种动物来说，到《猫、黄鼠狼和小兔子》这个故事时，事情依旧没能解决。这一次占上风的还是伪善：这是拉封丹为了更好地明确其个性而赋予它的重要性格特征。

黄鼠狼和小兔子因为迟交租金或恣意强占住宅这类模棱两可的事起了争执。它们心血来潮，决定让猫来给它们作证，甚至请它来评评理。

两个可怜鬼！

> 这是只过着虔诚修士生活的猫，
> 装出一副温顺又谦逊的样子，
> 堪称猫中的圣人，又肥又胖皮毛好，
> 是个能裁决所有案件的专家。

正是如此，在这篇寓言中被拉封丹称为格利普米诺的这只猫，抱怨自己耳朵背，上了年纪，让两个原告靠近它……直到……

> ……假惺惺的法官，
> 把爪子同时朝两边伸去，
> 为使原告达成和解，把双方都吃了。
> 这类故事还有其他例子吗？

在寓言《猫和老鼠》中，猫、老鼠、猫头鹰、黄鼠狼和其他一些配角统统被视为“恶贯满盈的家伙”。故事中，猫被人设下圈套抓住了。于是，我们的猫，十分虔诚、十分虚伪的猫(我又想到了拉封丹笔下的这两个词语)，向老鼠发誓如果它能从监狱中逃出来，将永远与它结盟。

还有对猫更坏的看法吗？在《猫和狐狸》中可以找到：

> 这是两个真正的伪君子，刁钻圆滑，
> 两个地地道道的骗子，
> 一路上两人干尽坏事，
> 没少骗吃家禽和奶酪，
> 根本不花自己一毛钱。

无论如何，猫还是比狐狸狡猾。虽然它或许只有一条诡计，而狐狸有无数的花招；但是，当猎犬群突然到来时，猫毫不犹豫地跳到了树顶，而狐狸用了“一百个无用的花招”，最后还是死了。

只有一次，在《猴子和猫》中，猫虽然跟猴子一样，随时准备诈骗扒窃，但事实证明，它不是这个团伙中最狡猾的。只有猫火中取栗，烫伤了爪子，而猴子却在享用美味。

猫也可以冷酷无情。在《老猫和幼鼠》中，一只瘦弱的小老鼠希望得到它的怜悯。真是白费力气！

> 猫，还是老猫，会宽恕？从来不会。

别再提了！

虚伪、说谎、偷窃、毫无怜悯之心、狡猾、残忍，诸如此类，所有这些修饰语都足以让正直的猫不堪重负。拉封丹在蒂耶里堡度过童年时，是不是曾有过被猫抓伤的惨痛经历？他是不是要跟猫算账？很有可能。

我们还可以提出另外一个理由，对我们的寓言家而言，更中听一些。在他的每一篇寓言中，首先得让读者理解他，从他描写的耐人寻味的场景中得出清晰的、易于理解的寓意。因此，无需犹豫，要先去构建年轻（以及不那么年轻的）读者易于理解、有深远意义的形象和动物类型。

他本可以把猫描绘成温和的哲学家、不知所措的恋人、沙漠里的苦行者、果断的神秘主义者或者严守纪律的士兵，但这样的谎言还是有些让人难以信服。

不，拉封丹应当摒弃对猫的所有偏见——因为它们是不公正的（当然是不公正的！）。但他需要的正是这样的偏见，正如他需要语言和词汇一样。从这些偏见出发——对猫可怜的形象怀有的偏见，我们还要重复一次！——他创作了无可比拟的寓言，为法国文学史增添了最美丽的几页！

因此，大可以原谅他。

路易十四(Louis XIV)

这篇文章的主角不是17世纪统治法国凡尔赛宫的阴暗国王，而是20世纪中期一只配得上这个鼎鼎大名的名猫。

它一直陪伴在桑弗德·罗斯左右。这位美国摄影师1906年生于布鲁克林，1962年去世，在其职业生涯中不停地旅行，为当时的许多名人拍摄过肖像。战后，他曾在法国生活了很长一段时间。这并不妨碍他旅居好莱坞，长期担任《生活》杂志的专职摄影师。詹姆斯·迪恩[①]是他朋友中的一个。1955年，罗斯亲眼目睹了这位演员发生车祸，死在了他那辆保时捷斯派德汽车的方向盘上……

① 詹姆斯·迪恩（James Dean，1931—1955）：美国男演员。——译注

让我们回到漂泊的路易十四身上。这是一只漂亮的暹罗猫，瘦长，多疑又胆大，耳朵骄傲地扬起，似乎不愿错过世上的任何音乐！桑弗德·罗斯在拍摄他的著名模特时，有一个很简单的想法：不让他们跟他们的猫合影（如果他们有猫的话），而是让他自己的猫跟他们一起摆姿势。他拍的到底是谁呢？电影女明星？著名作家？绘画大师？还是……路易十四，前来陪伴他们、拜访他们的路易十四？人们往往倾向于第二种假设。

因此，我们可以看到，1950 年，路易十四背对着我们，更愿意看向窗外，而在近景中，科莱特在她位于皇家宫庙的公寓中，似乎是在半明半暗处阅读书信；同年，路易十四趴在布莱兹·桑德拉[1]的肩膀上，作家站在大门打开的那条缝里，抚摸着它的脖子；路易十四走进乔治·德·基里科的画室，似乎不太情愿爬上他的膝盖；路易十四在乔治·布拉克[2]的画桌上，差点把爪子伸进颜料调色盘，艺术家想抚摸它，它却不怎么理睬；路易十四行走在小路上，走在伊戈尔·斯特拉文斯基[3]前面几步（这些都是在 1950 年）……1955 年，路易十四回到美国，坐在一张喷漆的桌上，背对着斜向镜头的詹姆斯·迪恩（人们思忖，他们哪个更忧郁，更有魅力呢?）。最后，1957 年，在公园的栅栏前，路易十四蜷缩在保罗·纽曼[4]的肩上。

路易十四是在哪年去世的？我不知道。再说一次，我说的是猫。但我知道，奉承它、为它带来荣光的名人，丝毫不亚于法国国王的朝臣。前来向它致敬的，不是拉辛、莫里哀或吕里，而是好莱

---

① 布莱兹·桑德拉（Blaise Cendrars，原名 Frédéric-Louis Sauser，1887—1961）：法国记者、诗人。——译注

② 乔治·布拉克（Georges Braque，1882—1963）：法国艺术家。——译注

③ 伊戈尔·斯特拉文斯基（Igor Fedorovitch Stravinsky，1882—1971）：美籍俄国作曲家、指挥家和钢琴家，西方现代派音乐的重要人物。——译注

④ 保罗·纽曼（Paul Newman，1925 —2008）：美国著名演员、赛车选手、慈善家。——译注

坞最大牌的明星、欧洲最著名的画家、法国最伟大的作家，还有作曲家伊戈尔·斯特拉文斯基。给足了它面子！

这还不够？

洛夫克拉夫特(Lovecraft)

霍华德·菲利普·洛夫克拉夫特(1890—1937)曾经很长一段时间都默默无闻。在他奇幻的伟大小说的黑暗之中，极少有读者能够追随他。他的作品里，幻象比动作更重要，景物比人物更令人着迷。惨白阴郁的氛围笼罩着每一页。读者无法在其中找到任何支撑、任何标记、任何角度、任何确定来支撑他们继续阅读，或者——如果可以这么说——不再担心。

人们曾将他视为科幻作家，况且，他出版的作品也经常被列入此类专门丛书。这是个错误。他身上绝没有未来主义者的影子。他给我们开启的不是未来的传奇之镜，他展现的是想象世界；他的梦魇不属于科幻，而属于现在——一个被幻觉和眩晕反复侵扰的现在，一个截然不同的现在。

人们还曾把他比作爱伦·坡，因为两人都经历过贫困，在自己生活的时代默默无闻。我认为这种对比并不合适。爱伦·坡主要是位奇幻作家，在其叙述作品中，他将最平庸的日常和最恐怖的非理性对立或集合起来。据此来看，洛夫克拉夫特并不奇幻。他的整个小说世界都被奇妙所笼罩。他邀请我们走进另一个世界，一个绝妙的世界。这正是美妙与奇幻的区别所在。在美妙之中，展现给我们的一切都是不真实的。美妙不会充当非理性因素，闯入我们这个理性的日常世界。据此来看，在所有事情都相同的情况下，比起爱伦·坡，洛夫克拉夫特更接近卡夫卡。

让我们回到猫。

洛夫克拉夫特喜欢猫。很好！可他不是唯一爱猫的作家。他谈到了猫，可他不是唯一这么做的。我们也没有在此把醉心于这一任务的作家全都列出来，那是不可能的。那么，为什么要在这部词典中为洛夫克拉夫特留下一席之地呢？为什么要在此向他致敬呢？

嗯，仅仅是因为他与猫之间达成了一项秘密协议、一项约定，或者说一种默契。因为，洛夫克拉夫特的世界与猫的世界是协调一致的。或者说，猫在不知情的情况下，一直在向我们传递着一种预感，关于出生、去世于罗得岛州普罗维登斯市[①]（对他而言，这座城市的名字如此残酷又如此贴切，因为天意往往是残酷的！）的，这位美国作家的整个世界的预感。

据说，在小说中，在洛夫克拉夫特的幻象中，没有什么是固定的，没有什么是相似的。即使涉及地理，即使他笔下的城市和地区也有着阴暗的名字。他的动物寓言充满传奇性。他的人物，如同处在既不是陆地也不是海洋背景中的奇异幽灵，本身也是不确定的、漂浮的、如梦似幻的……但是，当猫出现时——让我们重读《乌撒的猫》这个故事，或者《恶魔与奇迹》里的一些章节吧！——就永远不会变形、扭曲、失真。它们依旧是猫，这就足够了。正如刘易斯·卡罗尔在《爱丽丝梦游奇境》（参见该词条）中描写的柴郡猫一样，洛夫克拉夫特知道这只动物本身便充满传奇性，知道它熟谙神秘、神圣、幽灵和秘术，可以挑战时间和因果关系，无需刻意改变基调或特征，使之与小说世界相协调。

如果说，洛夫克拉夫特的猫又一次出现在作家笔下的其他世界中，并为其带来缤纷色彩，神出鬼没。它依旧是猫，依旧具有猫所有的属性、形态和奥秘。

卡特尔，《恶魔与奇迹》的主角，就是这样在地狱王国里冒险

---

① 普罗维登斯（Providence）在法语中意为神意、天意。——译注

的。当然，地狱王国也只能被猫看见。谁会质疑这一点呢？

> 当村子里的老实人低声讲述，说地狱王国只有猫看得见，而其中最老的猫只有在偷偷跳上屋顶才融入黑夜，卡特尔知道他们说得有道理。实际上，它们当然会跳到月亮的阴影里，在山丘间跃动，与古老的亡灵交谈。

这段是为了向您展示霍华德·菲利普·洛夫克拉夫特散文的风格！再说一遍，作者并不想改造猫。只需要扩大视野多写几只猫就可以了！在同一本书中，他想象有几百只猫，在夜里聚集起来，攻击难以名状的生物：

> 只要火炬依旧在亮，这就是一番令人产生幻觉的景象。卡特尔以前从来没见过这么多猫。有黑的、灰的、白的、黄的、带虎纹的；有野猫、波斯猫、西藏猫、安哥拉猫、埃及猫。在激烈的交战中，它们身上笼罩着一份深刻而不可亵渎的神圣感。从前，在布巴斯提斯的神殿里，这份神圣感使它们具有了神的特征。它们七只一组，跳到某一个像人的生物的脖子上，或者跳到一个有着癞蛤蟆身体的动物的暗玫瑰色扁平脸上，把它们野蛮地拖到长着蘑菇的平原上，攻击它们，在一场激烈的战斗中，用爪子和牙齿疯狂地撕扯它们。

或许，当洛夫克拉夫特变得更加理性，平息了他的疯狂，不再费尽心机地用一些罕见、奇怪、有时又有些约定俗成的形容词来让我们相信他那个世界的奇异，而用更加平淡的方式谈论他所熟悉的猫和狗时，我们会更加爱他。说到这个，我们可以带着纯粹的幸福阅读他那本名字十分直率的《狗和猫》。

“狗是农民，是农民的动物；猫是绅士，是绅士的动物。”例如，他这样写道。

但是,他的观察之中似乎还带着一份魔力。驱赶走他的自然,又迅速地回归了奇妙!

猫不是为了陪伴那些渺小而勤奋、坚信自己"任务"重要性的劳动者而生的,而是为了陪伴那些爱幻想、有学识、认为在这个世界上没什么事比照顾猫更有价值的诗人而生的。在一个更为进步的时代里,艺术爱好者、业余爱好者,或者——如果人们愿意这么称呼的话——颓废派艺术家,依旧有可能去实现一些东西。正因为如此,他们成为了光荣的异教年代里主要的艺术家。猫是为做事情并非出于义务而是出于乐趣,甚至无需思考的人而生的;它是为只在夜间歌颂最古老战役的竖琴演奏者而生的;或者是为投身这样一场战役的战士,为一个其人民不懂得软弱的国家的美丽和荣光而生的;它是为不愿被庸俗的日常所迷惑、所催眠的人而生的,这种人只能生活在文明而充满活力的环境中,生活在优雅与幸福中,这二者正是他们努力的全部理由……

在我看来,猫的运势目前正处在上升时期;自从世界开始摆脱道德主义者的幻想,猫就是这样了。这种幻想充斥着整个19世纪,将狗这种既肮脏又令人讨厌的动物吹捧上了天。

…………

在这一发现的启发下,我们将从此沐浴在它的光辉之中,凝视着坐在由丝绸和黄金制成、有克里斯里凡亭①圆顶的理想宝座上的偶像。这偶像永远那么优雅,可怜的人类不总是了解它的美好。这种庄严、不顺从、神秘、色情、冷淡的巴比伦生物,上层艺术家永远的伴侣,美的典范,诗歌的兄弟,温情、

① 用黄金和象牙雕塑的一种技术。——译注

严肃、充满贵族气质——它就是，猫。

面对几行这样的文字，怎能不用最动情的声音向霍华德·菲利普·洛夫克拉夫特致敬呢？

M

缅因猫(Maine coon)

我并不是很熟悉缅因猫，因此不能滔滔不绝、旁征博引地跟您谈论它。它威严庄重、风度翩翩、健壮有力、爱斗而不失优雅、毛发长度恰到好处，犹如穿着宽大裤子的牛仔一般，给我留下了深刻印象。想在它头上找虱子是不可能的。它总有办法让我们不要轻举妄动，仿佛会掏出一把左轮手枪指着我们似的。

缅因猫起源于何时？自然是很久很久以前。它不是新近才发现的，是经过数次杂交产生的，通常是可悲的饲养员费尽心机培育多少有些荒诞的猫种的结果。不，恰如其名，这种美国猫来自缅因州，可能出没于原始森林最僻远的地方。它是当地的老家猫与跟随 16 世纪第一批移民登陆的长毛猫(例如挪威猫)杂交产生的吗？很有可能。

说实话，提到缅因猫，说不清是该向最后一个莫西干人还是第一个猎人致敬。无论如何，这都是个健壮的家伙。要说逮大大小小的老鼠，没有比它更厉害的了。至于能不能剥下敌人的头皮，我就不知道了。它前胸宽大，爪子有力，脑袋略方，大眼睛富有表现力，毛发长度适中，下面藏不住任何绒毛，因此根本无需打理，俨然一副明星作派。如果只举一个例子的话，自然是像约翰·韦恩①，而不是奥黛丽·赫本……

对了，*coon*② 这个词来自哪里？是 *racoon*(浣熊)的缩写吗？很有可能。尽管缅因猫步态高傲，风度翩翩，俨然一副冒险家的样子，但看不出它跟与浣熊有什么相似之处。

注意！缅因猫并不是杀人犯，也不是比利小子！更像一个温

---

① 约翰·韦恩(John Wayne，1907—1979)，美国著名男演员。——译注

② 缅因猫写作“Main Coon”。——译注

柔的巨人，一个宽厚的角斗士，一个安静的人；是永恒的约翰·韦恩的类型，成长速度缓慢（它 3 岁左右才能成年，不能提前），经得起最严酷的冬天，也受得住加拿大小屋里温热的炉火。

尽管如此，我最亲近的、有个粗犷名字查理的缅因猫，却喜欢在摩尔山丘的一处大宅子里度过夏天。山丘距离拉加尔代弗雷纳不远，高高地俯临圣特罗佩海湾。那里温和的气候很适合它。它本可以在栓皮栎或栗树林间，做一名伐木工或护林人，但还是满足于留在收养它的克罗蒂娅和赛尔日·朗茨身边，明智地过起悠闲的生活；有时还会施舍他们几只田鼠，特意摆到他们的床脚，而且老鼠还是活的！

马尔罗(Malraux)

安德烈·马尔罗喜欢猫，曾与它们一起生活。

与吕斯特雷，一只碧眼黑猫。

与富鲁尔，一只淡金色眼睛的虎纹猫。

与“笔尖擦”，它因被载入《反回忆录》而不朽。

自 1958 年起，他担任戴高乐政府的终身文化部长，从而承担起保护甚至修缮法国建筑遗产的职责。更确切地说，是对历史名胜进行分类与保护的职责。晚年时，他住进了弗尔里埃勒比伊松城堡，成了路易丝·德·维尔莫兰的贵宾。一天，趁她不在，他叫人在弗尔里埃古老到已经可以“被列为文物”的门上凿了几个猫洞，方便他的猫往来于各个房间。当路易丝·德·维尔莫兰发现这一恶劣行径时，能不暴跳如雷吗?！太晚了！大错已经铸成。

真的是大错吗?

（这个故事是作家塞利纳的遗孀吕塞特·德图什告诉我的。）

马尔罗似乎是很晚才爱上猫，或者说，发现猫的。在他的小说以及早期作品中，猫从未出现过。冒险家马尔罗，西班牙战争的志愿战士，以及率领阿尔萨斯-洛林旅较晚加入抵抗运动的激进分子，似乎抽不出时间来照顾它们，被它们黏住。然而，1928 年，当他在伽利玛出版社出版《奇特的王国》时，已经提到了猫。他献给佛拉芒画家詹姆士·恩索的有趣题词也证实了这一点（感谢皮埃尔·贝尔热，我是通过他珍藏的这本书获知此事的）。马尔罗在题词中指出：“《奇特的王国》这个故事是给在炉火前或在深夜里感到无聊的猫和蒙面人提供消遣的。”仿佛他在文学生涯之初便已经洞悉猫所了解的所有信息，以及它与我们相比拥有的特质。尤其，是阅读的特质。

无论如何，他对猫真正的爱是在战后，在重新过上深居简出的生活后才表现出来的。猫走进了他的内心深处。马尔罗则更甚。他不停地谈论猫，不断地增加以猫为主角的故事与趣闻。尽管诸如阿赞库尔（参见该词条）猫事件之类的故事似乎备受争议。但那又怎样！

举个例子，人们认为跟猫相关的最简短、最可怕的小故事之一出自马尔罗之手。因此，它也是最具消遣性的故事之一。他最先把这个故事告诉了戴高乐将军，假装不知道是在通过猫影射让·科克托或路易丝·德·维尔莫兰，或者，曾经也把自己想象成这只猫。

故事如下：

> 一个英国老人，他妻子和他们的黑猫围在炉火旁。猫看着老人，对他说：“你的妻子对你不忠。”英国人取下他的猎枪，杀死了妻子。猫跑开，尾巴弯成一个问号，说道：“我撒了谎。”

“这个故事是您自己编的吧。”那天将军这样对他说。

谈到说谎——或者说谎成癖——马尔罗也许跟他最爱的动物们学到了不少。第五共和国时期，他在戴高乐将军的第一届政府任职，很快便正式出访印度。尼赫鲁接待了他。“您已经是部长了！”尼赫鲁对他说。马尔罗用马拉美和他的猫的故事回答了他。这只猫到檐沟上去探险，想尝尝有同类陪伴的滋味。其中一只黑猫问它在做什么，它答道：“现在，我假装是马拉美家里的猫。”

马尔罗假装是戴高乐的部长吗？就仿佛，不管怎么说，关键似乎总在别处，而不是看你所有的表现。简单地说，仿佛猫指出了所有的角色和所有的虚荣都是毫无用处的。

沿着这个思路，有一天，戴高乐对马尔罗说，一只黑猫在联合国落了户，没有人敢驱赶它。“这些人在谈论世界的未来时，意思是将事情复归其位。”将军评论道。

至于我，我很喜欢这样的形象与想法：一只沉默而又有着古老智慧的猫，周旋于世界最高层的政治人物之间——这些人被视作和平、繁荣、各国平等、人类幸福的保卫者。被淹没在这些醺醺然于其权力，为特权所浸润的政客之中，人们往往会相信他们的努力与向往是真诚的，但猫只一个眼神，就能让他们瞬间原形毕露——世界戏剧舞台前悲怆又感人的木偶。幸好，这只黑猫没想仿效那个英国老人和他妻子的猫，对联合国秘书长说出类似这样的话：“中国人刚刚向日本发射了原子弹。”这将不可避免地引发反击，简单地说，也就是宣告了一场核灾难。然后，这只黑猫一边离开联合国位于纽约的大厦，一边说：“我撒了谎。”

在作家雷米·德·古尔蒙[①]家中，猫在任何情况下都不会撒谎。至少马尔罗某天是这么说的。我又一次琢磨，他又是从哪里听到的这个故事，如果不是他编造或美化了的话。

简单来说，1915年，在古尔蒙去世后，他的藏书被放到公共大厅出售。其中有颇负盛名的版本和高价的精装书。报价员称，有

① 雷米·德·古尔蒙(Remy de Gourmont，1858—1915)：法国印象派小说家、诗人、批判家。——译注

状况极好的皮革版夏多布里昂的作品，撕破的保罗・德・诺克的书，受损的贝朗瑞歌谣等。这些书品相的差距是怎么来的呢？按照马尔罗的理解，这很简单。因为雷米・德・古尔蒙把最珍贵、他最崇拜的作者的书摆到书架的最顶层，放到最上方，远离猫的破坏；把最平庸的作品放在靠近地面、猫爪子能够到的地方；把一般尊重的作家摆到中间。简言之，通过评估封面的状况，就能理解该书作者对雷米・德・古尔蒙的重要性。这位从娜塔莉・克利福德・巴尼身上获得灵感，写出珍贵的《亚马逊信札》的古尔蒙，如今已被太多人遗忘。

无论怎样，这个如文学评论家一般，真实揭示出其生活伴侣文学趣味的猫的形象，使我感到无比幸福。感谢给我们讲这个故事的马尔罗！

戴高乐在提到马尔罗时，似乎曾说他是“雾中绽晴”。也许吧。但马尔罗暮年最美丽的“绽晴”，是通过猫的幻景、猫的魔力和猫爱说谎的癖好展现出来的。

他的葬礼在卢浮宫的方形中庭举行。人们向他致敬，从博物馆中搬出了一尊猫的雕像，大概是埃及猫，守卫着他的灵柩。

我愿意相信它守护得很好。

我尤其希望，卢浮宫的猫、埃及的巴斯泰托女神以及曾与他共同生活的猫的幽灵会在彼世继续守护他。马尔罗堪当此殊荣。

招财猫(Maneki neko)

在巴黎，旅游纪念品店里卖的是埃菲尔铁塔模型；在威尼斯，你想要的贡多拉就在那里；在伦敦，骑兵模型；在莫斯科，套娃；在马德里，为弗拉门戈舞者或美国旅行者提供的纸扇；在慕尼黑，粗陶制成的啤酒杯；在布鲁塞尔，撒尿小童的复制品；在迪斯尼乐园，各种大小的米老鼠……

招财猫

在日本呢?

招财猫!

换句话说,是一些坐在底座上的陶瓷小猫,它们举着前爪,神情喜悦,体型圆润。

说实话,它们让我毛骨悚然。招财猫(*maneki neko*)这个名字无需解释:*neko* 意为“猫”;*maneki* 源自动词 *maneku*,意为“邀请”;简单地说,就是“发出邀请的猫”。

这些举着爪子反复摇晃的猫看起来又傻又乐,好像在说“希特勒万岁!”或类似的话。它们像是军队中的骑士团,全都相似而温顺,全都对上级的命令毕恭毕敬。而真正的猫从来不会服从命令,彼此之间也不相似,绝不会说“希特勒万岁!”不会轰炸珍珠港,也不会为了日出帝国的荣誉和日薄西山的荣光而化身敢死队队员。

人们认为招财猫能够将好运和富贵带给拥有它的人,换句话说,带给所有人。9 月 29 日是它的节日。每个日本人都应该向距离最近的寺庙献上自己的招财猫,请求僧人解救雕像里的善灵。有人跟我说起,在日本有一家博物馆,汇集了 7000 多个这种说着“希特勒万岁”的小胖猫的不同模型,但我未能去参观。只好自我安慰一番了!

这种招财猫来自哪里呢?

据说很久以前,大概几个世纪前,几位武士经过一座庙前,看到一只猫懒洋洋地躺在最前面的几个台阶上。见到他们后,猫挺直了身子,坐了起来,把爪子举到耳朵的位置,像是在打招呼。他们觉得惊奇又好笑,走到猫跟前。这时,雷电响起,一道闪电正好劈在他们刚刚离开的地方。也就是说,猫救了他们的命。随后,武士们发了财,给庙里捐了一大笔钱……那只猫呢?故事或传奇里没有说他们是怎样感谢这只猫的。

还有一个关键性问题:猫举起的是左爪还是右爪?

对日本人来说,猫举起左爪意味着幸运。因此,大部分招财猫举起的都是左爪。

但也有举起右爪的招财猫，这样，它带来的便是财富和物质的繁荣。面对这个日本制造的电子产品、电视、电脑和摩托车充斥着全世界的时代，当今的日本人、不知疲倦的商人和工业家对此并非无动于衷。因此，举着右爪的招财猫数量增多不足为奇。有人跟我说，这种情况大概占 30%。

总结一下，告诉我你的猫举起的是哪只爪子，我就知道你是什么样的人。

此外，对日本人（或旅行者）来说，猫的颜色也并不是无所谓的。它的脖子上总是系着一条红项链，上面挂着铃铛，铃铛有时候是三色的，这是很罕见、很珍稀的；大多数情况下是陶瓷白，象征着纯洁；或黑色，就像可以辟邪的护身符；或红色，可以祛除疾病；或金色，可以带来财富；又或者是粉色，可以招来爱情。

总之，招财猫可以有各种颜色。至于我，我更愿意相信它举起爪子是为了乞讨，为了欺骗傻瓜，为了使生意亨通，为了让心灵更加幼稚。很久以来，日本人便被认为喜欢、珍爱猫，真正的猫。但我从未在那里遇到过真正的猫。可是招财猫呢？到处都有！多到令人作呕！也许正因如此，我讨厌它们。因为在我心里，它们已经代替了越来越稀少的真正的日本猫。

马恩岛猫(Manx)

马恩岛猫①，这是给起源于伊洛瓦兹海的马恩岛上的猫取的学名，或者说，正式名称。这是一个稀奇的品种，其主要特征是没有尾巴。

我们来看看以这种反常为题材的传奇！例如，其中一个讲到，

---

① 又译曼岛猫。

猫在诺亚关上门或舱口时，最后一个登上诺亚方舟，尾巴被夹断了……在我身后，哪怕洪水(参见该词条)滔天！实际上，这是一种奇特的基因变异。

专家将马恩岛猫分为两种类型：完全无尾椎的马恩岛猫，丝毫没有尾巴的迹象；以及保留一截尾巴的马恩岛猫，它多少还是有一截残尾……我前面说到突变，从长期来看，如果人类不加以干涉，那么突变必然会消失。因此，不可能连续出现几代“真正的”无尾马恩岛猫。到第三代时，小猫都会死掉。所以，为了保持品种的稳定，需要对这些“无尾猫”进行杂交，要么与保留残肢的猫杂交，要么与正常猫杂交……此外，在纯粹主义者(马恩岛猫俱乐部创立于1901年)看来，马恩岛猫应当体型结实，脑袋偏圆，面颊宽大，脊背窄而隆起，臀部高过肩胛。

我们再回到这个品种，它就算不是人创造出来的(已经证明，几个世纪之前岛上就已经有这种猫)，至少也是人类精心保存并培养出来的。我感到一阵不舒服。可怜的无尾猫，被阴险的人类横加干涉、随意操纵的可怜的猫！你能否想象，疯狂的学者或邪恶的遗传学家整理一下DNA序列，培养出胳膊或腿残疾的人类，或者把他们的身高变得只有盆景那么高？就因为这么做好玩、可爱、别致、在公寓里哪儿都能去？

我们来总结下。马恩岛猫令人同情。不断对其进行杂交和繁殖的饲养者却远没有那么打动我们。人们对猫尾巴价值的歌颂远远不够！它具有审美价值，这自然不必说。它还具有生理学的价值。

猫的尾巴，也就是脊柱上这个近乎滑稽的凸起或延长部分，自然是用来保持平衡的，其椎骨由椎间盘和韧带灵活地连接在一起。它像一个弯曲而优雅的平衡器，但也可以用于交流。猫拥有一门靠尾巴表达的语言。它想显示满意？那就骄傲地竖起尾巴，保持垂直。它想表达生气？那就不安地摇动尾巴。它还会用尾巴抽打，正如人们所说。

马恩岛猫不仅是一种肢体残缺的猫，还是一种不会发声的猫，也就是双重残疾。这样一来，它完全值得我同情。除此之外，别再要求我倾心于它！更别指望我称赞那些利用它谋利的人！他们的行为跟集市上可怕的耍把戏人把畸形人摆到台上展示没什么区别！

马恩岛猫属于珍品。仅此而已。我这么说不公平？或许吧。

梅斯(Metz)

从多个意义上看，梅斯都是一座卓越不凡的城市，不仅仅因为我们在上高中历史课时对它印象深刻。当时我们要记住3个主教区：梅斯、图尔和凡尔登。它们于1522年脱离神圣罗马帝国，法国国王亨利二世成为其领主。

从大家不同的关注点出发，我们会记得，梅斯是洛林地区黄香李文化历史悠久的所在地；其足球队经常在超级联赛中取得斐然战绩；哥特风格的圣艾蒂安教堂有马克·夏加尔设计的现代彩绘玻璃窗，是法国最美丽的教堂之一；这座城市还是让-弗朗索瓦·皮拉特尔·德罗齐埃的出生地，他是18世纪热气球运动的先驱之一……

然而，对于爱猫人士来说，梅斯的光芒十分黯淡。它是法国最后一批犯下公然屠猫罪的城市之一。准确地说，人们在6月23日对猫进行屠杀，也就是在夏至日和圣约翰之火这天。

对于这个阴森的仪式，有两种解释。

有一天，一个吉普赛女人因会施巫术的指控而被判处火刑。她的命运令主教扼腕。于是，主教决定趁着最先燃烧的柴捆发出的浓烟，用一只猫偷偷替换下她。但是，猫被烧到一半就成功地逃跑了。看到它后，人群极为恐慌。对于梅斯人来说，它就是巫婆灵魂的化身。因此，如果他们不帮忙消灭这个物种，可能就会遭到今世与彼世的种种诅咒。

第二种解释似乎更有历史依据，或者说更加详细。1344 年，圣盖舞蹈传染病席卷了城市。这种病会让男男女女跳来跳去，就像颤抖或痉挛一样，让人不得安宁。这种病复发的时间大概是在夏初。因此，人们称之为圣约翰舞蹈，祈求圣约翰这位圣徒来治愈此病。

简要地说一下，这一年，当疾病疯狂肆虐之时，一位外国骑士来到这座城市。他见到所有市民都像疯子一样扭动着，大为震惊。他在一家小旅馆住了下来，回到自己的房间，躺在床上。这时，他看到壁炉深处有一只黑猫，正一动不动地盯着他。外国人受了惊吓，从床上跳下来，画了个十字，拔出他的剑，向猫跑去。猫突然消失了，当然在此之前不忘咒骂几句。于是，外国人跪了下来，开始祈祷。就在这时，梅斯人痊愈了，不再颤抖。

在这座城市正直的公民看来，只有一个结论可以接受：猫是圣盖（或圣约翰）舞蹈的罪魁祸首。为了避免传染病卷土重来，只有一个办法：在每年 6 月 23 日烧死 13 只猫。另外，为了庆祝这个奇迹，在某种程度上，也是为了延续其益处，该市的最高法官要亲自用涂了蜡的火炬点燃柴堆。

1727 年出版的《猫的历史》中，蒙克里夫（参见该词条）提到了这个阴森的习俗。在笼统地写下“在普通人心中，黑色对猫的伤害很大”之后，他又写道“黑色会使它们的眼睛冒出更多的火光，这足以使人相信，它们至少是会施巫术的”。随后，他还在页面下方的注释中作出了详细解释：“说到这个问题，梅斯每年都会举行一个被有志之士视为耻辱的仪式：法官庄严地来到公共广场，把装着猫的笼子摆到柴堆上，然后，用一个大家伙点上火；人们听着这些可怜的动物发出的恐怖叫声，以为受难的是一个老巫婆，据说，她在即将被烧死的时候化身成了猫。”

这么来看，完全有理由愤慨不已的蒙克里夫相信的是第一种解释。

1758年，同样在这座城市，出版了一本匿名小册子《梅斯市的猫向议员、助理法官和大法官先生恭敬进谏》。可是，唉！它好像既没有感动市政机关，也没有感动正直的梅斯市民，他们似乎从这项粗野的消遣中获得了乐趣。而且我敢打赌，他们还饮了无数杯黄香李酒庆祝……

实际上，这项仪式直到1773年才被废止。本应去点燃火堆的三主教区总督夫人得到丈夫的许可，赦免了那13只猫。她就是阿尔芒蒂耶尔夫人。我们在此向她致敬！

由于如今流行为此事忏悔，梅斯市政机关很明智地给这座城市大大小小的街道取名为弗朗索瓦-奥古斯丁·帕拉迪斯·德·蒙克里夫路，因为，他是最先揭露该习俗的人之一；或是阿尔芒蒂耶尔夫人路，因为，她废止了这一陋习。

(猫和)修士(Moines [Les chats et les])

正如猫能与作家和谐相处，适应他们的孤独与寂静，它也能适应修道士生活的沉思、安宁和与世隔绝。我不知道它们是否有着丰富的内心生活，至少它们会给我这样的感觉——我是通过直觉得知这一点的。看看它们直挺挺地躺着，前爪缩到胸前，半眯着眼睛的样子吧！人们还以为它是在沉思，在祈祷，在诵读晨经呢，仿佛它们的爪子，或者干脆说，它们的手缩进了粗呢大袍的袖子里。它们祈祷，这并不妨碍它们对舒适的喜爱——不是对高调奢华的喜爱，而是对由习惯养成的朴素舒适的喜爱：在这个时候吃饭，在那个时候休息，在空闲的时候谢恩祷告。总之，它们生来就是要遵守规则的，它们自己的规则。这是自然。修道院很适合它们，那里的回廊似乎是它们闲逛的理想地点。猫的梦想是什么？成为本笃会修士。或者更好，查尔特勒会修士。

不过，它们本身就是修士。至少其中一大部分是。实际上，最古老的猫种之一就叫查尔特勒（参见该词条）——或者，如人们所愿，叫查尔特勒猫——这毕竟不是偶然。这种猫很容易辨认，它性情敦厚，面颊丰满，一身乳白色皮毛，眼睛黄灿灿的，娇贵，爱享乐，温和，可以很自然地将它想象成修士们的宠物——如果喂得好的话，自然会胖乎乎的。我跟您说的可是真正的查尔特勒猫！它是修士们从非洲带回来，然后养在他们的大家庭中的吗？不清楚，也不重要。我们只想在此强调猫与修士生活的默契，此外，还有它与坐落在山谷深处田园诗般景色中的这些平静的修道院之间的默契，与这些不会被尘世的喧嚣与庸俗、社会发展的喧嚣和人类残忍的暴行所打扰的地方之间的默契。

当然，修士们自己也喜欢猫。猫不会打扰他们的沉思，不会在他们祈祷时不合时宜地乱吠，不会在有人靠近的时候哞哞叫，不会稍有不快便像驴一样乱叫；但可以在他们厌倦了祈祷，向往起彼世约定的极乐时，缓解他们的孤独，平息或满足他们对于尘世安慰的需要。

一直以来都有证据证明，猫生活在修士或隐士身边。至少从记录修士和隐士生活的编年史家存在以来，便是如此。8 世纪末或 9 世纪初，一位爱尔兰修士曾在一本手稿的空白处留下了一首歌颂他的猫的诗。这只猫皮毛洁白无瑕，因而得名“潘歌”或“潘歌嘭”①。整首诗所流露出的感情，是修士与动物之间的关爱和温柔的默契——而不仅仅是单纯的主仆关系。他允许这只猫呆在身边，是因为它可以驱赶老鼠，保护他的粮仓（假设他有粮仓）。

我们赶紧在此引用这位英勇善良而又默默无闻的爱尔兰人的诗的前几行：

---

① 古盖尔语，意为“比白色更白”。——译注

我和我的猫潘歌嘭，
我们有一项相似的任务。
它的乐事是追逐老鼠，
而我整个夜晚都在追寻词句。
比起他人对盛名的渴望，
我更喜欢拿一本书一支笔坐下；
潘歌嘭不会向我流露什么坏情绪，
它也从事着朴素的艺术。
这真是一件有趣的事，
我们都喜爱自己的任务，
就这样坐在我们的住处，
找到了愉悦心灵的乐事。

读着这些朴素又快乐，与人们在潜意识中倾向于想象的那么残酷、那么冷漠、那么悲惨、毫无怜悯之心、高高在上的中世纪毫无共通之处的诗行，怎能不受感动呢？12 个世纪之后，我们看着这只无时不在的白猫，这只勇敢的潘歌重新回到我们眼前，仿佛复活了一般。真是个奇迹！这位不知姓名的修士满含温情地描写了它，他的诗是这样结尾的：

当一只老鼠溜出洞，
潘歌嘭是多么高兴！
当我不再怀疑我的爱，
我感到多么快乐！
因此我们平静欢乐地工作，
潘歌嘭，我的猫，和我，
我们在自己的艺术里找到幸福，
我有我的幸福，它有它的幸福。

通过日复一日的磨炼，
潘歌嘭已经精通它的行当，
我日日夜夜寻找智慧，
将黑暗变为光明。

在此之后，由于太多的猫被视为恶魔，太多的猫类怪物和魔鬼诱惑出现在教徒和向往神圣的人面前，因此，我们不得不向亲爱的潘歌和与它心心相映的主人——我们迫切地想认识他——献上最后的敬意。

还有一个问题：对于一位修士来说，迷恋一只普通的猫——在此我们不提路西法和他的作品——难道不危险吗？这难道不是一种逃避唯一重要的爱，也就是上帝之爱的方法吗？在中世纪，天主教会预测或断定自己受到了这样一种假想的威胁。因此，他在圣徒故事和诸如雅各·德·佛拉金[①]《黄金传说》(在13世纪，这部作品尝试面向大众普及宗教科学，使其世俗化)一类的教化作品中，增加了修士或隐士对动物，尤其是对猫怀有邪恶偏爱的例子，以便警示他们，恢复他们应当遵守的感情秩序。

根据874年左右，卡西诺山的一位修士的记载，后罗马时期基督教最早的教皇之一，格列高利一世生活中的一个情形便是有力的例证。

4个世纪以后，《黄金传说》再次收录了这个故事，我们引用如下：

当时有位隐士，是个品德高尚之人，他放弃一切只为献身

---

① 雅各·德·佛拉金(Jacques de Voragine，1230—1298)：意大利热那亚的第8代总主教、基督教圣人、殉教者的列传《黄金传说》的作者。1816年由教皇庇护七世封为真福者。——译注

> 上帝，除了一只母猫以外一无所有。他有时会把猫放在膝盖上抚摸它来消遣。隐士祈求上帝告诉他，作为对他虔诚之心的回报，升入天堂后会有谁陪伴着他。上帝告诉他，罗马教皇格列高利会陪伴他升入天堂。听完这话，隐士很难过，心想，如果他的贫穷无法将他置于这个拥有如此多财富的人之上，那么他的贫穷又有何益。但上帝告诉他："拥有财富的人并不富裕，希望得到财富的人才富裕。你不能把你的贫穷与格列高利的富有相比较，因为你在抚摸你的猫时获得的乐趣，超过了格列高利拥有财富却心怀鄙夷的乐趣，他只是用这些财富来满足大家的需要而已。"从此以后，隐士祈求上帝向他施恩，允许他获得留给圣·格列高利的奖赏。

幸运的是，从这则故事中丝毫看不出隐士放弃了对猫的钟爱。

《黄金传说》中还有另外一个版本，它延续了对猫不正当的爱会损害对上帝的爱这一主题。这次讲到了教会主教、学者圣·巴齐尔：

> 另外一位隐士，看到巴齐尔身穿主教服在教堂举行祭礼，想到主教竟喜欢这种豪华场面，心生鄙夷。这时他听到一个声音："你在修道院抚摸猫背获得的乐趣，超过了巴齐尔生活在威严之中的乐趣！"

可怜的猫，无论怎样都被禁止获得隐士或修士的爱；可怜的猫，就这样被当成了上帝的对手——这无疑为它们带来了不少荣光，但也会使它们备受苦楚。因为，它们很可能会被迫远离平静的隐避所，至少无法得到修士或隐士温柔的关切！

但说实话，事实果真如此吗？猫会离开西多会或本笃会的修道院，离开查尔特勒会修士或特拉普派修士的避静所吗？我根本不相信这一点。希望不是这样。

我又想到了最近的一个例子。确切地说，是一部电影，它使我安心不少。电影名为《寂静无声》，是2006年由菲利普·格罗因导演的。影片没有一句评论，只是描绘了位于阿尔卑斯山腹地大修道院里的修士们的日常生活。他们的规矩十分严格，相互之间一句话也不能说。但是他们与猫之间呢？啊，那又是另一回事了。可以看到，或者更恰当地说，听到这个正直的教士拿粮食去喂小猫们。他发出笛声一般的尖叫，用极其尖锐的歌声呼唤它们，通知它们食物已经准备好了。这就违背了不能说话的誓言。尤其他还要喊其中的一只猫，它大概是被摄像师吓到了（这很正常），不敢靠近餐盘。

我们再回到过去。

在中世纪，警告基督徒不要被庸俗的爱诱惑，这或许是一项不错的宗教政策。但是，把这个罪行揭露出来，它就不会存在了吗？况且，抚摸一只猫真的是罪吗？甚至成了消遣，按照帕斯卡对这个词的理解？或者侵占了本该献给上帝的爱？说服信徒们相信这一点应该不容易。我希望，正直的教士们可以继续抚摸他们宠爱的小猫而不受惩罚，带着同样的热忱祈求上帝，祈求他无限的仁慈。

此外，14世纪初，就算宗教、军事秩序以及圣殿骑士团骑士的秩序都被美男子菲利普[①]破坏，又有什么关系呢？就算信徒在酷刑之下承认犯下了最重的罪行，首当其冲的罪过便是喜爱猫，承认他们沉湎于恶魔般的异教，在一只黑猫面前跪下，或者亲吻了白猫、褐色猫或红棕色猫的屁股，又有什么关系呢?！这一切，这些指控，或者这些阴森而血腥的闹剧都是政治行为，是破除国中之国过于繁琐、过于牢固的秩序，并掠夺其财产的手段。这一切，这些假想出来的恶魔一般的猫，都是这种宣传所采取的旧模式。谁被骗

① 美男子菲利普(Philippe le Bel)：法国国王菲利普四世。——译注

了？何况，无论是否指控圣殿骑士团骑士，居住在修士隐避所深处的猫生活依旧欣欣向荣。

此外，劳伦斯·鲍比斯在《猫的历史》中找到了一个反例。这一次，猫成为了宗教的殉难者，而不再是魔鬼的变形和恶的化身。故事是由西班牙主教卢克·德·图伊转述的，他曾在13世纪上半叶与纯洁派异教抗争。有一次，他在意大利旅行时，听到人们谈论洛迪的一位阿尔比派教徒或纯洁派教徒在医院临终前拒绝领圣体，并咒骂圣礼。

> 这时，一只非常温顺的家猫突然跳到异教徒身上，开始用牙和爪子撕咬他的喉咙和嘴唇，病人怎么都摆脱不了它。在场的人明白过来，这只猫就是因为异教徒的咒骂才神奇地跳到他身上的，便对他说："可怜的人啊，这就是上帝的审判，接受真理，别再咒骂圣礼了，上帝正是通过圣礼来拯救我们的。这只猫就是为真理而战的。"他答道："这只猫得了狂犬病，无法安静下来。"众人反驳道："这只猫没得什么病，如果你不再咒骂，它就会像平常一样安静下来。"异教徒闭上嘴，猫果然像往常一样不再出声了。

一会儿，一位教士劝临终之人忏悔。他又开始咒骂，猫又一次跳到他身上。众人将这场攻击视为上帝的惩罚。猫依旧在屋子里不出来，不久之后，异教徒没有忏悔便死去了。于是，人们把猫放了。但它尖叫着，找到了他的新墓地，像得了狂犬病一样开始在地上乱抓，当着很多人的面，筋疲力尽地继续这项任务，直到累死。

这些平静而隐忍的修道院猫已经离我们远去了，这一点我们都同意。它们不再自寻烦恼，也不再从纯洁派教徒身上寻找魔鬼，只希望把属于上帝的归还上帝，把属于教徒和其他隐居者的舒适还给他们。

蒙克里夫(Moncrif)

1727年，出版商基约出版了一部8开本的奇书，内附查尔斯·安东尼·夸佩尔[①]的8幅插图。此人并非一个随随便便的艺术家，因为，他很快便成为了美术学院院长。这本书为其作者赢得了经久不衰的盛名，它便是《猫的历史》。

其副标题为：关于猫在埃及其他动物社会的优势、独自享有的荣誉与特权、人们在其生前给予它的优待和死后为其修建的建筑与祭坛的论文，后附与此相关的几个剧本。

作品取得了巨大成功。第二年，它在鹿特丹重印。不久之后，又在阿姆斯特丹加印。很快，各种版本不断增加，书名不断变换，有简单的《猫》，也有《关于猫的历史的哲学信札》。可以说，这本《猫的历史》是18世纪的畅销书之一吗？

无论如何，这都是法国作家第一次用一本书来探讨这一主题。当然，杜贝莱曾经写过一首用作墓志铭的诗来纪念他的猫贝劳德，蒙田曾跟我们讲过他与猫的默契，佩罗或拉封丹在他们的故事或寓言中把猫塑造成了令人难忘的角色。诸如此类的例子还有不少，但从这样做到把猫作为一部作品唯一的主题，这一步从未有人跨过。弗朗索瓦-奥古斯丁·帕拉迪斯·德·蒙克里夫冒了这个险。向他致敬！

因此，应该用雪白的石头——或一只毛茸茸的爪子来标记1727年这一年。几年之后，确切地说，是在1733年12月29日，蒙克里夫进入法兰西学院……据说，那天有个爱开玩笑的人在大厅里放了一只猫，于是，大家开始模仿这只受了惊吓的动物发出的叫

① 查尔斯·安东尼·夸佩尔(Charles Antoine Coypel，1694—1752)：法国画家。——译注

声。此外,恕我直言,很快就有人写了一篇题为《喵呜》的文章,戏仿了蒙克里夫的就职演说。在这篇文章中,到学院面前发表演说的是一只名叫拉米娜格洛比的猫。

这位爱猫作家当选院士确实引发了一些论战。他战胜了马里沃,这是后者的仰慕者所不能原谅的,尤其因为——委婉地说,蒙克里夫的新同事是因为奥尔良公爵和克莱蒙伯爵不断地鼓动、劝说、胁迫才投了他的票。

有些人的名声就是用这种违反常规的办法获得的。例如,居伊·玛兹里纳之所以流传后世,不就是因为他凭借小说《狼》(而不是《猫》,没有人是完美的!)战胜路易-费迪南·塞利纳的《茫茫黑夜漫游》,于1932年荣膺龚古尔文学奖,否则,又有谁会记起他呢?那么,按照同样的想法或比较方式,蒙克里夫便成为了阻挡马里沃跨入法兰西学院大门的第一人。这是他成名的理由之一。

让我们再说回到猫。它不仅坚定追随其作者,而且还使其不朽,无论有没有法兰西学院……

(在这段关于法兰西学院的题外话最后,我还要指出,不久之后的1743年,马里沃成功当选。蒙克里夫还好心地向伏尔泰提供了有力的支持,帮助他在1746年当选。这并不妨碍伏尔泰不留情面地嘲笑他,一转过身就毫不犹豫地称他Mongriffe①。这个词跟阿尔让松伯爵取的historiogriffe②一样——仅仅因为蒙克里夫当时正在谋求皇家史官一职——传遍了巴黎。)

在此,我不再向你们介绍《猫的历史》的作者(1687—1770)的详细生平,尽管它并非完全无趣。尤其因为蒙克里夫通过其魅力、灵巧和狡猾,再现了那个世纪所特有的轻浮、讨喜风度、智慧、快

---

① Moncrif(蒙克里夫)的近音词,其中griffe意为"爪子",暗指蒙克里夫爱猫。——译注

② Historiographe(史官)的近音词,意义同上。——译注

捷、文化、厚颜无耻、优雅和喜爱取悦于人的品味。他是诗人、音乐家、剑术家、小说家、奉承者、不错的演员和剧作家；他追寻权力、金钱、女人、舒适的生活、闪闪发光的东西和凡尔赛宫的奢华，他公正地得到了这些；他喜欢诱惑和消遣，他确实也能诱惑：他的情人数量众多；他会逗乐身边的人；他从容洒脱，放荡不羁，是个充满智慧的人。总之，他想做的事都能做到。仅此而已。至于后世，那是另一回事了。

今天，有谁会想起他那些充满异国情调的故事、他的喜剧、他的牧歌、他的教化诗或爱情诗、他的抒情悲剧？今天，有谁会不顾图书馆的灰尘，去阅读或摘抄他那部以印度灵魂转世为主题的小说《斗争的灵魂》、论芭蕾舞的《精灵王泽林道尔》，或者那么多在凡尔赛宫或皇家音乐学院上演的作品，一部也不落下？

在他卷帙浩繁的作品中，大概只有一部值得被记住，其标题对作品本身做出了完美定义：《论取悦的必要性和方法》。该作品发表于 1738 年，作家本人在某种程度上正是这本书生动的广告——事实上，他深谙诱惑之道，尽管出身十分低微，但很快便跻身上流社会，先后担任阿尔让松伯爵和克莱蒙伯爵的秘书，后来又担任王后玛丽·蕾捷斯卡的朗读者。有一天，王后被他下流的诗歌触怒，认为它们过于不得体。于是，他按照王后的命令，很快便为其创作了《基督教诗歌》。

除此之外，蒙克里夫真的喜欢猫吗？

毫无疑问。

他知道这个主题选得很好、很流行，能够取悦并逗笑他梦想靠近的权力小圈子，令他们大吃一惊。克莱蒙伯爵迷恋猫。缅因公爵夫人也是。位高权重的玛丽·蕾捷斯卡王后和路易十五也同样酷爱猫。路易十五不是最先废除了巴黎沙滩广场恐怖而耻辱的圣约翰节吗？在那里，一大群人欢乐地看着猫被装进袋子，然后投入火堆，以此为乐。啊，在那个时代，人们真会取乐啊！一想到这样的风俗，都会让人发抖。

蒙克里夫没有预料到的是，这本小书取得的成功让他吃不消。终其一生，他都被这个话题引发的争论纠缠。我们前面看到了他进入法兰西学院那天发生了什么。对他和猫的讽刺、歌谣、形形色色的滑稽模仿、通常以匿名形式做出的攻击和讽刺小册子永远也不会停止。这位作家在社会上取得的成功显然不足为奇。由于在巴黎，在大街上，在沙龙里，甚至在凡尔赛宫廷里，蒙克里夫都被搞得滑稽可笑，因此，他改变了看法，忽略这本书的重要性，让大家忘记他。他甚至写道："在这部本身就很糟糕的作品中，所谓的思想最多只是个错误。"

爱猫人士怨恨蒙克里夫这么容易就变节了，因为他们十分看重这部作品。为了捍卫它甚至不惜批判作者。这份热情虽然十分合理，但通常会削弱批判精神。

在写作这本书时，蒙克里夫采用了18世纪十分流行的书信形式。这些信是写给B×××侯爵夫人的。她不可能是此前某些人冒失提出的布罗格利夫人——此后蒙克里夫为《论取悦的必要性和方法》作了献词，将此书献给了她——因为当时她年仅10岁，名字还是出生时取的西奥多·伊丽莎白·卡特琳娜·德·贝桑瓦尔。这是她的后代，法兰西学会会长加布里埃尔·德·布罗格利好意告诉我的。

当然，如果蒙克里夫没有真正被猫吸引，对猫感到强烈的好奇，是不会花费力气来写这部作品的。他在书中显示出了真正饶有趣味的博学，用大量的篇幅向我们讲述埃及猫以及它们如何被奉若神明，使我们回想起希罗多德讲述的轶事。当他提到在梅斯(参见该词条)，人们以这座城市曾有一位老巫婆为了逃避迫害而化身为一只黑猫为借口，每年都会将一大群黑猫投入阴森的火堆时，很难怀疑他的愤怒。但很显然，蒙克里夫毕竟是通过这本书自娱自乐，他使用了讽刺手法，口里说的与心里想的恰恰相反，写了很多奇思妙想、挑衅、俏皮话、奉承话，很难按照字面意思去理解他写的东西。

举几个例子？

他镇定地将猫叫声比作天籁，称其旋律富有神性，甚至能够召唤出一个新的、“使我们了解正义和美”的赫耳墨斯·特利斯墨吉斯忒斯[①]。真是恰到好处！

猫是一夫一妻制动物，它们对爱情忠诚吗？母猫是无可指摘的妻子吗？蒙克里夫以同样严肃的形式给我们讲述了一个富有教育意义的故事。一位迷人的猫夫人的丈夫刚刚被阉割，但她依旧固执地忠于他，拒绝了向她发起爱情猛攻的公猫，尽管他们健壮而充满雄性气概。我们怎能不跟他一起开这个深藏不露的玩笑呢？

此外，对于处在发情期的母猫在被公猫追逐时，为何会发出很刺耳（这次他承认，这声音很不动听）的叫声，他还给出了一个十分荒诞离奇的解释。这是因为，在很久以前，一只老鼠突然出现在猫儿欢爱的地方，于是，公猫丢下它的同伴去追老鼠。母猫就为了这点小事而大发雷霆。但蒙克里夫镇静地继续：“正如你们所想，为了不再遭受这样的耻辱，愤怒的母猫想出一个办法：每次跟她的情人见面，都时不时地发出几声巨大的尖叫。这叫声肯定会传到远处，吓坏那群老鼠，使它们不敢再来搅扰约会。在其他母猫看来，这一措施明智又温柔。因此，自这件事发生之后，只要她们跟自己心爱的公猫在一起，就会假装发出这种叫声。这简直是诡计多端的人想出来的骇人而有效的办法。我的天！如果女人只用这种方法就能让情人跟她们在一起时不会分心，她们该多么幸福！”

还会有读者按照字面意思理解蒙克里夫吗？我们来看看！如果他最先夸赞黑猫，肯定是因为它不受欢迎。因为，按照一种普遍

---

① 赫耳墨斯·特利斯墨吉斯忒斯（Hermès Trismégiste）：希腊神祇赫耳墨斯与埃及神祇托特的结合。——译注

的信仰,它首先是跟撒旦及其帮凶联系在一起的。于是,蒙克里夫开始推翻人们的看法,并以此为乐。“很显然,自炫其美的母猫都是这种颜色的,至少会尽力尝试成为这种颜色。我注意到,在各种类型的猫中,黑猫是极受欢迎的。显然,在它们眼里,在所有品种之中,只有棕色猫能与它们媲美。”

我跟您打赌,他的收信人、神秘的B×××侯爵夫人肯定不是金发……

蒙克里夫还认为勒斯蒂吉雷斯公爵夫人为她的猫梅尼娜(可怜的家伙)所写的碑文十分美妙——他多么善于恭维!公爵夫人甚至还在她公馆(1866年修建亨利四世大街时被拆)的花园里为她的猫修建了一座豪华的石墓。

带着同样的镇定,他还醉心于缅因公爵夫人为赞颂她的猫马尔拉曼而写的几段诗。“这些诗简直该刻进圣恩神庙!”他喊道。喊声越大,就越能流传。缅因公爵夫人显然能够感受到这些赞美。

那样的诗确实不会损害那个世纪的和谐,它在整个法国文学史上无疑是最缺乏诗意的、最为矫饰的、肤浅的、世俗的:一旦涉及写作限韵诗,就会陷入名言警句之中,说笑打趣之中,浮夸修辞之中,引经据典之中。

蒙克里夫还认为,其他一些以猫为灵感创作的糟糕的诗很崇高,因为它们出自一些重要人士之手。例如,安托瓦内特·杜里吉尔·德拉加尔德,她的另一个称呼德苏利埃夫人(1638—1694)更加有名,此人生前显赫,死后却被残酷地遗忘了。

我们就讲到这里。蒙克里夫的幽默、蒙克里夫的奉承、蒙克里夫的讽刺、蒙克里夫编造的玩笑和蒙克里夫的奇思妙想丝毫不会影响《猫的历史》的成功。恰恰相反!它们使每一页纸都变得充满智慧,它们使我们与他心意相通,它们能欺骗的只有傻子。

无论如何,当蒙克里夫觉得他年轻时写作的这部作品与他后来得到的重要职位(他以邮政局总秘书的身份结束了自己的职业生涯)并不相配,因此尝试让人忘记它时,并没有达到目的。我们只能祝贺他。因为在文学史上,就算他所有的作品都没有指望了,这本小书也依旧会让我们一直着迷。

胡子(Moustaches)

猫的胡子有什么用?

在回答这个微妙的问题之前,需要明确一点:猫的触须这个说法比胡子更科学,无疑也更时尚。根据《罗贝尔词典》,这是一个出现于 1845 年的解剖学术语。出现在哪一天哪一时刻?还是个谜。《法兰西学院词典》第 9 版仅有如下陈述:"引申义,通常为复数。某些哺乳动物长在嘴周围,长而直的毛发的总称,更确切地说,叫做触须。猫、海豹、水獭的胡子。"

再回到这个问题:猫的触须有什么用?

我想到了几个答案。

我显然更想按审美顺序来回答。胡子会让猫变得更美、更高傲、更庄严。一时之间,该如何去想象一只没有胡子——或者说没有触须的猫?

说到这里,我想跟您讲一个令人纠结的话题。我经常看到我的猫掉了胡子。有时,我会在坐垫、沙发或桌子上,找到一根被它们弄掉的长胡子,丝滑透亮的,我一副神情沮丧的样子,满心同情。我跟您承认,真的特别傻,但猫显然不会为此感到太难过。沮丧的人是我。毕竟,一只猫的嘴边不会有太多触须,几乎可以将之比作两只手的手指。可就是这样,法芙妮、尼斯或帕帕盖诺每年都会丢掉几根。我心想,很快它们就会掉光了,因为每根触须好像都不会重新长出来。但是,直到老年,它们的大部分胡子还都在。这真是个奇迹!

兽医会特别向您指出触须是触觉器官,就像天线一样,可以把外部刺激传递给神经,从面部传输到大脑。

有些人断言,猫胡子的长短是跟身体的最大直径密切相关的,这样它就可以准确地知道,能否钻进一个狭窄的通道,是否会卡在里面。私底下说,我觉得这真是异想天开!类似于贝纳丹·德·圣皮埃尔断言甜瓜的皮有条纹是为了方便全家人分而食之。不提了!

但无论怎样,在夜间,触须可以使猫感觉到前面和周围的障碍物。在完全没有光线时,胡子几乎能让猫"看见"东西,就像一个近距离的雷达。

没有什么比猫的胡子更具表现力了。高兴的时候,它就让胡子向上竖起;防守的时候,它就让胡子向后倒,耳朵贴到脑袋上;进攻的时候,胡子就会绷直,仿佛前方有人瞄准了它……

但对猫胡子的最佳辩护,或者说,它存在的最佳理由,或许是西奥多·庞维勒在 1882 年为猫写作的著名颂词中给出的。那个时候,大部分的男性都会为他们修剪得整齐而又浓密、外形复杂多变的胡子而骄傲。庞维勒由此出发,尝试对人和动物进行比较……

我们来重读这一段,以此作为本章的结尾:

> 猫在某些方面可能不如我们。无论如何,肯定不是因为胡子。它的胡子魅力十足、纤细、精妙、敏感、装饰着它漂亮的面孔,并且具有灵敏的触觉,可以保护它,引导它,向它提醒障碍物的存在,防止它落入陷阱。把猫的胡子,这个奢华的饰品,这个防卫工具,这个似乎是由光线制成的附属器官,跟我们自己的胡子比比看?我们的胡子干涩、僵硬、粗糙,会消灭并毁掉亲吻,在我们与所爱的女人之间筑起一道有形的屏障。猫的胡子十分精妙,从来不会阻挡,也不会遮住它粉嫩的小嘴,而人的胡子恰恰相反,越是长官或指挥者的胡子,就越是

漂亮好斗，越会使生活难以为继。因此，现代最漂亮的胡须之一，即维克多·爱曼纽尔国王[1]的胡子，就像一道英勇的伤疤，把他的面孔正好一分为二，使他无法在公共场所进食。当他独自闭门用餐的时候，得用方巾把胡子撩起来，将两端绑到脑袋后面。他难道不会羡慕猫的胡子吗？它自己就可以竖起来，无论如何都不会妨碍主人享用最盛大的筵席！

穆尔(Murr)

以猫为主角的文学作品——寓言、故事、戏剧或小说——数不胜数，猫在其中扮演着各种各样的角色。它们一会儿以这种面貌出现，是用近似于动物学的现实主义手法塑造的；它们当然不会说话，作者不会将人类任何的感情赋予它们；它们或在我们身边，或远离我们，但依旧是生活在层层迷雾之中的猫。不一会儿，它们变成了或高大或矮小的人；这次它们拥有了语言，像你我一样穿上了衣服，相亲相爱，作者借助它们——根据情况或谨慎或直率地——探讨人性或社会。

不仅如此，猫还可能保持猫的样子，在奇异世界中左摇右摆，仿佛它们是与黑夜和魔鬼联系在一起的，仿佛它们与巫师、神明和魔鬼是一伙的，仿佛它们知道我们永远都不会知道的东西……

最后，猫还有可能不再是一个简单的虚幻人物，不再化身为狡猾或智慧、暴虐或痛苦、谎言或复仇、讽刺或优雅、忘恩或智慧的原型。无论如何，猫都是富有而神秘的。人们大可以把各种可能的感情和心境赋予它，把各种光明或黑暗赋予它，它都会像第一次看到老鼠一样满不在乎。它不会为此而感到不快，也不会向我们做出回应，这一点，它胜过我们。总之，人们可以把想要的一切都给

---

[1] 维克多·爱曼纽尔国王(roi Victor-Emmanuel)：意大利国王。——译注

它，它绝不会退还给我们！……但如果它不再是一个简单的人物，它会变成什么？会扮演什么样的角色？它会化身为作家本人。它就是作家。

恐怖的秘密终于被揭开了！猫似乎满足于靠近作家的书桌，根据情况为他加油或者让他气馁，会为他提供灵感或使他叹息，会躲藏起来或者在纸页上昏睡，还会抓住铅笔玩弄起来，或者毫不犹豫又勇敢地跳上电脑键盘。最后，在某一天，声称自己不再仅仅是一个配角，也不再想当缪斯，尽管这是最好的情况。它的意图突然显露出来。它宣布：我就是作者，写作、想象、构思、编造故事的人就是我，我应当获得夸奖、文学奖项和学院荣誉，其他的都是欺骗。

在这些写作的猫当中，我想向其中一只致敬，它或许是最伟大、最不朽的，它就是雄猫穆尔。自从我发现了它，在我少年时代快结束时阅读了它的文字之后，它便在我的生活中发挥着决定性的作用。它让我如此着迷，在我的生活中打下了如此多的印记，以至于当我感到需要使用笔名写作这样或那样的文章时，或者，需要赋予小说中的一个人物——这个人物可能是我的化身——以生命时，曾经多次借用它的名字。我还心满意足地在穆尔这个姓氏前加上一个名字——“皮埃尔”——那是我父亲的名字。这是为了感谢他把我介绍给这只猫，或者说，感谢他的书架上有这样一本书，不过这是一回事。

雄猫穆尔真实地存在过。它的寿命并不长，好像是在 4 岁时死去的。它曾与德国伟大的浪漫主义作家恩斯特·提奥多·阿马迪乌斯·霍夫曼共同生活，后者的寿命也不长，是在 46 岁时去世的。

当《魔鬼的迷魂汤》和《布拉姆比拉公主》的作者失去这只猫时，他写了下面几行动人的文字作为讣告，寄给了他所有的朋友：“11 月 29 日晚至 30 日晨这个夜间，我那心爱的徒弟雄猫穆尔，在它充满希望的第四个年头，为了过上更加美好的生活，在经历短暂而激烈的痛苦之后，永远地睡去了。我得把这个消息通知我的保护人和朋友。那些认识这个我为之哭泣的生灵的人，必定会理解我的痛苦，并为它默哀。”

令人惋惜的穆尔，他真正的猫，还成为了他最后一部小说的题目：《雄猫穆尔的生活观》。这是一部内涵丰富的作品，一支幻想曲，一部风趣而又莫名辛酸的作品，一本对叙述线索做出了不可思议探索的书，一本时常离题万里的书。霍夫曼在写作这本书时清楚自己得了病，或许还是不治之症。脊髓不可治愈的可怕病变使他备受折磨，把他钉在了床上。他虚弱无力，饱受痛苦，神情忧郁。他未能完成这部作品。在这本书中，雄猫穆尔不仅仅是主人公，还是真正的作者，因为在某种程度上，霍夫曼自娱自乐，耗尽力气写作的正是这只猫的回忆录。因此说，作者在死时心里只想着这只猫并不过分，他委托它来创作这部未完成的杰作，并且无疑在其中倾注了最多的心血。

正因为这样，因为这部作品没有完成，第三部分还没有写，所以它在作家的全部作品中相对不出名吗？法国人在翻译这本书时花费的时间多到不可理解，仅仅是因为第二次世界大战期间，伟大的德语语言学家阿尔贝·贝甘想最终拿出了一个完整的译本。1943年，这部作品在伽利玛出版社出版，我少年时代在家里的书柜上找到的也正是这个版本，上面落满了尘土。我想告诉您，自那以后，它再也没有离开我。毕竟，只要想想这只骁勇无比、喜欢吹牛、悲情感人、惹人喜爱的雄猫穆尔得用一个世纪的时间才能跨过普鲁士与法国之间的国界，就会浮想联翩了。因此，耐心，或者说慢的艺术，肯定是它的美德之一了？

这就是雄猫穆尔的回忆录！

实际上，霍夫曼的书要更加复杂一些。勇敢而贪婪的穆尔对自己的知识、学问和优雅文笔感到心满意足，有时还会感激它的主人——通晓魔法和秘术的智者亚伯拉罕。与这只猫的回忆录相交叠的，还有另外一个故事：这只猫在写作时，从亚伯拉罕办公室的壁橱里拿了几张已经印刷过的纸，在没有恶意的情况下把这些纸垫在下面吸水，有时也在这些文件空白的背面吐露心声。心不在焉的出版商就这样把穆尔难以抑制的告白和亚伯拉罕师傅已经印好的片段混杂在一起出版了。这些片段算是教堂指挥约翰内斯·克赖斯勒的传记，此人是霍夫曼作品中不断出现的人物之一。经过了长时间构思，他最终以音乐家、作曲家和乐队指挥者这一身份为生，扮演的角色类似于霍夫曼的替身。

在《雄猫穆尔的生活观》中，克赖斯勒既热心，又容易沮丧，我不再跟您讲述他生活中的波折。一方面是因为，这些波折过于复杂：在王子伊格那兹的宫廷中，寡妇本松诡计多端，各种阴谋环环相扣，不幸的爱情纠缠又解开，年幼时被交换的婴儿到后来才被发现。总之，就是被狂乱的浪漫主义氛围所笼罩。另一方面，在这里冒险做出这样的举动确实不合适：因为，这本词典并不属于文学批评，而是向以各种形式出现的猫献上的爱的赞歌。而在霍夫曼这部作品的具体情节中，涉及猫的地方并不是很多。

相反，我特别乐意在此大段引用我们的朋友穆尔的心声，觉得这么做乐趣无穷，而且可以感受到分享的默契！例如，它与母亲相遇的情形，那时它已在亚伯拉罕师傅身边成长为一流的博学之士，既爱吹牛又贪婪。霍夫曼通过滑稽模仿那个时代浮夸的情感小说，深深地吸引了我们。来吧！我们还是来读几行吧：

……这时，我听到阁楼上有声音传来，那么温柔，那么熟悉，那么动人，那么有魅力……一种说不清道不明的神秘感，一股无可抗拒的力量吸引着我。我离开美丽的大自然，爬过天窗，钻进了阁楼。刚一进去，就看到一只硕大而美丽的母猫，身上有着黑白相间的斑点；她坐在两条后腿上，舒舒服服的，那动人的声音就是她发出来的，她专注地打量着我。受本能的直觉驱使，我立刻在她对面坐下，想要与这只美丽的斑点猫一同歌唱。我做到了，应该说歌声十分美妙，我敢肯定就是从这一刻（我在这里标记出来，方便今后研究我生活和感情的心理学家查询）开始，相信自己具有音乐天赋，对天赋本身也充满了信任。这只美丽的母猫向我投来的目光越来越深邃，越来越迫切，突然，跳了起来……我自然没有期待什么好结果，亮出了利爪；但是，她的眼睛霎时噙满了泪水，喊道："我的儿子……噢！我的儿子！来！……到我怀里来！"她拥抱着我，让我紧贴着她的心脏，又说道："对，是你，你就是我的儿子，我勇敢的孩子，我生你的时候倒是没有太痛苦。"

我感到一阵发自肺腑的感动，这种感觉足以让我相信这只斑点猫就是我的母亲；但我还是问她，她能否确定。

"啊，"她答道，"不能再像了，这眼睛，这轮廓，这胡子，这皮毛，这一切都让我想起那个不忠的家伙，那个抛弃了我的负心汉！你跟你父亲一模一样，我亲爱的穆尔（这就是你的名字）！虽然你的英俊来自父亲，但我希望你也从母亲米娜这里遗传了温顺的性格和宽厚的品德。"

说实话，要想完全了解这只喜欢强调自己谦虚（它的确有理由大喊："说到谦虚，我不怕任何人！"）的猫摇摆不定的性格，了解它在感情上的自满和愚笨，以及自才华受到质疑以来表现出的敏感多疑，我只需在这里引用雄猫穆尔为自己的作品写的序，他写的前言（本该删掉）和附言。出版商痛苦地发现后面这篇文字也属于这本书的一部分。

猫的第一篇序言如下：

我满怀忐忑，心跳得厉害，把几页纸交给了世界。其中描绘的生活、希望、痛苦和欲望，是从我的内心深处喷涌出来的，是在我惬意的闲暇时刻和诗情喷薄欲出时写下的。

我会——或者说，我敢走到严峻的评判法庭前吗？但这本书是为你们写的，你们有着敏感的内心，你们有着忠实的良心，你们会理解我，我就是为你们而写作的；哪怕你们的眼中只噙着一滴泪水，那就能给我安慰，就能医治麻木不仁的评论家冷酷的谴责给我造成的创伤！

18××年于柏林

穆尔

文科学生

接下来是不该发表的前言：

怀着真正的天才所固有的平静和自信，我把我的传记交给世界。这样，人们就会知道我是如何成长，并跻身于伟大的雄猫之列；这样，人们就会看到我多么完美，就会爱我，欣赏我，尊敬我，仰慕我，并稍稍奉承于我。

如果有谁胆敢质疑这本非同凡响的书无可争论的价值，他最好能想到，跟他打交道的是一只充满智慧、善于评判、又有一副利爪的雄猫。

穆尔

大名鼎鼎的作家

最后是出版商的评论：

这简直是多此一举！作者的前言本该删掉的，却还是印刷出来了！现在，我只能请求好心的读者不要太注意这篇序言里或许有些高傲的语气。请读者考虑一下，无论这篇忧伤的序言是出自哪位饱蘸感情的作家之手，用发自肺腑的由衷之言翻译出来后，都不会与现在这篇有什么不同。

出版商

这里面涌动的感情令人心碎。

显然，霍夫曼已似癫狂，自娱自乐。他自由地抒发着幻想和讽刺。然而，我们知道，他此刻正备受折磨，走向死亡。一方面，他赋予克赖斯勒以生命，回想起他旅居班贝格时情窦初开的日子；另一方面，借雄猫穆尔之口，他回想起在柏林求学的那些年月，想起他经常出入的上流社会，虽然熙熙攘攘，却空洞毫无意义，为其绘制出一幅幅风趣、忧伤而又残酷的速写。

阿尔贝·贝甘曾说，具有双重叙述线索的《雄猫穆尔的生活观》有一种“莎士比亚式的诙谐”，这是有充分理由的。呈现在我们面前的是霍夫曼最后的模样，他通过泪与笑，展现出精妙绝伦与平淡无奇。

随后，1822 年 6 月 25 日，作家与世长辞。雄猫穆尔陪伴在他的枕畔，继续守护着他，守护着他的回忆……也守护着读者们对它的痴迷。

纳尔逊(Nelson)

这里谈的不是那位著名海军上将，而是那只声名丝毫不逊色的公猫。温斯顿·丘吉尔曾有幸与它共同生活，主要是在第二次世界大战期间。

应该承认，纳尔逊（我说的是猫!）在战斗中不够英勇无畏，面对危险时内心也不够强大，无法跟同名海军上将相提并论。在这方面，它与其伴侣，为国王陛下服务的首相也截然不同。后者在英国战斗期间，鼓舞着每个人的士气，激发起他们抵抗纳粹和德国空军轰炸和攻击的勇气。总之，他使国家摆脱了希特勒的威胁。

当警报响起时，丘吉尔无论如何都不会丢弃办公室，跑到防空洞里躲起来。可是，纳尔逊却没有表现出这样的英雄主义和强大内心。的确，它也不会感觉到，它生来便肩负着执掌政府，率领英国走向胜利的艰巨任务。警报一响起，它就赶紧躲进自己的避难所，也就是首相卧室的大衣柜下——应该说这也完全合理。

时任丘吉尔私人秘书的乔克·科尔维尔在其回忆录中提到过令人震惊的一幕。一天下午，警报响起，他来找丘吉尔，表面上是来转交罗斯福的电报，实际上是想劝他跟大家一起转移到防空洞。他并非不知道，这位政治家身边所有的人都前前后后来劝过他，但每次都被断然拒绝。

这天，科尔维尔敲了门，没有听到任何回答，于是，径直走进房间，却撞见丘吉尔半裸着身子在地上爬，勉勉强强把头伸到衣柜底下。“你应该感到耻辱!”他对纳尔逊说，“空有个好名字，却躲在这里不出来。皇家空军勇敢的小伙子们这会儿都在空中奋勇作战、保家卫国呢!”不知道猫是怎样回答丘吉尔的，但它肯定还是呆在原地，躲在衣柜下，直到大炮的轰鸣声和首相的指责声停歇。

你们懂的，这场景（再说一遍，不是猫的态度——因为这合情合理，而是它对面的丘吉尔）让我着迷。至少有两个原因。

首先，看着这个英国当时最强大的人，以铁腕政策统治国家，抗击希特勒，却对他的猫言听计从，在地上爬来爬去，徒劳地求它做这做那，真让我感到开心。

此外，发现他处在这样略显滑稽的局面中也让我感到开心。为什么？因为我们跟猫在一起时同样滑稽。我们面对它们，跟它们说话，劝说它们的方式又傻又怪。这一点我们知道。然后呢？还是会这么做。丘吉尔也不例外。这多少能宽慰我们的心。

我喜欢这个表达，不怕别人嘲笑。正是如此。实际上，接受自己的滑稽可笑需要很大勇气，这样做会使自己处于危险之中。在战火熊熊燃烧，炸弹如雨点般降落在伦敦之时，丘吉尔竟蹲在地上，劝他的猫拿出一点勇气来！啊！这让我对他心生无限好感！他不在乎被私人秘书撞见，也不在乎这个场景经过秘书之手会永久流传！他还是得去抗争！一边要面对希特勒，一边要面对这个笑料！为英国抗争！为他的猫抗争！为此，要无视众人的看法。

的确，赞美丘吉尔的话永远也说不完……至于猫咪纳尔逊，自然也不在话下！

牛顿(Newton)

有一天，我读到一个惊人的故事，是关于牛顿的。他让人在谷仓的门上开了两个猫洞：大洞给猫妈妈用，小洞给猫宝宝用。

这个故事让我陷入了深深的迷惑。

为什么要开两个猫洞？

他是整个人类历史上最伟大的科学和物理天才之一。他意识到苹果势必会从树上落下来，但进一步而言，月亮却不会落到地球上来，随后将这两种现象联系起来，发现了万有引力定律。可是，无需如此也能明白只开一个猫洞就已足够，因为猫宝宝可以借用猫妈妈的通道。

这是为何？

或许牛顿觉得大猫洞的挡板太重了，小猫撞不开。但是，如果小猫那么小，那么娇弱，身体那么差，那在它这个年龄是不是也弄不明白猫洞的原理？不知道得把头伸到里面，才能看到挡板被神奇地推开？

又或者，这个世界上最聪明的人之一，一遇到猫就不可思议地变傻了，在猫面前失去了所有的批判精神？小猫钻小洞，大猫钻大洞，这完美无缺，天经地义，无需多言。

不知为何，我更喜欢第二种假设。它让我对艾萨克·牛顿产生了更多的好感，自然也丝毫不会影响我，或者说我们，对他怀有的毫无保留的崇敬。

猫的名字(Nom des chats [Le])

我曾认识一个人，一位学术水平极高的历史学家，他因为一些无需在此详述的原因，被关在监狱好多年。他叫雅克·伯努瓦-梅辛[①]。他跟我讲过一只猫，一只美丽的灰猫，经常来到他坐牢的街区散步。它可能是监狱某个看门人养的。这只公猫有时会钻过栏杆，任由犯人抚摸，然后跑出去重获自由。

很快，历史学家和与他关在同一个牢房的其他政治犯便给这只猫起了个名字，叫"帖木儿"[②]。因为，这只动物眼睛里闪烁着冒险、自由和宽容的精神。在犯人们眼里，这只梦幻一般特立独行的

---

① 雅克·伯努瓦-梅辛(Jacques Benoist-Méchin，1901—1983)：法国历史学家、记者、音乐学家、政治家。——译注

② 帖木儿(Tamerlan)也是帖木儿帝国建立者的名字。——译注

猫拥有至高无上的特权：它既可以在监狱里自由出没，因为它没有被判什么刑，可以呼吸自由的空气，那是多么美好！总之，成吉思汗充满才情的后代、军事首领、帝国缔造者、文学保护者帖木儿，以及弗雷斯纳（或者克莱尔沃，我记不清了）监狱这只杂交大猫帖木儿！这两位"帖木儿"同样引人遐想。或者可以说，他们因彼此而使人更生出许多遐想。

当然，伯努瓦-梅辛还补充道，几天之后，帖木儿就不叫帖木儿了。永别了！这个卓越、尚武、好战、传奇一般的名字！以他为首的街区里所有犯人，很快便给这只猫取了个绰号叫"达姆-达姆"。落差多大！或者说，多么无法忍受的亲密！

猫总会遇到这样的事。人们会给它取个夸张、正式、花里胡哨、有历史渊源的名字。开什么玩笑！猫很快就会摆脱它。戴高乐曾与一只绝妙的公猫一起在科龙贝生活，猫的名字同样威严，叫"林戈·德·巴尔马龙"。不管叫不叫"林戈"，伊冯娜和他很快便亲切地称它为"灰灰"。说到这个话题，科莱特有一句有趣的妙语。在提到她自己那些名字太过有野心的母猫时，她说："这些名字套在它们身上，就像套了质地很差的衣服一样。"对老历史学家而言，还剩下什么？"达姆-达姆"，不过是善良的达姆-达姆。对戴高乐而言？只是灰灰罢了！

你会对我说，使用昵称这个习惯做法并不只是针对猫的！当然，但也不是总用昵称。例如我的猫帕帕盖诺，听到我和妮可叫它"盖诺"（Geno 里的 g 在这里发浊音，同 guéno！）会很愿意地答应，在它温柔的时候，我们也会叫它"盖努奈"。我们的猫，名字只有两个音节的尼斯自然也很乐意我们叫它"尼斯努"。

谁没说过这样的傻话？男人、女人、孩子、恋人、猫，都一样！更有甚者，亲昵的称呼代替了真名实姓！帕帕盖诺自然就变成了"灰色的小家伙"，这其中并无恶意。说实话，它根本无所谓。

更宽泛地说，人在给宠物取名时有无限的创造力。我很喜欢赋予人类的这种绝妙自由,既不受日历中出现的圣人(名字)限制——而人类在很长时间内却必须这样,办户籍时必须要在这些棘手的问题上做出让步,也不能在登记簿上写上弗朗布瓦斯、齐祖、萨科或皮瓦娜①这种奇怪的名字。对于血统高贵的动物而言,也是如此,它们名字该死的首字母一定要出生年份——这又是一个让我不喜欢品种猫的好理由,它们名字的首字母跟立正排队似的,依序排开。

当然,这种创造力也很能说明问题。说明的不是猫的特征,而是为它们取名的人的特征。

告诉我你怎么称呼你的猫,我就能说出你是什么样的人。这是很自然的事。

因此,我们会开心地发现,一些洒脱不羁的家庭直接称呼他们的猫为猫儿,或者米内、米努,总之,就是些不用绞尽脑汁想的名字,然后就不烦这个心了!

也有一些追求简单的人满足于用米斯帝格里②、菲利克斯、佐伊等名字。

与猫一起生活的小说家会称它们为路西法、巴力西卜、浮士德或黛慕妮③。

容易动情的人会给它们取米努歇、帕托修、木木诺或夏图奈这样的名字。

禅宗信徒或崇尚简单的人更喜欢汤姆、杜丝、阿咪、帕特。

附庸风雅或特别装的人则会取吉尔贝特·德·帕塔哥尼、西奥多拉、克里斯多巴、汉尼拔、卡萨诺瓦这种名字。

---

① 弗朗布瓦斯(Framboise),原意为覆盆子。齐祖(Zizou),齐达内昵称。萨科(Sarko),萨科齐昵称。皮瓦娜(Pivoine),原意为牡丹。——译注

② 米斯帝格里(Mistigri),原意为猫(俗语)。——译注

③ 路西法(Lucifer),地狱魔王之一。浮士德(Faust),德国民间传说中的人物,一说是位炼金术师,另一说是位占星家。黛慕妮(Démone),意为女魔。——译注

文人则更喜欢穆尔(为了怀念霍夫曼)、迪达勒斯(参见乔伊斯作品)、吉姆(向康拉德致敬)、贝芮妮丝(因拉辛而不朽的名字)或娜塔莎(托尔斯泰作品中令人难忘的名字)。

更不必说音乐迷会抢着用苔依丝、阿依达、莱波雷洛[1]、法芙娜[2]或罗恩葛林……

几年前,《新观察家》的一位音乐批评家开始一项比较奇怪的收藏,它在某种程度上是虚拟的。他以在电脑里输入几百个甚至几千个他所知道的、在历史上,甚至在当代多多少少有些名气的人所养的宠物的名字为乐。1976 年,他在一家名叫莱斯冈佩特的小出版社出了一部题为《路易十四之死,附其他抄本》的作品中摘了一些片段。

我冒昧地在这个清单(我还曾对其进行丰富)中找了几个例子……

问题来了:下面这些分别属于何种类型或"家族":

> 巴尔蒂斯[3]和他的猫米特苏,
> 巴贝·多雷维利[4]和黛慕妮特,
> 莫里斯·巴雷斯[5]和法图盖,
> 莱昂诺尔·菲尼[6]和米娜波夫、穆西多尔和"美人"等等,
> 贝尔纳·佛朗克[7]和他所珍视的庞图福尔、梅多尔和

---

① 莫扎特歌剧《唐·璜》中的人物。

② 瓦格纳歌剧《尼伯龙根的指环》中的人物。

③ 巴尔蒂斯(Balthus,1908—2001):波兰裔法国具象派画家。——译注

④ 巴贝·多雷维利(Jules-Amédée Barbey d'Aurevilly,1808—1889):法国著名小说家,短篇小说作家。——译注

⑤ 莫里斯·巴雷斯(Auguste-Maurice Barrès,1862—1932):法国小说家、记者、政治家。——译注

⑥ 莱昂诺尔·菲尼(Leonor Fini,1907—1996):阿根廷超现实主义画家。——译注

⑦ 贝尔纳·佛朗克(Bernard Frank,1929—2006):法国著名作家、记者、文学评论家。——译注

"笔尖擦"。

戴高乐和在科龙贝与他一起生活的灰灰，

泰奥菲尔·戈蒂埃如此亲近埃波妮娜、克莱奥帕特和加夫洛许，

拉封丹与米妮特，

耶胡迪·梅纽因[1]在韩塞尔和葛雷特面前演奏小提琴。

米什莱和他亲爱的普鲁东。

莫里斯·拉威尔[2]和他的暹罗猫穆尼。

斯卡拉蒂[3]和普钦奈拉。

赵无极和布布国王。

啊，这么博学又有什么用！多么愉快又无用的幸福！

路易十四有一只猫叫将军。

阿纳托尔·法朗士的猫叫哈米凯尔。

雨果的猫叫加夫洛许和夏努安。

赛来菲娜与雅克·洛朗[4]生活在一起。

普利瓦尔、波达松与雷翁-保尔·法尔格[5]。

宾波与保罗·克利[6]。

玛丽与迪斯雷利[7]。

克里尼昂古尔的恐怖人群、驱散的母亲、爱吵闹的小鬼与

---

① 耶胡迪·梅纽因(Yehudi Menuhin,1916—)：美国著名小提琴家。——译注

② 莫里斯·拉威尔(Maurice Ravel,1875—1937)：法国著名作曲家，印象派作曲家的最杰出代表之一。——译注

③ 斯卡拉蒂(Domenico Scarlatti,1685—1757)：意大利作曲家。——译注

④ 雅克·洛郎(Jacques Laurent,1919—2000)：法国作家、记者。——译注

⑤ 雷翁-保尔·法尔格(Léon-Paul Fargue,1876—1947)：法国诗人、散文家。——译注

⑥ 保罗·克利(Paul Klee,1879—1940)：瑞士画家。——译注

⑦ 迪斯雷利(Benjamin Disraeli,1804—1888)：英国著名政治家，小说家。——译注

库特林[1]。

"谨慎"与克列孟梭[2]。

纳尔逊、玛格利特与丘吉尔。

毕伯洛、木木特与乔里-卡尔·于斯曼[3]。

特罗特与尚弗勒里。

皮波与阿波利奈尔。

米斯蒂·玛朗琪·阴·阳(有点抱歉!)与吉米·卡特[4]。

瓦西里奇、马赫卡与鲍罗丁[5]。

伽利切与威廉·巴勒斯[6]。

塞利玛与霍勒斯·沃波尔[7]。

"白雪"、莉莉丝与马拉美。

还可以继续列下去,*ad libitum*[8]……

显然,只要说到猫的名字,人们就会想起 T. S. 艾略特的诗集《擅长装扮的老猫经》(1939)中那首著名的诗,这部诗集我至今还没有找到完整的法语译本。这首诗题目叫做《如何称呼一只猫》,或者随大家的心愿,叫《如何给猫选名字》。

---

① 库特林(Georges Courteline,1858—1929):法国喜剧家、小说家。——译注

② 克列孟梭(Georges Clemenceau,1841—1929):法国政治家、新闻记者、法兰西第三共和国总理。——译注

③ 乔里-卡尔·于斯曼(Charles-Marie-Georges Huysmans,1848—1907):法国小说家。——译注

④ 吉米·卡特(Jimmy Carter,1924—):美国政治家:第 39 任总统。——译注

⑤ 鲍罗丁(Alexander Porfiryevich Borodin,1833—1887):俄罗斯浪漫主义作曲家。——译注

⑥ 威廉·巴勒斯(William S. Burroughs,1914—1997):美国作家,与艾伦·金斯堡及杰克·凯鲁亚克同为"垮掉的一代"文学运动的创始者。——译注

⑦ 霍勒斯·沃波尔(Horace Walpole,1717—1797):英国作家。——译注

⑧ 拉丁语,意为"随意"。——译注

我在这里为你们呈上完整的抄本——怎能抵御这种诱惑？——但我不知道它具体出自哪位译者之手，可惜！

为猫选名字是件麻烦事，
可不是一项简单的消遣；
一开始，您应该会想，我这人真奇怪，
因为我告诉您一只猫应该有三个不同的名字。
第一个是在家里日常使用的名字，
一个像皮埃尔、奥古斯特、阿隆佐或詹姆斯这样的名字，
一个像维克多或乔纳丹、乔治或比利·贝利这样的名字，
这种每天都会用的名字。
如果您想让它听起来更动听，也有更怪诞的名字，
有一些适合猫先生，另一些适合猫小姐：
例如柏拉图、阿德墨忒、厄勒克特拉、德墨忒尔——
但这些名字都是日常使用的。
然而，我跟您说，猫还需要一个特别的名字，
一个奇特并且足够隆重的名字，
否则，它怎能直直地竖起尾巴
展示它的胡子，保持它的骄傲？
这类的名字，我可以举出几个例子，
例如蒙克斯苔普、奎佐、柯利科佩特，
例如邦贝鲁琳娜或者热雷奥罗姆，
这种绝不会被两只猫共享的名字。
但无论如何，还有另一种名字，一种您永远也想不到的名字；
一种任何人类的研究都不会发现
——只有猫会知道但它绝不会吐露的名字。
当您看到一只猫沉浸在深思中，

我跟您说，这总是出于同一个原因：

它陷入了深不见底的思考。

思考，思考，思考它的名字：

它说不出又说得出

说得出又说不出

神秘、难以捉摸、奇特的名字。

一切都被这位伟大、宽广、狡黠、巧妙的诗人——T. S. 艾略特说出来了。他用“你”称呼猫，比任何人都清楚，想完全了解猫是不可能的。他在它们的秘密周围游荡，并带着令人赞叹的幽默去接近它们未知的名字。他了解它们的残酷和它们的柔情、它们的狡猾、它们的魔法。他以猫为主题创作的诗灵感来自于音乐剧《猫》的剧本。20世纪下半叶，这部剧在伦敦和纽约取得了巨大成功（参见词条“韦伯”，他是该剧编剧）。尤其值得一提的是，他特别尊重猫的沉默。再说一遍，他知道，猫绝不会向您递上写着它独特名字的身份证……

马戏(Numéros de cirque)

猫不是马戏团动物，不会在那里表演节目。没有人能驯服它。圆形场地铺满木屑，直径为13米（长度正好是场地中央驯兽员手里那根轻便长柄马鞭的两倍），适合马和杂技演员、大象和孟加拉虎、杂技演员和小丑施展一系列动作。但猫不是小丑，更不是杂技演员和大象。它到了那里便全然不知所措。难道它想要球，演奏曼陀林？还是跳过熊熊燃烧的金属环？这不太可能，人们在高高的看台上几乎不会看到这一幕。因此，更不必说，猫到了巴纳姆①

① P. T. 巴纳姆(P. T. Barnum，1810—1891)：美国巡回演出团老板和马戏团老板，被称为“马戏大王”“骗子大王”。——译注

发明的有三个并排场地的“美国制造”的马戏团，肯定会消失得无影无踪！

当然，对于马戏团的好处、马戏团的魔法和它引起的颤栗，人们总也歌颂不够。从未走近马戏团帐篷的孩子是可悲的。记住海明威的妙语吧：“只有马戏团能让我睁着眼睛做梦。”但我重申，在我看来，猫跟这个梦毫不相关。

当然也有例外。有人跟我提过一个名叫伊乌里·考克拉契夫的小丑，他打造了一个由猫表演的滑稽节目。这应该是 20 世纪 80 年代的事。我记得曾经在现实中(或者是在电视上?)看过一两次极为罕见的由马戏团的猫表演的节目。并没有给我留下深刻的印象，反倒让我感觉有点不舒服。我觉得对猫发号施令的驯兽员多半是俄国人。总之，这是这个国家的特色。为了挑选出这半打还算听话的猫，有多少只猫接受过选拔，又是怎么选拔的呢?

这些节目挺无聊的。不然还能怎样?猫需要跳过各种各样的障碍物，一个挨一个坐下。没什么好看的。说到底，唯一的奇特之处就是看到猫出现在马戏团里。仅此而已。我前面说过，想制造这个奇观很困难。可以感觉到，这些可怜的猫是被逼无奈才这么做的。就像刚入行的脱衣舞娘或出身良家的年轻女孩受到虐待或被人敲诈，不得不在人前一件件脱下衣服，如同花瓣凋零。

相反——我说的可能不对，如果是老虎或海狮受到逼迫，人们就不会产生这种痛苦的感觉。但说到底，大型猫科动物还是可以自卫的，它们本身就代表着威胁。这正是关键所在。如果它们顺从，那是因为它想这么做，因为它们成为了驯兽员的同谋，因为它们可以从中取乐。而海狮想要什么呢?没有人提出这种问题。它们本身就挺奇怪的，找不到参照。我们不可能每天在大街上或在排水沟里看到海狮，将它们与被征调到马戏团帐篷的同类相比……

我在马戏场看到的猫可不是这样。它们本身并不奇怪。它们是被转移到这里的，这就大不一样了。否则，在这种地方，肯定不会遇到它们。它们生性独立，独来独往，喜欢秘密，拒绝任何外部束缚，有自己睁着眼睛做梦的方式，没有什么特质说明它们更适合与白面小丑和耍把戏的人为伍，成为人们鼓掌的对象。

谢天谢地，正如前文所说，马戏团里的猫还是很罕见的。如果查阅亨利·泰塔尔德①的著作《马戏团趣史》，可以得知，在20世纪前几年，由猫表演的几个节目成为了报刊专栏的热门话题。训练它们的人是谁？这个行业的传奇人物博内蒂，以及在阿尔丰斯·朗西马戏团工作的赫尔马尼。他们指挥猫走钢丝，让它们在拉紧的绳索上行走，按住在绳子上的大老鼠，最后用嘴把老鼠叼走，把它们关进一个篓子里。“真是奇怪的搭档！”作者平静地指出。

泰塔尔德还讲过一个趣闻，是一个亲见者透露给他的。我觉得，在某种意义上，这个故事要有趣得多，它更震撼人心，甚至具浪漫色彩，简直像一部B级恐怖电影的题材……

19世纪末20世纪初，在索恩河畔的博普雷，据说，有一个侏儒驯兽员被6只大猫掐死了，那6只大猫是被他装扮成老虎拿出来秀的。那些不幸的猫究竟遭受了怎样的虐待，才会这样报复？那个侏儒是魔鬼吗？《马戏团趣史》的作者明智地指出：“这个身材矮小的斗兽者大概是被徒弟们抓伤后吓死的，因为我从来没有见过猫可以掐死人，不管他有多矮。如果是身材比家猫大一倍的野猫干的，那还有可能。”

无论如何，我还是很高兴能看到猫起来反抗。再说一遍，猫永远不会成为小丑，永远不会长时间地表演走钢丝，而且无论如何，都不会为老杂耍艺人的退休金出一份力。

---

① 亨利·泰塔尔德（Henry Thétard，1884—1968）：法国作家。——译注

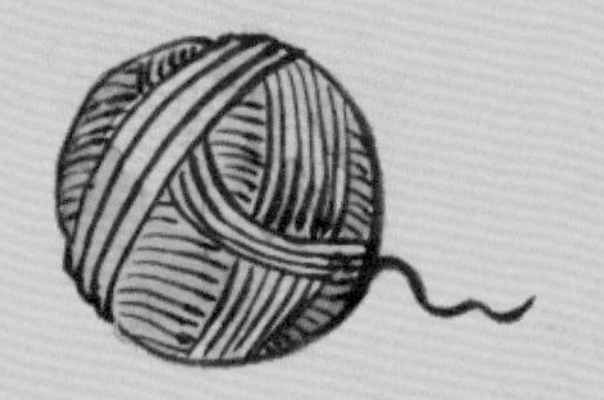

鸟(Oiseaux)

多数情况下,动物都是成双成对出现的,这样就可以相互比照,相互对立,相互补充。拉封丹深谙此道。蝉和蚂蚁,兔子和乌龟,乌鸦和狐狸,老鼠和大象,不是吗?从更广的范围来看,狼和羊会进行较量,鹰和鸽子也是一样,它们还被用来区分食肉派与和平派,战争支持者与和平爱好者。在福音书中,马槽中驴和牛的搭档成为了不朽。鲤鱼和兔子结合表明矛盾依旧不可调和。这样的例子不胜枚举。

猫呢?

它自然是跟另一种家养宠物——狗联系在一起的,二者势同水火。像猫和狗一样对视,意思不言而喻。

猫和大大小小的老鼠关系更为密切,老鼠一直是它的猎物。此外,很久以来,它与人类不断达成的契约也是以此为基础的。它帮助人类驱赶这种有害的啮齿类动物,以此换取保护和家庭的温暖,甚至成为人类的钟爱之物。关于猫和老鼠这对搭档的格言和谚语(参见该词条)数不胜数。

但在我们的想象中,另外一对搭档比猫和老鼠更加古老:猫和鸟。这是因为,为了杀死老鼠,人类一直要靠其他小型食肉类哺乳动物(例如鼬)帮助。相反,把猫跟它如此迷恋、毫不犹豫杀掉的鸟联系在一起,是一种延续几千年的文化习惯、一种条件反射,甚至成了人类的陈词滥调。

回忆一下现存最早的跟猫相关的著名艺术作品,就会对此深信不疑。例如,公元前1800—前1700年,纪克里特岛人浇铸的浮雕,或者处于同一时期在克诺索斯出土的壁画,其中一幅展示的就是猫攻击鸭子……如果身边没有野鸡抓的话。

在埃及,这一主题经常出现在绘画作品中。我们了解到的最美丽、最激动人心的作品之一，可追溯至新王国时期第十八王朝，确切地说在公元前1350年左右。这是奈巴蒙[①]墓出土的一幅画，现藏于大英博物馆。画的是什么？是尼罗河沼泽地的狩猎场景，景色之美令人浮想联翩。猎人们站在船上，在芦苇地里开辟出一条通道。一只红棕色带虎纹的肥猫陪伴着他们，或者说，在帮助他们。它冲向一只鸟，正好咬住了左翅膀，前爪还抓着另一只飞禽。怎能不带着遥远的尊敬与爱意，向这只绝妙的猫致敬呢？它跟每日陪伴我们左右的伴侣是那样相似！那个时候，我们愚笨而野蛮的欧洲祖先还在钻木取火呢！

几百年后，第二十王朝的一幅莎草纸画展示了有趣的一幕，它所表现的价值观和行为是和现实颠倒的。猫突然被调教成一个文静的牧羊人，两只后腿着地站着，似乎在用棍子指挥着一群对它言听计从的鸭子。

我们知道，自一开始，猫和飞禽便势必是要对立的。人们最早提起并尝试表现的正是这种对立。有幸参观那不勒斯国家考古博物馆的人，肯定不会忘记被移到并保存在那里的那幅表现庞贝农牧神之家的庄严镶嵌画。它可以追溯至公元前2世纪。一只体型健壮、双目圆睁、尾巴竖起的虎纹猫，一副凶残、幼稚、好奇、动人、无辜、冷酷的样子，好奇而又贪婪地俯身望着一只可怜的山鹑，无疑很快就会把它变成一顿美餐。这只不过是古罗马时期最美妙、最具表现力的例子之一。此外，在其他镶嵌画中，猫的主题还会反复出现，它捕食的不是老鼠，而是鸟。

正因为如此，猫才很难被人类接受或喜爱吗？很有可能。大部分的古代作家，从亚里士多德到佩特罗尼乌斯，从卡利马科斯到塞内卡，都注意到了猫有杀鸟的罪恶爱好。他们观察到鸟，哪怕是最柔弱的雏鸟都会本能地提防猫。出其不意地杀死鸟，尤其是人

① 奈巴蒙(Nebamon)：古埃及新王国时期的一位官员。——译注

们所熟知的鸟，这难道不是最邪恶的罪过、最卑鄙的行为吗？人类应该打击这样的冒犯，去搭救孤寡弱小的鸟类，或者，至少搭救遭到突袭的黄莺或夜莺。

6世纪时，经院哲学家阿加提阿斯毫不留情地处决了凶手："家猫吃了我最喜欢的山鹑之后还想住在我家里？亲爱的山鹑，我不会让你无声无息地死去，我会杀了取你性命的猫，祭奠你的尸骨。"

当然，猫这一不可原谅的行为（只是在那些单纯地认为它的行为具有人性的读者眼里不可原谅），具有了重要的象征意义。鸟象征着优雅、无辜、美丽和屈服；猫则象征着贪欲、暴行和诱拐。你们觉得这没有意义？显然，其中无疑还具有性的内涵。换句话说，猫就是贿赂者、诱惑者、毫不节制的秽乱者；鸟则代表着纯洁、脆弱和很快便会被玷污的贞洁。

与鸟相对立的猫的形象，或者说，猫的象征意义，还会一直流传下去。在多少直白的牧歌作品中，年轻的乡村女孩面对情郎，任由鸟飞出她们拿在手里的小笼子，似乎象征着她们的贞洁也要飞走了！呆在她们脚边的猫睁大了贪婪的眼睛，直勾勾地盯着鸟。

在我们看来，可怜的猫受到了多少虐待！当然，它对待飞禽确实不温柔。但后者的仇恨也得到了洗雪。它们反过来给猫带来了很多痛苦，摧毁了它，破坏了它的名誉，使它本该得到的信任荡然无存。

猫能够得到平反吗？

当我的猫帕帕盖诺在阳台上逮到一只麻雀，甚至是一只鸽子，得意洋洋地带回来，把血淋淋的鸟放到我脚边时，我又能说什么呢？猫先生，谢谢你送给我一个在你看来如此珍贵的礼物？或者，可怜的猫，难道你不为这野蛮而罪恶的行为感到羞耻吗？你配得到我的柔情吗？

我的朋友，出色的兽医、作家菲利普·德·瓦伊给我讲过一个趣闻，可用作本章结尾——尽管这个小故事可能鲜为人知，但还是值得被公关代表挖掘出来，用来改善猫的形象。

他有一位年老的女顾客，家里养了一只鸟很多年，关在笼子里。一只流浪猫来到她家里来寻求庇护，她很乐意地收留了它。她含糊地对它说，只有一个条件，那就是不准碰我的鸟，哪怕一根羽毛也不行。猫似乎听懂了这个禁令。它从来不会带着一丝贪婪凝视笼子里的小家伙，只是乖乖地坐在几米之外的垫子上。

可惜，鸟还是死了。我得赶紧指出的是，这只鸟是自然死亡。主人显然很伤心，把它没了生气的小身体从笼子里拿出来，放在猫面前，仿佛是在对它说：看，我的老猫，你失去了小伙伴！猫一动不动地盯着鸟，然后转过身子。

几天之后，它像往常一样在街道上溜达了一圈，然后回到了家里，嘴里衔着一只鸟。可怜的家伙！主人喊道！猫在空笼子前停了下来。女人这时才注意到，猫嘴里衔着的那只鸟还是活的。她把鸟从猫的齿缝里解救出来，放进笼子里。猫舒服地哼了两声，然后，又回到它最喜欢的垫子上懒洋洋地坐下来。

“最奇怪的是，”菲利普·德·瓦伊向我指出，“这只鸟跟之前死的那只是同一个品种的。”

我很难相信他。金丝雀、黄鸟、鹦鹉这种自由自在的动物可不是随便在哪个街角都能找到的。

“真的是同一个品种？”

菲利普·德·瓦伊微笑了。

“可能不完全一样吧，”他退让了，“可能是只麻雀。两者还是很像的！”

好吧！

耳朵(Oreille)

爱情诗有一个古老传统，就是用独立的段落——如果可以这么说的话——来歌颂心爱的女子。这种诗当时被称为细腻刻画的颂诗。按照传统，诗人会轮流夸赞她美丽的小嘴、神秘的眼睛、雪白的胸部……

自然也可以用同样的方法描写猫，依次极力夸赞它的胡子、尾巴、瞳孔和皮毛。当然，这样的尝试估计用处不大。美，难道不就是指整体的和谐吗？但这并不妨碍人们无穷无尽地赞美猫的眼神，赞美它轻柔优雅的步态，赞美它高贵的姿态……

那猫的耳朵呢？啊，猫的耳朵。光是耳朵就该用一卷书来写。它们是那么柔软，那么富有表现力，那么神奇！猫在窥伺或生气时，它们可以灵活地缩到后面，几乎贴在脑袋上。它们如此灵敏，可以听到我们听不到的声音。两只耳朵不是傻乎乎地一起动，而是各自为营，灵活自如。

来一点解剖学知识？

为什么不呢？

你知道吗？想要猫的一只耳朵转动、定位、倾斜、接收使它困惑的声音，最少也要 62 块肌肉，一块也不能少。62 块肌肉，谁能超越它？肯定不是我们，可怜的人类！我们不能竖起耳朵，不能让耳朵指向哪里，不能翻转，不能把身体和耳朵转向不同的方向。在所有品种的猫中，可怜的苏格兰折耳猫因耳朵下垂松弛而与众不同，跟平庸无奇的狗一样！它们是个例外。让我们带着怜悯之心忘了它们吧！

让我们竭尽全力歌颂猫的耳朵，以及其他所有可以像雷达一样旋转、骄傲地竖起、骇人般地合上（我还是要说，猫的耳朵真是一门语言！）、能够听到我们根本猜不到的声音的耳朵吧！

猫琴(Orgue à chats)

猫是音乐家吗？

猫叫可以跟天籁媲美吗?

人人心中自有评判。

埃及人将猫神巴斯泰托与它最爱的乐器"嬉斯特"①联系在一起。在1727年出版的文选《猫的历史》中,弗朗索瓦-奥古斯丁·帕拉迪斯·德·蒙克里夫毫不犹豫地写下:"猫在音乐方面具有先天优势。它们可以发出抑扬顿挫的声音,在表达不同的感情时,会使用不同的音调。"

当然,可以琢磨一下蒙克里夫是当真还是全然不把世界放在眼里;琢磨一下他是不是真诚地赋予猫以大部分美德,在这种情况下,也就是赋予它以单纯的音乐表现力,还是完全按照那个世纪的精神,作出的绝妙的讽刺……因为私底下说,猫的哼叫声通常是跟走调、离谱以及所有伤害耳朵的声音(更不用提"嗓子里有只猫"②这个说法了),而不是莫扎特温和的叙事抒情曲或舒伯特忧伤的民谣联系在一起的。

因此,很长时间以来,我一直觉得,"猫琴"应该只是一个荒唐的想法而已,是某个滑稽画家的突发奇想。仅此而已。但16世纪的一部史书告诉我们,1547年人们在布鲁塞尔为查理五世举行游行时,确实用到了猫琴。

可怜的布鲁塞尔人!这是我所知晓的最令人厌恶的"比利时故事"。

这么说吧,这座城市有一些可怜的公民,他们过于幽默,乐感很差,对猫没有一丝怜悯和柔情,于是产生了这个想法:把几只猫分别关进箱子里,把每个箱子想象成一个共振箱,只有猫尾巴露在外面。当人从下面拽尾巴时,猫就会发出特有的尖叫声,这声音自然不是音乐,但拽猫尾巴的演奏者可以想象自己正在演奏出一曲

---

① 嬉斯特(sistre):古埃及一种形似球拍的打击乐器。——译注
② 意为喉咙发毛。——译注

无疑与他本人同样“高雅”的音乐，以此娱乐听众。

在这场难忘的游行中，这种猫琴被搬上了马车。查理五世是否喜欢这种音乐新发明，我们不得而知。既然他的反应无从知晓，我们宁愿相信他慈悲地忽略了它。或者，他很不满，但什么也没有说。毕竟，他既是一位敏锐的外交家，又是一位爱猫人士。

查理五世是一位伟大的国王。

又及：在《猫的历史》中，蒙克里夫提到了这种猫琴的前身。根据路易十一时代的一部史书，为了在庆典上娱乐君主，人们设计了一种猪琴。人们把动物召集起来，让它们在帷帐或踏板下面并排站好。人们一踩踏板，就会有小针去扎这些动物，让它们发出尖叫，并“遵循一定的次序和曲调，以此娱乐国王及其随从”。所以，嘲笑比利时人的幽默或乐感毫无意义。法国人才是令人痛心的始作俑者和迫害者。

起源(Origines)

我们所养的家猫跟欧洲野猫、非洲野猫、印度野猫等野猫是近亲……但所有的自然科学家都会告诉你，布封也曾经指出，它们之间存在明显的生理差异，无法进行杂交。所以呢？

那么，想到我们的家猫一直以来充满神秘，人们对它的家谱和地理起源一无所知，它又对自己的秘密守口如瓶，拒绝人类对它进行简单的分类，让科学家们迷惑。正如我们在“从前”这个词条里所说，如今事情明朗了一些，但我们还是再向前追溯吧……

例如，追溯到距今恰好 5000 万年前。那时，也就是第三纪初期，人们发现了细齿兽类的存在，那是猫、狗、豹等动物的远祖。大约 1000 万年以后(简直短到不值一提！)出现了豹猫属，它既属于猫，又属于麝猫。到了距今 1500 万年前的新第三纪，出现了大量的假猫属，它们的牙齿跟猫类似，已经有了发达而锋利的尖牙，并且已经进化为趾行动物，也就说，走路时足趾着地。

抓紧看完这个乏味的系谱吧！

假猫属从亚洲迁徙到欧洲、非洲和北美洲，产生了不同的家族，例如，剑齿虎亚科，它产生了我们所知晓的猫亚科（例如，野猫和亚洲的兔狲属）。这是距今仅 1200 万年前的事。很快，又过了 700 万年，猫科分为了两大家族，即猫亚科（小型猫科动物，例如猫）和豹亚科（大型猫科动物），而猎豹因为与其他所有动物不同，被划为猎豹亚科。

好了！

如此，猫亚科与其祖先同属哺乳类食肉动物，作为其分支的猫属是在何时，以何种形式产生的？——先是野猫，而后是名不副实的家猫，产生于距今 1 万年前。

我们说得太快了？

或许。

无论如何，这将促使我们怀着更多敬意去看待猫。它身后有那么悠久的历史，逐渐达到完美的生理结构，灵活、优雅、高贵，甚至充满智慧；而我们的祖先还在绝望地摩擦着火石，躲藏在洞穴中，叽里咕噜地不知说些什么，甚至还不懂手工刀具。

是猫教化人类有功，使他们变得稍稍文明一些，向他们灌输了美感吗？

人们在杰里科[①]附近的一处遗址里发现了猫的骸骨，被埋在人的骸骨旁边，可追溯至约 9000 年前。可见，猫和人类在很久以前就曾共同生活，他们彼此需要，又小心翼翼地保持独立，哪怕后来还是会如兄弟一般，被葬入同一个墓穴。这是一个古老的故事，

---

① 杰里科(Jéricho)：巴勒斯坦城市，位于以色列约旦河西面 7 公里处的约旦河谷。——译注

更是一个动人的故事……

总结一下。

猫就在那里，在我们之前。它似乎是一成不变的。它的起源可追溯至时间的黑夜①。我很喜欢这个表达方法：时间的黑夜。猫是夜行动物，在那里它会悠闲自得。它蜷缩在那里。学者、爱刺探的人、亵渎墓地的人所特有的冒失行为都与它隔绝开来。最终，它似乎借助魔法走出了暗夜，它的存在似乎是对我们的馈赠。或许，它与非洲野猫并没有任何相似之处，尽管，如今的博学家认为后者是它的祖先；与假猫属也没有什么关系，这个名字本身就很荒诞。或许，它是在某一天被魔术师或跟它有着相同形象的神发明出来的。有了它，我们的生活才不会那么丑陋、平庸。

尽情畅想吧！

① 指远古时代。——译注

P

皇宫(Palais-Royal)

我经常穿过皇宫花园。天下雨的时候,我不会骑自行车去位于交易所广场的《新观察家》编辑部。从皇宫地铁站出发,在取道薇薇安街之前,我喜欢在拱廊下逗留。每一扇玻璃彩窗我都了若指掌。画廊,餐馆,卖手稿和旧书的商店,卖纪念章和民用、军用装饰品的商店,还有园艺用品店和颇为有名的自动售卖摊,等等。那时,我漫步在树荫下,水池边,经常用困惑的目光打量着文化部那些偶尔点缀其中的现代雕塑。

我想,无论如何我都不会忘记,这个地方如此之美,两边的建筑比例恰到好处,让我心醉神迷——它神奇而安宁,位于巴黎市中心,又离巴黎这座现代化城市如此之远,离巴黎的魅影与历史,离狄德罗、18世纪末、督政府和那个时代的妓女、交际花和游乐厅如此之近。我瞥见远处的韦富尔餐厅,仿佛看见里面曾经的所有常客,吉特里、科克托、科莱特……

但我还是遗漏了一个事实,少看了一样东西。当我读到埃玛纽埃尔·贝尔写于1955年的文章《我的邻居科克托》时,我突然意识到了这件事。这篇文章收录于《时代,观点与人物》这部激动人心的巨著,集合了贝尔在媒体上发表的主要研究成果,是其朋友贝尔纳·德·法卢瓦在2007年推介并出版的。啊,尽管我很想在这里向有着敏锐而宽容(这种品质更为难得)的智慧,却被后世不公正地忽略或遗忘的埃玛纽埃尔·贝尔致敬,但这里并不是表达这种感情的地方。

不,在这篇文章中,科克托入住皇宫,并把贝尔带到了他家里,让他在那里谈论猫……有件事令我惊讶不已,我早就该想到的:当我在皇宫的花园里或拱廊下,在最常去的瓦卢瓦街和博若莱街散步时,可以说我从来没遇到过猫!

为什么?

这个地方正应该是猫的天堂。对它们而言,这是一片绝佳的自由休闲区,不用担心车辆的来往及其带来的危险。如果我是皇宫的商人,我不会太害怕我的猫会在树荫下、喷水池边或旁边的彩窗上闲逛。甚至,如果我住在楼房里,我会任由它们溜到外面。

住在皇宫的科莱特会给她的猫儿们片刻自由吗?

还是回到贝尔对科克托所做的评论,以及他入住皇宫……我忍不住想在这里引用他文章中精彩的一段:

> 随后,他在公寓里养了很多暹罗猫。然而在皇宫,猫扮演起了看门狗的角色,它们要防御的不是老鼠,而是鬼魂。谁提到皇宫,谁就会说起猫。它们统治了那里。它们行走在皇宫周围随处可见的宽大的锌板上,它们爬到花园里的树上,它们占领了街道。在它们面前,要么妥协,要么逃跑。我的妻子害怕猫。(注意,埃玛纽埃尔·贝尔的妻子正是可人儿米雷耶,她是一位嗓音调皮尖利的著名歌唱家,晚年还主持了一档著名的法国电视节目《小音乐学院》。)如果房间里有一只猫,她都不能呆在那里。然而,更为强大的皇宫改变了她。她容忍了第一只猫的存在;第一只猫死后,她养了第二只,它从阳台跑了;她又收养了第三只,那只猫喜欢她超过我,超过很多。如果猫不回到她身边,出现在她的视线中,她就会坐卧不宁……

在他狭小的公寓里,科克托的猫数量达到了14只。

它们让他无法工作,无法生活。它们叫喊。它们打架。科克托把时间都耗在了让它们和好或把它们分开上。他再也不敢开门了,怕战火会重新燃起。

只剩下3只了。

但他的管家玛德莱娜无疑是整个街区在猫这个领域的最

高权威。她把一生中最美好的一切都献给了暹罗猫。当科克托出门旅行,只剩下猫时,她就会离开她自己的公寓,离开丈夫,来和猫一起睡觉。此外,她还会喂养流浪猫。她发现了在藏身之处颤抖着的它们,给它们带去了食物。由于有她做管家,科克托实际上是为蒙庞西耶路的猫建了一处施诊所。

半个多世纪以来,发生了什么?

皇宫的猫也像科克托、科莱特、埃玛纽埃尔·贝尔以及其他一些人一样,化作鬼魂了吗?它们会出没于屋顶,还是我没看到它们?主人们谨慎地把它们锁在家里,不让它们离家出走爬上屋顶?

我得做个调查。

《一只英国猫的苦难》(*Peines de cœur d'une chatte anglaise*)

《人间喜剧》美妙、令人钦佩,堪称法国历代文学史上最毋庸置疑的丰碑之一。大家知道,在创作这部作品的过程中,受其雄心所累,巴尔扎克有时会感到某种厌倦——甚至是某种失望。这项任务太不理智了!但进一步说,我们知道,他至少在一件事上得到了安慰,那就是欣然同意参与《动物的公共与私人生活》的创作。皮埃尔-儒勒·斯塔尔计划于1842年出版这部两卷本作品——这位斯塔尔先生也是《人间喜剧》的编辑,他后来成了名,笔名黑泽尔。这位编辑的名字同样出现在儒勒·凡尔纳的每一部《奇异之旅》,以及其他一些作品上。

当然,巴尔扎克为此而创作的《一只英国猫的苦难》并不是他的重要作品。它无法与《幻灭》和《交际花盛衰记》相提并论。这并不妨碍人们喜欢它——而促成其魅力的另一因素便是格兰维尔为这部作品创作的插图。这位伟大而令人钦佩的画家将这部作品变成了一个奇迹,其画作优雅而耐人寻味,讽刺辛辣,笔触柔和、细致、富有创造性而又坚定有力。多谢格兰维尔！他让我们真正见识了美丽无瑕的"美人"伦敦式的内心和漂亮的服饰，并向它致敬。这只小猫有时会到屋顶上冒险，任由自己被布里斯克的甜言蜜语诓骗，这位法国花花公子的魅力简直不可抵挡。与此同时，英国绅士的杰出代表，声名显赫又得意洋洋的帕夫，则冒冒失失地以为"美人"心属于他，顺从于他。自此以后，巴尔扎克的作品与格兰维尔的绘画密不可分，他们携手铸就了我们的阅读的快感。

或许，有人会想起，1977 年阿根廷导演阿尔弗雷多·阿里亚斯和他的 TSE 剧团曾在巴黎表演这个故事。热娜维耶沃·赛罗将巴尔扎克的作品改编成了剧本，由一些戴着滑稽面具的喜剧演员表演——面具和服装的灵感正是来自格兰维尔的插图。阿尔弗雷多·阿里亚斯取得了巨大成功，公众反响热烈。后来又上演了几百场……自此，巴尔扎克的《一只英国猫的苦难》获得了意想不到的成功。

坦白说，《人间喜剧》的作者对猫灵魂的了解并没有深刻到令人眩晕的程度。此外，这也并非他的本意所在。当然，他的观察还是很准确的。如果不能敏锐地捕捉猫的性格和态度，也就无法成为一位洞悉其所处时代和社会的观察家，也不会成为一个挖掘人物性格、思维和情感的深度令人生畏的作家……但他对猫的关注度毕竟不如他对人的关注度。

简言之，对巴尔扎克来说，他只是利用动物幻想来诙谐地讽刺英国习俗和社会罢了。这才是真正激发他创作灵感的主题。

他的女主人公，若不是得天独厚生来一身洁白无瑕的皮毛，早就跟她那几十个兄弟姐妹一样，一出生就被弄死了。(啊，作者在此影射英国人呆在这个国家无聊透顶，于是有了爱私通和生混血儿的癖好！)

年幼的她有时会被人"遗忘"在家中的角落里。人们严厉地纠正她的行为，不要在人前梳洗或如厕，这就是规矩。"这说明只关注外表的英式道德有多么严苛！唉！这个世界真是肤浅又令人失望!"她评论道。

典型的英国式虚伪!

"我承认,""美人"还告诉我们,"凭动物的直觉,我知道我不该这么打扮;但在挨过鞭子后,我终于明白,对于一只英国猫来说,外表整洁就是它的全部美德。自那时起,我就习惯了把爱吃的甜点藏到床底下。从来没有人看到我吃饭,喝水或上厕所。我被视为'猫中珍宝'。"

很快,堪称英国贵族的公猫帕夫来了,这只猫肥胖、沉着、严肃。他可不是那种会在人前挠痒痒的猫。他本可以成为"美人"的佳偶!

在此期间,猫小姐还在继续接受教育。她没有被角落里的布道者说服,那些人将教义建立在圣保罗教义和(比人权更为牢固的)动物权利之上,认为追逐老鼠是不合适的,甚至是*失礼的、粗俗的*。这让了解底细的帕夫觉得可笑之极……

"看到我被这种*演讲*所蒙骗,帕夫大人偷偷地告诉我,英国人正打算进行一场巨大的老鼠交易;也就是说,如果其他的猫不再吃老鼠,鼠价就会降低。英式道德背后总有某种商业理由;道德与重商主义的联盟,是英国人唯一的指望。"

啊不,奥诺雷·德·巴尔扎克在我们的英国朋友面前并没有表现出宽容大度！同样沉着而不幸的法国诱惑者布里斯克却始终宽容,尽管他爱吹牛、傲慢无礼的缺点也不容忽视。

你们想让"美人"同意与他私奔吗?

"没有钱的爱情根本*毫无意义*!"我对他说,"亲爱的,如果你还要忙着找吃的,你就顾不上我了。"

好了！我就不在这里详述其中的曲折了！只需指出几点就够了:"美人"所喜欢的布里斯克那样的眼睛,我们每个人都有;英国并不是人们幻想移民的国家,尽管那里有强制性征款和宽松的税法规定,英国的小姐又是最漂亮、最英勇、最性感的——无论是不是猫小姐——而且她们很爱干净。格兰维尔早就深信如此,他的画便是明证。

说到底,至少有一次,法国最著名的小说家把他的名字,他的苦难和他的才华跟我们同样崇拜的猫联系在了一起,这一点难道不令人宽慰吗?

波斯猫(Persan)

波斯猫是一种贵族猫,高贵到有些夸张,人们甚至找不到比波斯猫更高贵的猫。能达到如此稀有的程度,几乎令人动容。夏加尔[1]的画挂在壁炉上方,波斯猫在沙发上打盹儿,这两种情况下都要小心划痕!小心倒霉的鸡毛掸子!但愿它们安然无恙!

波斯猫令人动容。是的,在我们看来它是那样柔弱。柔弱,不也是贵族的特征之一吗?波斯猫需要,或者说,每时每刻都必须得到照拂。啊,可不能任由它跑到大自然或者花园深处!它又会出落成一个大高个儿,一个郊区居民,或者像它远古的祖先一样,在灌木丛中追赶猎物,在排水沟里大步地踱来踱去,或者与更加流氓的公猫抢夺老鼠或树鼩的尸体!它的长毛那么丝滑,大眼睛吃惊地睁着,总带着一丝慵懒,应该让它休息,因为它柔弱无力;或者应该让它呆在玻璃橱窗里。总之,得为它服务。

有这样一些上流或半上流社会的女人(至少以前有),得让仆人帮她们穿衣,脱衣,穿上紧身衣,精心打扮,梳理秀发,扑上粉,帮她们洗澡。波斯猫就属于这一类。让它们自己洗漱,想都别想!由仆人来做这些事,或者让男人来做。我们就是波斯猫的

---

① 马克·夏加尔(Marc Chagall,1887—1985):白俄罗斯裔法国画家、版画家和设计师。——译注

仆人。

它们会把身上的毛弄得哪儿都是。让我们来打扫,用吸尘器吸把地方清理干净。如果,因为不留心,或者出于一种奇怪的对民主的顾虑,它们开始舔自己的毛,像一个大人,或者像你我一样把自己舔得发亮,那可得注意了!它们可能会吃进太多毛,在消化系统中形成毛团。它们会昏过去。它们会窒息。对于上流社会的女人或波斯猫来说,昏过去可能还是件挺风雅的事情,但不能滥用。

说到食物,也是一场搏斗!波斯猫不会满足于快餐的菜单。啊,那怎么可能!相反,它需要各种类型的食物、蔬菜、肉、鱼,还要一位米其林星级厨师,如果可能的话。跟所有的明星一样,它小口小口地吃饭,目中无人,有时还会玩厌食的把戏。什么!你竟敢给我吃这个?服务员,把老板给我叫来!

我在跟你们讲波斯猫。这活儿进行得有点快。波斯猫的品种多到不可思议。你想要多少原产地控制品种和列级[1]品种,就有多少。有白色的波斯猫,也有湖蓝色的波斯猫,就像生活在维多利亚女王身边的那只一样。哪一种更威严、更专制?有蓝眼睛的波斯猫(它们的耳朵总是聋的,仿佛它们受不了别人的夸赞,可怜的家伙!)、单色的波斯猫、银白色的波斯猫、带虎纹的波斯猫,充满异国情调的短毛色点猫,算是它的一个远亲……

它们全都身材矮壮,爪子宽而短,小耳朵圆圆的,当然,鼻子又大又扁,恕我直言,这有点儿好笑。它们的鼻根跟一位不幸的拳击运动员的一样,被人用直击和上勾拳劈头盖脸打了太多次之后,终于打烂了,打扁了。

波斯猫有点儿可笑,甚至还有点儿悲怆,我说得严重了一些。它的沉着,爱沉思的特质,身为世界选民的自信(不该叫它反过来

---

① 此处以法国葡萄酒以及酒庄分类来比喻波斯猫的分类。——译注

对我们温存一点，我们感激它的一切，它却丝毫也不感激我们）和它那张带着高傲与自信、类似于马塞尔·塞尔当[①]（这人也不是一位安静的拳击运动员，很显然！）的滑稽笑脸之间形成了令人震惊的鲜明对比。

跟所有的明星、女歌星、受人供养的女人和荣誉加身的人一样，波斯猫是柔弱的。正如以前所有的拳击运动员一样，或许吧。它们出了名的扁平鼻是造成该死的呼吸问题的根源。它们泪管狭窄，有时会引发长期打喷嚏的症状。总之，这就是它们茶花女的一面。

你们或许懂了，我跟波斯猫并不亲密。比起病恹恹的小姐，我更喜欢运动之美。但我依旧倾心于它们高贵的神态，更倾心于它们自命不凡、值得我们尊敬的自信。我本人绝不会成为崇拜、哀求波斯猫的奴隶，但想到波斯猫将我们视为仆人，还是让我觉得高兴。它们不缺勇气，而令我着迷的正是这种勇气。

摄影师（Photographes）

没有哪个摄影师能抵挡为猫拍照的乐趣，自家的猫、偶遇的猫、模特儿们的猫、在胜地的猫、威尼斯的猫、日本禅宗寺院的猫、巴黎屋顶的猫，或者其他地方的猫。猫作为唯一的主体；猫作为背景；猫为背景增色；几只猫在一起；猫和狗在一起；猫和明星在一起；猫在街道上，在田野里，在水边；猫欢跳着，猫在吃饭，在玩耍，在争吵……

怎能为此感到吃惊？怎能抵挡捕捉它们身影的乐趣？怎能指责爱德华·布巴、罗贝尔·杜瓦诺、费利克斯·纳达尔、布拉塞、亨利·卡蒂尔-布雷松、安德烈·柯特兹、塞西尔·比顿爵士、爱德

---

① 马塞尔·塞尔当（Marcel Cerdan，1916—1949）：世界拳击冠军。——译注

华·麦布里奇、维利·罗尼、雅克·亨利·拉蒂格、吉拉尔·隆多，总之，指责古往今来最伟大的摄影师都曾于某日将它们定格在了胶片上？抵挡不住某些诱惑也是合情合理的。

猫是那样上镜！那样富有表现力！那样优雅，那样珍贵，那样有说服力，那样雄辩！每一个姿势都是那样无懈可击！

但为猫拍照的摄影师似乎会遇到一个奇怪的问题。它们是那样上镜，一切尽在其中！怎么可能把一张猫的照片“拍坏”呢？这不可能。根本无法通过一张猫的照片，来判断一位摄影师。就像酒一样。当它跟奶酪相配时，全都很美味。总之，猫跟奶酪一样，无法以此来划定列级酒庄或著名摄影师的等级，并做出评估。

还有更严重的。在欣赏猫的美照时，如何思考或在某种程度上避开其主体，以便详细解读构图、光线和意义？如何超越其主体的美和乐趣，去欣赏摄影师的视角？

从某种程度上看，猫会抢走所有人的风头。首先是照片作者。真令人气馁。至少他本人会这么觉得。看！某些人曾尝试把女性裸体和猫组合在一起，例如，爱德华·布巴。一位年轻的裸体女郎在沙发上，猫蜷缩在她的肚子上。人们只欣赏猫，少女似乎只是借景。总之，一切都跟约好了似的。除了那只动物。

既然我跟你们谈到了布巴，我想说，在我的办公桌上一直放着一张明信片，那是他最著名的作品之一，拍摄于1982年：一只猫突然出现在一张乐谱上，下巴靠在上面，神情既专注又忧郁。有一天，布巴想到在上面签上名，送给我和妮可。

这幅景象怎不能让人为之动容？怎能不令人感到心软、忧伤、默契？但当然了，我知道在这张精心构思的照片上，那唯一的主体有多么打动人心。这跟布巴几乎没有什么关系。功劳是他的猫的。

尽管如此，我们还得重申，不理睬这种乐趣是不对的。无论如何，摄影师还是有功劳的。马克·吕布在兽医诊所拍到一位勇敢的女士在吓唬她的猫，那猫双目圆睁，伸长舌头，在一位身穿白衫、准备给它听诊的人前面;汉斯·西尔维斯特拍到一只黑白相间的猫在希腊米洛斯岛[1]水边的岩石上跳跃,因而成为了不朽;卡蒂埃-布列松抓拍到一只白猫,眼睛望向天空,盯着一家卖织物、吊袜腰带、紧身衣和胸衣的旧商店的玻璃窗,那是在里尔,1968 年;尤金·阿杰特在 1922 年拍摄了罗昂宫[2],一只小虎纹猫蜷缩在门前的台阶上;吉拉尔·隆多于 1984 年来到了洛迦诺[3],令人忧心的帕特里夏·海史密斯[4]正在窥视摄影师,她的暹罗猫趴在她膝上;罗贝尔·杜瓦诺 1974 年在贝西酒类批发市场的路面上捕捉到了一群猫咪跳着奇怪的芭蕾舞……

这些瞬间是神奇的。我珍视最优秀的摄影师所著的以猫为主题的书。这类书同样数不胜数。我特别推荐弗拉马里翁出版社于 2005 年出版的那本书名简洁的《猫》,如果还能找到的话。但我坚持推荐这本书。有猫在,所有的瞬间都是神奇的。如果摄影师早一刹那或晚一刹那按下相机的快门,那就可能拍出另一张照片,或许也会同样富有表现力,同样感人,同样非比寻常。

摄影(Photographie)

作家喜欢跟他们的猫一起拍照,如果可能,还要把猫抱在怀里,温柔地搂着。这是一幅常见的景象。可以说是一个 *cliché*,不过,包含了这个词的双重涵义:一是指老套,二是指一张摄影底片。

说不清为什么,这个姿势让我感到不快。可能是因为姿势是

---

① 米洛斯岛(Milos):爱琴海上的一个火山岛,位于基克拉泽斯群岛西南端。——译注

② 罗昂宫(Rohan):被称为“小凡尔赛”,位于法国阿尔萨斯大区斯特拉斯堡市,著名的巴洛克建筑。——译注

③ 洛迦诺(Locarno):位于马焦雷湖畔,瑞士海拔最低的美丽城市。——译注

④ 帕特里夏·海史密斯(Patricia Highsmith,1921—):美国侦探小说家。——译注

摆出来的，显得做作。猫与作家配合得天衣无缝，不是吗？于是，跟猫一起定定地坐在镜头前，或者，听从在旁边怂恿的媒体摄影师的指挥，这就好比把公众想要的形象交给他们。这是一种简单的自我安慰方式。你们看，我是一位作家，因为我跟猫生活在一起！猫喜欢作家，这是众所周知的，因此，我可以跟我的猫一起向你们证明我值得尊敬，因为我是一名作家、一位小说家、一位诗人、一个货真价实的人！猫可以证明这不是一个什么都写却什么都写不好的蹩脚作家。它是一张通向才华和不朽的虚幻的通行证。

可怜的猫，它从不会有求于任何人。它不会努力证明自己是一只猫，一只真正的猫。它生来更像那种会躲避 *paparazzi*[1] 的动物。我们总有一种印象，觉得作家是硬生生把它抱过来的，千方百计地哄骗它，劝诱它，收买它，奉承它，让它帮这个忙：在摆姿势的过程中几乎保持不动。

当然，德里厄·拉罗歇尔[2]和他的暹罗猫，科莱特与她的伴侣查尔特勒猫，皮埃尔·洛蒂怀抱着白色波斯猫，塞利纳和他著名的贝伯特，帕特里夏·海史密斯和她那只不比她更令人忧心的猫，乔治·佩雷克和他肩上的小猫，还有其他一些，这些无可非议的作家，则从不需要这种证明。这并不妨碍他们享有这种证明。对此，所有人——除了猫——都心满意足！

（请不要以为，我是在借题发挥攻击我的同行，我本人也无法摆脱这种命运。在出版《贝伯特，路易-费迪南·塞利纳的猫》和《爱猫》之后，我也曾迎合这种仪式。我的母猫尼斯出现在我的书桌上，靠着我，多少还是乐意的；它的照片被刊登在报纸上四处散布，然而它对此一无所求。）

---

① 意大利语：新闻摄影师。——译注

② 德里厄·拉罗歇尔（Drieu La Rochelle，1893—1945）：法国作家。——译注

这使我想起了 2004 年或 2005 年发生在德鲁昂饭店的一幕小悲喜剧。不仅参与评奖的龚古尔学院成员每年秋天会聚集在那里共进晚餐,而且另一学院丝毫不逊色的成员也会在那里举行投票。那年获奖的是《三千万朋友》,这是一档不容错过的著名动物节目,打造了几十年来法国电视业的辉煌。

那个评委会里的作家有罗贝尔·萨巴蒂埃、迪迪埃·德库安、帕特里克·科万、伊雷娜·弗兰、弗朗索瓦兹·色纳基斯,还有如今已经去世的贝尔纳·弗兰克,是我鼓动他加入我们……还有为你们大家服务的——我。我们所有人,虽然身份不同,但都是爱猫人士。要说最不热忱的,肯定不是雷莫·福拉尼。

那一年,我们的女主人,颁奖主持人和电视剧制片人热哈·于旦特别有魅力,深深吸引着贝尔纳·弗兰克。她想出一个主意,在报道晚餐和颁奖时,拍摄我们跟猫在一起的场景,那些漂亮的纯种猫是特意借来的,让我们把猫抱在怀里。

雷莫·福拉尼对这个决定骂骂咧咧。他总是发牢骚,那是他的招牌形象。这次他错了吗?他刚刚同意抱过那只分给他的毛发丝滑的白猫(可能是安哥拉猫的一个变种,我觉得),那只和他一样也不满意的动物就用爪子狠狠地抓他的手,划了很深的伤口,然后,逃走了。雷莫流了很多血。他像往常一样嘟嘟囔囔地抱怨着——但这一次他有权抱怨!他还得去医院,按照惯例给伤口消毒,把该缝合的地方缝好。

可怜的家伙!猫的惩罚或者复仇正好落在了他身上,虽然,他信誓旦旦地保证温柔亲密地对待猫。但说到底,猫的反抗也挺有趣的,或者说,是正当的。福拉尼是第一个相信这种事的人。

更宽泛地讲,我觉得猫已经受够被拍照了。它们很重视英国人所说的 *privacy*①。它们不会在照相机前坐立不安,不会为了登

---

① 英语:隐私。——译注

上《人物》专栏做出卑鄙无耻的事，不想跟 *prime time*[①] 有任何瓜葛。它们喜欢作家安静地呆在书房里，而不是出现在快门 1/125 秒、光圈 5.6、镜头 50 毫米的徕卡相机前。

普鲁塔克(Plutarque)

在曾为莎士比亚的历史悲剧提供了诸多题材的《希腊罗马名人传》中，普鲁塔克，这位伟大的古希腊作家(40—120)本可以让一只猫——或者它的影子溜进某位名人的生活轨迹或内心深处，然而他什么也没有做。真可惜！相反，在《道德论丛》中，确切说，在《欧西里斯与伊西斯》中，他跟我们谈论了这种动物。他还使用了比较奇怪的术语，值得在此引用：

> 猫象征月亮，因为这种动物皮毛上有斑点，在夜间活动，繁殖能力强：据说最早世界上只有一只小猫，然后是两只，三只，四只，五只，这样每次增加一只，直到增加到七只，这样世界上总共就会有二十八只小猫了，跟一个朔望月[②]的天数相同。这可能只是一个寓言，但满月时猫的瞳孔似乎会变圆扩大，月亏时收缩变小。

当然，母猫繁殖能力强并且瞳孔随着月相变化扩大或缩小，这些都是奇思怪想。那又怎样！这篇文章引人入胜，因为，它突出了猫在许多个世纪以来一直延续的两个明显特征，无论它们是好还是坏。

---

① 英语：黄金时段。——译注

② 又称“太阴月”。月球绕地球公转相对于太阳的平均周期。为月相盈亏的周期。——译注

首先,猫的象征意义是跟月亮和夜晚联系在一起的,因此也就跟性相关。确切地说,跟雌性相关。母猫是极为淫乱、纵情肉欲的动物,懒洋洋的,发出不耐烦的猫叫声诱惑雄性,使它们坠入诱惑的深渊。由此到成为肉体之罪、邪恶贪欲的象征,只有一步之遥。猫,就是夏娃。是诱惑。是恶。从这种相似性出发,普鲁塔克建立了某种开端。猫和月亮,一切尽在其中。中世纪也只不过是在追随他的脚步,可以说,这种动物度过了几个世纪的艰难时光。

其次,是猫的眼睛。啊!猫的眼睛——还是如恶魔一般,不是吗?它可以夜视,可以穿透黑暗,可以在黑暗中辨认一切。不必说,这就是另一个寓言了,但这无关紧要。普鲁塔克也考虑到了这种情况。猫的眼睛与月亮相配,猫的眼睛不是"浑然天成的",猫的眼睛说明了它恶魔般的一面。或者说,说明了它有某些偶尔显得少见,然而依旧非理性的特质。因此,当西奥多·庞维勒[①]回忆葡萄牙伟大诗人卡蒙斯[②]时,说他没有钱买一根蜡烛,所以感谢他的猫在他写作《卢济塔尼亚人之歌》时用眼眸为他照明。又是神乎其神!这才是重要的!

一切尽在其中。

在普鲁塔克的作品中。

蓬蓬奈特(Pomponnette)

蓬蓬奈特[③]是法国电影中最有名的母猫之一。蓬蓬奈特这个名字,正如她的另一半蓬蓬一样,对于她的影迷来说并不陌生,而

---

① 西奥多·庞维勒(Théodore de Banville,1823—1891):法国诗人、作家。——译注

② 卡蒙斯(1524? —1580):16世纪葡萄牙大诗人,其作品代表文艺复兴时期葡萄牙文学的最高成就。——译注

③ 蓬蓬奈特:法国电影《面包师的妻子》中的一只猫。——译注

她所扮演的角色也令人难忘。忘恩负义、水性杨花的蓬蓬奈特曾经为了……为了谁来着，抛弃了可怜的蓬蓬。

啊！直到现在我们仿佛还能听到雷穆[①]的声音，意味深长、沙哑又带着一丝抱怨，他对最终重新回到面包店和家里的妻子吉内特·勒克莱尔[②]含沙射影地说起了公猫们的命运：

> “可怜的蓬蓬，话说它整整三天都闷闷不乐！它四处转悠，找遍了每一个角落……它比一块微不足道的石头还可怜……（对他妻子说）而她呢，在这段时间里，却和她的檐沟猫……一只素不相识的猫，一只一无是处的猫……一个月光下的过客在一起……说！他哪点比蓬蓬好？”

当然，在1938年由马塞尔·帕尼奥尔[③]拍摄的电影中，人人都可以在两只猫身上看到面包师和他的妻子的影子，而这部电影的名字恰恰就叫：《面包师的妻子》。

蓬蓬奈特，一只母猫，只到在电影的最后一幕我们才看到她，才听人谈起她。她做了什么？几乎什么也没做。这只面包店主的小小的黑色母猫满足于从门洞里窜来窜去，在面包房里进进出出。但是“几乎什么也没做”却表达了一切：可能是关于猫的，但首先是关于面包师和他不忠的妻子的。他妻子跟一个过路的牧羊人跑了一段时间之后才回家，悔不当初。

> “你说，他哪点比蓬蓬好？”雷穆继续问关于母猫的问题。

---

① 雷穆：在法国电影《面包师妻子》中扮演男主角面包师艾马布勒·卡斯塔涅(Aimable Castanier)的演员。——译注

② 吉内特·勒克莱尔：在法国电影《面包师的妻子》中扮演面包师的妻子奥莱丽。——译注

③ 马塞尔·帕尼奥尔：法国电影《面包师的妻子》的导演。——译注

> 他妻子低下头，羞愧地咕哝了一句：
> “哪点都不如。”

雷穆又重复了一次——怎能放弃再说一次这句话的快乐，援引帕尼奥尔这段饶有趣味的对话？我们怎么可能不在脑海里再一次回放电影，怎么可能不回想一下两个如此出色的演员演绎的经典片段：吉内特·勒克莱尔是扮演女主角的理想人选，雷米也到达了他的艺术巅峰。奥森·威尔斯[①]完全有理由说：就算雷穆不是电影史上最伟大的演员，也是最伟大的演员之一。

于是，雷穆又说：

> “你说：‘哪点都不如。’但是，如果蓬蓬奈特会说话，如果她不觉得羞愧——如果不是可怜的老蓬蓬的话——她会对我说：‘牧羊人更帅。’这是什么意思？帅？两者之间的差别在哪里呢？所有的中国人都长得差不多，所有的黑人也长得很像；不能因为公狮子比公兔子更强壮，母兔子就可以跟在公狮子后面抛媚眼吧。（有点苦涩地对母猫说）那么温情呢，你又把温情摆在什么位置？说，你那檐沟上的牧羊人，他会不会在夜里醒来，为了看你睡着的样子？如果他是一个面包师，在你离开之后，他是否就会让烤面包的炉火冷了，关门歇业？”

你们会对我说，蓬蓬奈特，面包师那只真实存在的小母猫，在这里仅仅是一种象征。当然。尽管人们对蓬蓬奈特所象征的自由、美、漂泊、淫荡并非无动于衷——在我们的想象里，所有的这些

---

① 奥森·威尔斯：原名乔治·奥森·威尔斯，美国著名的电影导演、编剧和演员。——译注

特征会使我们很自然地联想到猫的形象，尤其是母猫；尽管，天生就是性感尤物的吉内特·勒克莱尔懂得如何在电影中以女性的视角准确地传达出这些特点。但对于我们所有人来说，我们只记住了那只母猫的名字，蓬蓬奈特，却忘记了帕尼奥尔电影中面包师妻子的真名。

你们是少有的几个知道她名字的人？得了！最好还是假装不知道……吉内特·勒克莱尔在电影中扮演的人物名叫奥莱丽，但对我们而言，这毫不重要。她真正的名字，是蓬蓬奈特。那是她的名字，或者说，是她的猫替身，她的象征，这是一回事。

让我们回到那只母猫身上来。

我说过，其实在电影里她几乎什么也没做。对导演帕尼奥尔来说，这样更好！在摄影棚里，我们没法管好一只猫，我们不能像训练一只狗一样来训练她，她不是做演员的料。事实上，蓬蓬奈特只在一个场景中有戏份：她来到摄影棚，走进房间，朝奶盆走去，然后，安静而满足地舔着她的牛奶。

然后雷穆继续说道："看吧，她看到了奶盆，可怜的蓬蓬的奶盆。话说，这才是你回来的原因吧？你又饿又冷？……去吧，去喝他的牛奶，他会感到开心的……你说，你还会走吗？"

面包师的妻子哽咽着替蓬蓬奈特回答："不，她再也不会离开了。"

雷穆依旧看着那只母猫，嗓音低沉地说道："我之所以这么问，是因为，如果你还想离开，那最好立刻就走，这样才不那么残忍……"

面包师的妻子又说："不，她不会再走了……永远不会……"

回顾电影这最后一幕，我们不能不心里一酸，悲喜交加，热泪盈眶。

帕尼奥尔是否曾想到他与他塑造的面包师、面包师懊悔的妻子和那只无动于衷的母猫蓬蓬奈特一起创造了一部伟大的电影？

这部电影将会让观众永远记住雷穆，就像他们永远记住了那个在《马赛三部曲》[1]中扮演吧台后的塞萨尔[2]的他一样。

有趣的是，一开始，帕尼奥尔对电影的构思是截然不同的，他没设想过蓬蓬奈特这个角色。他用几页纸的篇幅完成了电影脚本的初始创作，讲述了一个靠近欧巴涅[3]的偏僻山村里一位面包师的故事。一天，这位面包师进城后，喝得醉醺醺回到了家。从此以后，他在工作中变得漫不经心。每当镇长、神父或是小学教员责备他时，他也只会嘟囔道："我就像屁股被涂上了辣酱油——坐不住。"该怎么办呢？人们尝试了许多办法以期让面包师戒酒，但是都失败了。最终，一剂强药治愈了这位面包师。开药的是小旅馆一位温婉体贴而善解人意的女佣。又或者，是这位女佣人治愈了他。

让我们听听帕尼奥尔是怎么说的：

> 我正打算将这个故事拍成电影，直到有一天我在《新法兰西杂志》[4]上看到了吉奥诺的一篇小短文——《面包师的妻子》。那时，我正坐在一辆由比利时驶来的火车上。我将这十五页纸读了三遍，赞美之情越发强烈。它讲的也是一位山村面包师的故事，但他可不是个醉鬼。那是一位内心装着沉沉爱意的可怜男人。因为妻子离他而去，他不再做面包。全村人都在寻找面包师的美丽妻子。——这是一首语言质朴而同

---

① 《马赛三部曲》：是指法国导演马塞尔·帕尼奥尔的三部由戏剧改编的电影《马里乌斯》(Marius)、《芬妮》(Fanny)、《塞萨尔》(César)。——译注

② 塞萨尔(César)：马赛三部曲之一《塞萨尔》的主人公。——译注

③ 欧巴涅(Aubagne)：法国东南部普罗旺斯山-蓝岸大区罗衲河口省城镇。离马赛东约 16 公里。1895 年法国剧作家马塞尔·帕尼奥尔在此出生。——译注

④ 《新法兰西杂志》：法国文学和评论杂志。该杂志是夏尔·路易·菲利普于 1908 年所创立。——译注

时带有荷马风格[1]及维吉尔风格[2]的《伊利亚特》[3]。自那天起，我就决定放弃笔下被爱治愈的醉汉的故事。我要拍摄让·吉奥诺的名作。

蓬蓬奈特远道而来，吉奥诺的原作中并没有它，是帕尼奥尔加到这个故事中的。如今，它出现在银屏上，经久不衰，令人难以忘怀。

动物诉讼案(Procès d'animaux)

在中世纪，动物诉讼是家常便饭，一直延续至 18 世纪。历史学家找到了与其中 100 多个案件相关的详细文献，发现大多数情况下主持审判的法官，无论信教还是不信教，都有轻率断案之举。这是因为，动物没有灵魂，也没有良心。圣托马斯·阿奎那[4]准确地指出了这一点。上帝并没有按照自己的形象创造动物，它们显然也没有法人资格。因此，这些可怜虫怎么会犯罪呢，怎么会犯下他人指控的罪名呢？真是荒谬。没有任何理由给猪、狗、羊判刑，然后处以火刑。

《圣经》中的蛇大概是最先在天堂犯下诱惑夏娃之罪的动物。但说真的，我们能指责它吗？难道不是恶魔完全控制了它，借它的外表来行凶吗？不，蛇这个物种不可能被诅咒，但伊甸园里这条

---

① 荷马风格：荷马史诗的风格。荷马史诗是为朗诵和吟唱而创作出来的。因此，节奏感强，多重复和比喻，且善于用简介的手法描述深切的情感。

② 维吉尔风格：维吉尔史诗的风格。不同于荷马史诗的活泼明快，维吉尔的风格更为严肃、哀婉、朦胧。且多用梦境、预言、暗示等表现方式。

③ 《伊利亚特》：古希腊诗人荷马所作叙事史诗。古希腊最早史诗《荷马史诗》的一部分。

④ 圣托马斯·阿奎那(Saint Thomas d'Aquin，约 1225—1274)：中世纪经院哲学家、神学家。——译注

蛇，这条独一无二的蛇，恰好成为了魔鬼的化身。证据如下：后来，诺亚对四足动物、鸟和爬行动物一视同仁，让它们都登上了方舟。

在这些动物诉讼中，真正上演的是什么？绝对不是给某一类被诅咒的动物判刑，而是指控某一个违反了自然法则、违背了上帝造物本质秩序的动物。这种违背是不能容忍的。比起宣判，更重要的是通过审判仪式来驱魔惩恶，庄重地审判始作俑者，重新恢复秩序。

吃了小孩的猪崽、被抓到偷吃了圣饼的猪、与女人通奸的狗、被逮到正在跟母牛或母驴交配的男人，以及被迫参与"鸡奸"的同犯母牛母驴，同样也应该被判处酷刑，因为它们不仅违背了自然道德，还违反了宗教法则。

杀死一只吃了小孩还养成了这种恐怖饮食习惯的猪，本身是合理的。仅此而已。人们经常给发了疯、有侵略性、变得危险的动物注射药物，让其安乐死。但由此到抓住它们，把它们赶进监狱，调查它们的案件，召集指控被告和为被告辩白的证人，让诉讼当事人申辩，法官庄重宣判；由此到让刽子手在公共场所对罪犯行刑，到把被诅咒者挫骨扬灰，只差一步之遥，只差一场庄严的仪式。它在理性的现代人看来，就算不是滑天下之大稽，至少也很可笑。

但我们还是别太鄙视中世纪的感情，比鄙视更糟的是无知。用一个时代的评价标准去评判另一个时代，这是再愚蠢不过的事。在那个时代，人们相信善，相信恶，相信魔鬼，相信其他奥秘，相信其他大写字母①。在那个时期，魔鬼可以毫不困难地化身为这种或那种生物。心满意足地喂肥，然后杀掉犯了弑婴罪的猪，再瓜分

---

① 前文中的善(Bien)、恶(Mal)、魔鬼(Démons)都是以大写字母开头的，此处"相信其他大写字母"指中世纪的人们还相信其他类似于善、恶、魔鬼的东西。——译注

其尸体，这本是一件不可思议的事，因为这种猪就是魔鬼。不得跟它有任何接触。按照中世纪魔鬼学家的说法，只有法官和刽子手可以因职务而免于被魔鬼伤害，并避免成为它的化身。

还有更多。在其作品《从中世纪到今天的动物诉讼案件》（阿歇特出版社，1970年）中，让·瓦蒂埃特别指出了这样的审判具有救世的一面。此类意外或罪行会引发极为激烈的情绪或震动，在某种程度上，特别需要一场仪式来平复心绪。因此，要对猪处以火刑，对杀死成人的公牛处以绞刑，用"火枪"枪决咬了新情人的皮卡第驴[①]……今天，目光短浅的心理学家欣然指出，这些诉讼案件可以让公众"死心"。这个愚蠢的说法很受欢迎。或者说，正如让·瓦蒂埃清楚写下的那样，它们可以"驱除人们心中的不快，使他们恢复对日常节奏的信心，驱散笼罩在他们头顶的某些东西已被打破的印象，使他相信自己可以免受其他祸患和灾难之苦"。他还补充道："不应该（让公众）对罪犯、对诉讼案件或对公开行刑感到失望，领主会戴上饰羽高帽，骑着大马来观看行刑。"

还有一些看起来不那么严重的违规行为。一只母鸡模仿了公鸡的叫声，而在杜省高地地区，人们认为这种声音预示着重大灾难的来临，因此，无论如何都要杀死这只鸡。正如1474年，因为犯下违背自然罪而被巴塞尔市[②]法官判刑的那只公鸡，这次是因为它……产下了一颗蛋！于是，它跟这颗蛋一起被放上了火堆，被无数人围观。我们可以看到，只要发现或估计有违背自然法律的混乱行为，都要用最严格、最庄重的方式来矫正。

但是猫呢？您还会跟我谈吗？您还没有谈到猫，既然它和它的巫术一直是中世纪的重大问题，怎能不想到它们呢？

---

① 皮卡第（Picardie）：位于法国北部的一个大区。——译注

② 巴塞尔（Bâle），瑞士城市。——译注

嗯，奇怪的是，大概正因如此，为了修正一个偏见，应当首先强调，猫，我说的是个体的猫，很少会被判定犯罪，因此，也就不该受到审判或被执行死刑。很少能找到猫被抓到公然犯下重罪的例子。谁也没见过猫产蛋，发出母牛般的哞哞声，或者吞下新出生的婴儿。让·瓦蒂埃在前面提到的作品中，列举了几个按照法定程序对公猫提起诉讼的案例。这个可怜的家伙，因为闷死了摇篮中的婴儿而在巴勒杜克[1]被绞死。但是，再说一遍，这类案例很少。

应该为此感到高兴吗？唉，不能！原因很简单。在中世纪，所有的猫都被认定有罪，不是因为行为有罪，而是因为性质有罪，甚至可以说，本质有罪。如果是黑猫，那就罪加一等。总之，这是种族偏见。按现在的说法，长得难看也是罪。猫就是猫，这就足够了。它是被诅咒的。它该受谴责。谴责某一只猫粗野无济于事。总的来说，猫淫乱、爱偷东西、阴险、狡诈、虚伪、贪婪、在夜间活动，因此，应该下地狱。猫还是不干净的。为什么不干净？仅仅因为它以大大小小的老鼠为食，在某种程度上，也会被食物污染。

在中世纪早期，劳伦斯·鲍比斯便在《猫的历史》中写道："爱尔兰忏悔录禁止人们摄入猫碰过后受到污染的食物。自14—15世纪起，餐桌礼仪手册也同样禁止人们在吃饭时触碰或抚摸猫。"

由此到把猫视为魔鬼，只有一步之遥。人们想象中的中世纪人毫不犹豫地跨出了这一步。隐士、圣人和虔诚信徒备受魔鬼折磨，认为会化身为老鼠、狮子、公牛这类丑陋的动物，但大多数情况下，还是会化身为猫——这种动物是出了名的像魔鬼。

位于莱茵兰[2]地区的希门罗修道院里有一位僧侣，他曾多次看到一只猫坐在一个打杂修士的头上，用爪子合上他的眼睛。这

---

① 巴勒杜克(Bar-le-Duc)：法国东北部临奥尔内河畔城市。——译注
② 莱茵兰(Rhénanie)：德国西部地区，莱茵河流经该地。——译注

个修士有个不合时宜的怪癖,那就是在祈祷时睡觉,于是,人们提醒他赶走这个"让人瞌睡的魔鬼"。

猫还象征着虚荣。莱茵兰地区另一座修道院的一位真福者是这样认为的,他看到"身上满是丑陋烧痕的猫(因为它们是魔鬼的化身)摇着尾巴去诱惑修道士,亲密地蹭他们,不停地用身体来回挤压他们。但猫不敢直视神色庄重的修道士。(西多修道会修士塞泽尔·德·海施特巴赫收录于《奇迹对话》中的见闻)

人们还讲述了圣多米尼克如何在一生中使9位异教女子皈依宗教的故事。"他命令被他改宗的这9位女士盯着化身为猫纠缠她们的魔鬼。它的眼睛像牛眼一样,甚至像一团火;它伸着半尺长、火焰一般的舌头,尾巴有半条胳膊那么长、狗尾巴那么粗;听到命令后,它钻过挂钟绳索的扣,消失在视线中。"

人们争先恐后地列举这类例子、见闻和引语……

显然,很难谴责如同鬼怪一般的猫,谴责猫的幽灵和猫的外表。每个人都相信曾看到过这样的猫,但想抓住他们,那又是另一回事了。然而,再说一遍,没有人会怀疑它们的存在。15世纪的神学家在论著中专门讨论了化身为猫的魔鬼。这是因为,魔鬼的本性在于欺骗,在于披上不同的外衣。更进一步说,魔鬼的性质与猫的性质相符。

相反,神学家并不相信公众以为的巫师能化身为猫的观点。圣奥古斯丁首先指出:人不可能化身为动物。那只是一种幻觉。谁造成的幻觉?当然是魔鬼!但这并不妨碍几乎没受过教育的信徒和教士对此深信不疑。这类故事传遍了整个欧洲。其中一个十分有名的故事记载于15世纪两位多明我会修士所著的《女巫之锤》,它发生在斯特拉斯堡教区:

> 一天,一位工人在劈柴,打算生火。一只个头不小的猫突

然出现在他面前，纠缠他；他想把它赶走，但这时出现了一只更大的猫，跟第一只一起，更加起劲地纠缠他；他还是想把它们赶走，这时，来了第三只猫，想跳到他脸上去，还在咬他的腿。事后他说，他从来没有那样害怕担忧过，他划了个十字，丢下手里的活儿，冲向那些爬上柴垛，又想跳到他脸上、脖子上攻击他的猫；它们一只在他头上，一只在他腿上，另一只在他背上，最后他勉强把它们赶走了。

一个小时之后，事情又有了新进展。这位工人被抓了起来，但不知道为什么。原来，人们指责他攻击并伤害了邻村三位颇受尊重的女士。在他看来，这事根本不可能。大家很快相信了他。这时，他想起那几只猫，为了自卫，他丝毫没给它们留情面。法官释放了他，但要他保证不要把这个故事说出去。总之，案件已经了结，法官和审讯者同意这么做，不过，“出于仁慈和正直”，这个村子的名字也成了秘密。

我们可以看到，这种人形魔鬼化身为动物，然后再打回原形的信念烙印在人们的思想中，尤其烙印在多明我会修士心中。但再说一遍，怎样判断这么做或那么做是犯罪呢？为了维护原则，也只好处死偶尔被抓住的猫，当作发泄或消遣，它有罪仅仅因为它是猫……然后，事情就了结了。

出于善意，我们不再详述这些死刑案件的情节，这些集体节日，还有延续至18世纪的将猫投入圣约翰之火进行祭祀的仪式。在巴黎，自1471年起，国王（当时是路易十一）会亲自到日内瓦广场点燃欢乐之火（这名字多滑稽！），然后，将事先装在袋子里的几十只猫掷入火中。1604年，年仅3岁的王储，也就是日后的路易十三，请求父亲亨利九世赦免当年即将被屠杀的猫，获得了允准……

但巴黎并不是唯一用猫祭祀的城市。

在默伦[①],在康布雷[②],在瑟米尔-昂诺克西奥[③],在梅斯(参见该词条),在这个王国的许多城市,这种刑罚依旧在执行。在比利时的伊珀尔[④],直到18世纪,每逢封斋期第二个星期的星期三,人们还是会把猫从柯特·密尔兹塔上扔下来,以表明居民们不再迷恋猫,发誓弃绝恶魔一般的信仰,他们以为自己的祖先曾经沉湎其中;猫则在替它们的祖先遭受酷刑;在某种程度上,有其父必有其子,或者说,猫的祖先是什么样,后代就是什么样。

"行刑",这个词实际上很贴切,仿佛猫真的犯了罪,不管是因为本质不好还是受了遗传犯的,所以得伸张正义。

天主教会是这种暴行的同谋,该受到谴责? 博叙埃[⑤]在提到将猫投入圣约翰之火进行祭祀时,坚持为自己辩护,声称"教会不得已才参与这一仪式,只是为了破除人们几个世纪都没有摆脱的迷信"。

今天,人们多么乐意相信,针对所有动物,特别是针对猫提起的这类"诉讼案件"已经不可能发生。简直无法理解,甚至无法想象! 但从一个大陆到另一个大陆,情况都如此吗? 是否到处都是理智战胜了迷信?

谚语,熟语和迷信(Proverbes, locutions et superstitions)

猫,萦绕,或者说,纠缠、侵扰着我们的集体想象,超过了其他

---

① 默伦(Melun):法国法兰西岛大区的一个镇。——译注

② 康布雷(Cambrai):位于法国斯海尔德河畔,北部-加来海峡大区北部省的一个城镇。——译注

③ 瑟米尔-昂诺克西奥(Sumur-En-Auxios):法国勃艮第地区的中世纪古镇。——译注

④ 伊珀尔(Ypres):比利时佛拉芒地区城市名。——译注

⑤ 博叙埃(Jacques-Bénigne Bossuet,1627—1704):法国教士,历史学家,作家。——译注

任何家养或野生动物。以猫为基础的谚语和形象化熟语的数量，也超过了其他任何动物。它还以怪诞的存在方式和大多十分令人叹惋的迷信，丰富着这些谚语和熟语，超过了其他任何动物。当然，狮子、狗和马的运气也不错。第一个是因为它是动物之王，是力量和威严的象征。后两个是因为它们正在或曾在很长时间内分享着人类的日常生活，一刻也不停地为人类服务。因此，它们怎能不与表现其智慧、信仰、建议或恐惧的说法联系在一起呢？

对猫来说，情况有些不同。当然，对我们来说，它是一个熟悉的身影。但再说一遍，严格来讲，它不是有用的家养动物，它身上总是有古怪甚至野蛮的一面，人们无法驯服猫，无法对它发号施令。它不会回应我们的命令。它总是具有双重性，极度的温柔与非凡的古怪并存，不断地扰乱着最有条理的思维和最理性的百科全书编写者，首当其冲的便是布封。以猫为灵感的谚语、熟语和迷信数量众多。一方面，因为猫就在那里，不断出现在我们眼前，它可爱、性感、柔滑、神秘，如果我们需要阐述习俗、恐惧、见识或经验的某个方面时，不可能不参考它、依赖它；同时，也因为它身上有阴暗、神秘的一面，它突出了这一特征，对我们图谋不轨，让我们不堪重负。以它为灵感的所有观念，赋予它的所有权力，对它的所有恐惧便是由此产生的。

狗并不玄奥。马在大多数情况只是被视作交通工具。狮子就是狮子，这一点足以让它幸福，并赢得我们的尊重。至于猫，那就是另一回事了。哪回事？这正是人们不断争论的问题。猫是与无数的矛盾联系在一起的。它是一种事物，又是其反面；既不祥又吉祥。关于它的事永远说不完。

从几千个例子中列举几个。

我们知道，1233 年，教皇格列高利九世宣布将拥有黑猫的人逐出教会，鼓励人们用它作祭祀（用猫作祭祀，不是用猫主人，但这是否一样严重？），除非它脖子上（还是在说猫）有一绺雪白的毛，被称为“天使的印记”，又称“上帝的手指”。一般来说，在中世纪，有一种关于会巫术的猫的旧观念或迷信，认为黑猫大摇大摆地穿过马路预示着不幸的降临。一般来说，猫的名声并不好。它似乎是跟神秘力量有瓜葛，这一点也超过了其他任何动物。继罗马教皇格列高利九世之后，美国作家爱伦·坡似乎也相信这一点，如果他的奇异故事选集可信的话。

从更广的范围来看，公众相信猫预示着死亡。在埃诺①，人们在不久之前还相信，如果猫没有理由地离开病人的房间，那就预示着他很快就会去世；或者，在厄尔省②，如果习惯在主人床上睡觉的猫突然不在那睡了。在东方和非洲，也有同样的迷信。

然而，通常情况下，猫对人是有益的。这依旧是个矛盾！它仿佛是上帝与我们之间的说情者，或者满怀对未来美好期许的使者。不，说真的，我们无法想象扮演这种角色的是一条鬈毛狗，或一条波美拉尼亚小狗。如果那样，它自然就会显得十分珍贵。人们不会虐待一位拥有神力的全权公使。否则，难以想象它会采取什么报复措施。

在爱尔兰，如果有人杀死了猫，就算不是故意的，也会遭遇 17 年的厄运。

相反，在所有自尊自重的柬埔寨人看来，有猫睡在家里必然会带来好运。

苏格兰人发誓，如果黑色流浪猫在房子的阳台上栖身，那么，它会带来荣华富贵——仿佛这一次魔鬼变成了善神。

在意大利，听到猫打喷嚏的人会交好运。总之，这意味着“心想事成”③！

---

① 埃诺(Hainaut)：比利时西南部的一个省，首府蒙斯。——译注
② 厄尔省(Eure)：法国诺曼底地区的一个省。——译注
③ 心想事成(À vos souhaits)：对打喷嚏的人说的话。——译注

我跟你们谈到过一些会预言的猫……

德国人相信，猫去洗耳朵预示着客人马上要来。

在我们法国人看来，猫洗澡时把爪子伸到耳后则预示着要下雨。

英国人想，如果猫睡觉时蜷缩成一团，说明即将到来的冬天会很冷！哆罗罗！

美国人发誓，如果梦到一只白猫，那么好运很快就会降临到你身上。

在各个国家，这样的例子、观点、成见不胜枚举。黑猫还是白猫，无论如何，皮毛的颜色也不是无所谓的。

现在，我们来列举一些谚语和形象化熟语，我不禁要打乱字母顺序列举，想到哪就说到哪：

- 好猫遇好鼠。（棋逢对手）
- 猫儿不在，耗子跳舞。
- 猫儿不在家，老鼠跳起舞。（山中无老虎，猴子称大王）
- 玩猫和老鼠的游戏。（在稳操胜券时为了戏弄对手而假装放跑对手。）
- 把舌头交给猫。（自认猜不出来，不再寻求解决方法。）
- 嗓子里有一只猫。（嗓子不舒服，如鲠在喉。）
- 用不着拿鞭子抽猫。（这是小过失，没有什么大不了的事。）
- 处得跟猫和狗一样。（相处得不和睦，像猫狗一样互相仇视。）
- 猫被开水烫过，见了冷水都怕。（一朝被蛇咬，十年怕井绳。）
- 夜里，所有猫都是灰色的。（夜里很难看出差别。）
- 一只猫也没有。（连个人影也没有。）

· 像瘦猫一样跑过去。(跑得很快。)

· 不该叫醒一只沉睡的猫。(不要自找麻烦。)

· 羞愧得像受了惩罚的猫。

· 没有人想在猫脖子上挂铃铛。

· 写字跟猫一样。(写字很潦草。)

· 买(卖)装在口袋里的猫。(买[卖]东西不看货,稀里糊涂地买[卖]东西。)

· 在猫脖子上挂铃铛……

法语区的加拿大人也不例外。在他们的常用表达法中,有这样几个:

· 用猫和老鼠来付账。(用价值远低于债务的东西偿还。)

· 脸色像发怒的猫一样。(非常生气的脸色。)

· 干净得像猫碗一样。(表面上很干净。)

· 一只眼睛在炉子里,另一只在猫那里。

· 把猫送人时先递爪子(在17世纪,法国人会说"介绍猫时先递爪子",说的是提出一件事时从最困难之处下手的人)。

· 任由猫跑到奶酪那里去……

能得出什么结论?

再说一遍,这些说法表现了猫的所有矛盾。它一会儿是刽子手,一会儿是受害者;一会儿滑稽,一会儿神秘;一会儿健壮贪婪,一会儿瘦弱贫苦。总之,可以充分利用猫的各种特征。如果不张冠李戴,那就更好了!

猫和老鼠之间有着各种形象化的关系,不必多加评论。但要注意谁是侵略者!可能会出现出乎意料的尖锐对立。好猫遇好鼠！在一些动画片，如“汤姆和杰瑞”（参见该词条）中，事情正是如此！

把舌头交给猫（自认猜不出来，不再寻求解决方法）？奇怪！为什么要交给猫，而不交给金鱼或仓鼠？在古典时期，的确也有“把舌头扔给狗”这个说法。赛维尼夫人很喜欢在书信中使用这个说法。这并不妨碍我更愿意把舌头交给猫。当人们放弃理解或得知某事时，会向谁吐露自己其实并不知情？当然是猫！它可是无所不知。人们把最不可思议的秘密都吐露给了它……它不会把这些秘密告诉我们，但我们永远可以心怀期许。私底下说，你们觉得狗会知道很多事情吗？不，它们只是反应我们无知的一面镜子，是我们温情而忠实的替身，这根本不是一回事。

嗓子里有一只猫。这个无需多言。总之，就是只能发出哼哼声，提到这个说法真的不需要用鞭子抽打猫（这个说法真没什么大不了）……

唉，抱歉！后面这个说法真是让人无法接受，仿佛抽打猫是一件很奇怪但也不是不能做的事。不！抽打一只猫，这是亵渎神灵，太残忍，太卑鄙。简直比加害人还要糟糕：这是加害猫！是谁发明了这个不祥的说法？还要去审判这个可怜虫，给它定罪，判它绞刑！还要回溯到那个落后、野蛮，动物性命不值一文，在欢庆圣约翰节时会把活生生的猫投入火堆的时代？后来，人们（花了很长时间）终于明白了，猫跟人是一样的。猫，如同一伸手便可以抚摸到的神灵光辉。不能抽打猫。永远不能！这比辱骂神灵还要严重。

顺便说下，人们不仅永远不能抽打猫，猫还会反过来抽打人……人们今天还在使用九尾鞭这种体罚盛行时代英国海军常用的刑具吗？

还有一个原因也说明不该抽打猫。因为，提出这种说法本身就是胆大妄为了，真要去做不可能不受惩罚。没有人会说，称呼一只兔子为兔子，或者称呼一只河狸为河狸，大家都会嘲笑他，也会嘲笑这些可爱小动物的名字。但是，称呼一只猫为猫，却说明这人坦率、沉着。脱帽致敬！……

别叫醒一只沉睡的猫，这是最为明智的谨慎之举，仿佛那样会刺激到它的神经，唤醒它的冲动。不要叫醒它，还是一种义务，也是一种尊重，因为它身上有更加神奇的地方，那就是它的睡眠，是它通过梦连接未知世界的方式……所以，如果这句谚语没有指出猫睡眠的这个方面，那它就是错误的。

猫被开水烫过，见了冷水都怕？幸亏如此！还是不能以此指责它，或嘲笑它的谨慎。您那么聪明，能大概猜出这个水龙头里流出的水是80℃还是10℃吗？不管水有没有烧开，猫都不喜欢，它不会忘记任何事情，会从它的不幸遭遇中得出明智的结论。那些不停嘲笑它的人才是思虑不周。

那么，当夜晚降临，它就变成灰色了吗？或许吧。它会变得模糊不清，辨认不出来。10世纪以前的旧法律条文（如爱尔兰的法典）中有专门讲家养动物的章节（*De bestiis mitibus*[①]）。它明确规定，如果家养的猫在夜里干了坏事，那就不用进行补偿或赔偿。换句话说，既然所有的猫都是灰色的，那也就无法证明是哪一只干的，不是吗？夜里，能发光的只有它们的瞳孔，能听到的只有它们的喵叫声。夜里，人看到的猫都是灰色的，但猫看到的人却不是灰色的。在这一点上，人不能吹牛。因为，这是猫与可怜的人类相比最无可争议的优势之一：它们的视觉尤为灵敏。我想，现在还没有哪个谚语能指出这一要点：夜里，猫看得见，我们却看不见。

声称某人"写字跟猫一样"真的不算侮辱人。可能写得不是很清楚，但那又怎样？能写字，这就已经很不错了。除了猫，还有什么动物能写字呢？您会说字写得跟金鱼、青蛙、白色卷毛狗一样吗？这些老实的动物根本大字不识一个。猫，则认识所有或几乎

---

① 拉丁语：卑贱兽类。——译注。

所有的单词、句法和修辞方法。说真的，医生给您开的药方上的字，真比猫写的更容易辨认吗？得了吧！

我本人很喜欢这个古老的中世纪谚语：在猫脖子上挂个铃铛。它在向我们传达什么？很简单，猫戴上铃铛和项链之后，就无法履行捕猎任务了，那样肯定会吓到它的猎物。这一做法简直荒谬，因为这样一来，猫就不能做它会做的事了，不能去抓它应该抓的猎物了。当然，这里的猎物指的是老鼠。总之，在猫脖子上挂铃铛是人类荒唐行为的绝佳代表。至少中世纪的人是这么认为的。（我承认我自己也不理智：我曾在我的猫脖子上挂上铃铛，这样冒着危险来到我阳台上的麻雀就走运了。）

干净得像猫碗一样。我们的加拿大朋友这么说。怎么会！谁会强调猫是卫生模范？看！我们以杰哈特·格鲁特（又称吉拉尔·勒格朗）①这位生活在中世纪末期的圣徒为例，他放弃了俗世、虚荣与琐碎，躲到一幢小房子里，过起了隐士的生活。仆人，侍女？什么都比不上一只猫。猫不仅仅是一个温柔的伴侣，可以转达他对上帝的虔敬，更是一位忠心耿耿的仆人，因为这位圣徒的传记作家佩特鲁斯·霍恩曾写道，这只猫“是给他洗饭碗的……吃完饭后，他就把要洗的碗交给他的猫仆人，等它洗好后再放进挂在桌子上的篮子里”。

还有两点要说。

没有人想在猫脖子上挂铃铛。幸亏如此！这也是出于谨慎。既然这条明智的格言是这么说的，谁愿意去做第一个冒险的人呢？

我们会注意到，猫在法语谚语和形象化熟语中经常受到侮辱。但幸运的是，它知道怎样维护自己。所以，买或卖装在口袋里的猫，也就是说，不看或者不展示所交易的物品，这种不负责任的行为会让我们感到吃惊。您试过把猫塞进口袋吗？当然，它那么好

---

① 杰哈特·格鲁特（Geert Groote，1340—1384）：荷兰教士。——译注

奇,肯定很愿意,会毫不犹豫地钻进去。但您强迫它呆在里面试试!首先,想卖一件东西却把它藏起来,这本身就是一个奇怪的想法!猫珍贵无比。唉,人们以前还拿它的皮毛做生意。猫会炫耀、展示自己,神气活现,自以为美得不行。不该把它藏起来,那是不会做生意的表现。除非它瞎了一只眼,只有一条腿,掉了毛,生了疥疮或是长了跳蚤……那还是美!

在结束之前,还要提一下巴黎高等师范学校中世纪史研究者罗伯特·德洛尔教授写的一篇出色文章,于 1983 年 6 月发表在《历史》杂志上。在这篇文章中,他参考了 16 世纪动物学家康拉德·格斯纳的著作,后者收集并认真记录了他那个时代跟猫相关的所有德国谚语:

下面这些都是贬义的:

- 狡猾的猫总是先舔人,再抓人。
- 跟猫一起打猎的人最后只能抓老鼠(意为:近朱者赤近墨者黑)。
- 猫爱吃鱼,却不想弄湿爪子。
- 猫在受宠的地方才快活。
- 就算把猫带到英国,它还是会喵喵叫。
- 不应该把奶酪或肥肉托付给猫(意为:损失比罪恶更糟糕,诉讼费比造成的损失还贵)。

在莱茵河彼岸,人们还是无可救药地认为猫那么自私、堕落、懒惰、虚伪、阿谀奉承等等……

猫在谚语中的这种可恶形象显然并不只存在于德国。

在英国:

- 不该让猫来负责看管鸡。

- 猫被关起来就变成了狮子。

在俄罗斯：

- 凡是猫都会抓人。
- 猫挠痒痒是为自己挠的。

在西班牙：

- 猫总会在朋友身上留下记号。

够了！

我们有权对这些谚语和熟语感到愤怒。它们不会告诉我们跟猫相关的多少知识，这是自然。说实话，它们的目的不在于此。应该把它们视为某一个特定时期，某个特定社会思想、价值、成见、习俗的珍贵瞬间。在这个意义上，可以说它们不可或缺。

这说明什么?(Qu'est-ce que cela prouve?)

丘吉尔喜欢猫。列宁也是。一个是带领民主的英国反抗希特勒极权统治的人,一个是创立了第一个社会主义国家的人。

这说明什么?

施韦泽医生[1]喜欢猫。作家保罗·莱奥托[2]也是。一个是将毕生奉献给慈善事业的人,一个是特别憎恨他人的人。

这说明什么?

炽热的恋人和严肃的学者喜欢猫,至少在波德莱尔之后我们就知道了这一点。我愿意相信,冷酷的单身人士和公认的文盲也会喜欢猫。

这说明什么?

黎塞留喜欢猫。在达达尼昂[3]和他的朋友们身边,大概也有一些火枪手,同样喜欢猫。

这又说明什么?

什么也说明不了。

这让我们很伤心。

我们特别愿意相信,爱猫人士之间都有一种默契,一种共同的价值观。我们特别想在他们身上找到一种共同的优点,例如,心善、智慧、温柔、爱幻想、宽容。然而,事实并非如此。或许有多少不喜欢猫的理由,就有多少疼爱猫的理由。此外,所有很容易毒害人的激情,不也是如此吗?

---

① 施韦泽(Albert Schweitzer, 1875—1965):又译史怀哲,法籍德裔牧师、哲学家、医生、音乐家,获1952年诺贝尔和平奖。——译注

② 保罗·莱奥托(Paul Léautaud,1872—1956):法国作家、批评家。——译注

③ 达达尼昂(Dartagnan):大仲马"达达尼昂三部曲"(《三个火枪手》《二十年后》《布拉热洛纳子爵》)中的角色。——译注

相反,我觉得应该当心那些不喜欢猫的人。

下面这些总能说明一些事情。

不喜欢猫的人!

对猫的美、猫的神秘、猫的灵活、猫的优雅、猫的沉默和猫的情欲漠不关心的人!

公然直视猫的目光而感觉不到一丝震颤的人!

对猫所受的痛苦无动于衷的人!

怕猫的人!

以为知晓一切,理解一切,却偏偏被猫颇具迷惑性的行为和智慧弄糊涂的人!不愿意被迷惑的人!

冷漠的人,自私的人,目光短浅的人,无可救药地自恋、看到猫却不会欣喜若狂的人!

认为猫不能带来任何好处的吝啬鬼……

这些人身上都缺少某种东西。

在我看来这些人身上没有优点。或者说,没有我所珍视的优点。总之,这些人在我看来很奇怪。是的,这些人无法爱猫,看猫,理解猫,因为猫而感动,这一点总归也能说明一些可怕的问题。

智商(Quotient intellectuel)

怎样判断猫是否聪明,或者确定它的智商?通过脑重量判断?猫脑的平均重量为 31 克。跟老鼠相比,这算多了:鼠脑重 0.4 克,金翅鸟为 0.6 克,兔子为 9.3 克。相反,它仅有狗脑重量的 1/2:狗脑重量为 65 克;仅有牛脑重量的 1/11:牛脑重 350 克。

另一个需要记住的标准可能是脑指数。换句话说就是脑重量跟身体重量的比值。人的脑指数为 1/45。黑猩猩为 1/50。猫为 1/90。大象为 1/550。(这些具体数据是兽医菲利普・德・瓦伊提供的。)

能得出什么结论?

严格来说,什么也得不出。

得出狗比猫聪明两倍,因为狗脑比猫脑重两倍?这简直是开玩笑!

根据脑指数,得出黑猩猩跟人一样聪明,猫比大象聪明六倍?这同样令我大惑不解。据我所知,黑猩猩并没有创立"相对论",我也从来没有见过大象和猫忙于在棋盘上一较高低,以此断定谁更会思考,谁更精于算计。

昔日,电脑体积庞大,性能普通。如今,它可以握在掌中,能够完成最令人难以置信的计算,存储能力强大到几乎不真实。因此,"脑"的大小能说明什么?说明不了啥。能说明问题的大概还是印刷电路板的复杂程度。并且首先,如何定义智慧呢?自几千年来,哲学家们一直尝试回答这一问题,却屡屡碰壁。我就不再去冒这个险了。

我只是单纯地相信猫是高等生物,它们的智商完胜我们,这一点没有人会怀疑,如果这种分类有意义的话。但它们有足够的智慧,可以掩饰其智力。当然,它们在向我们展示自己的灵巧甚至是优越时,并没有怀着多少恶意。这种优越表现在捕猎、夜视、聆听最不易察觉的自然现象、辨别方向等各个方面。它们知道我们什么时候回家,知道我们该什么时候出发;它们会感知情绪的波动;至于其他,它们会沉默不语;它们不想让我们不知所措,不想让我们嫉妒到发疯。

但是,我们想想,几个世纪以来,这着实让我们上了当。它们恰到好处地驯服了我们,并且是唯一取得这种功绩的动物。作为交换,它们给了我们什么?什么也没有。捉来的几只老鼠?提都别提!别再说这个了!总之,它们唯一施舍的就是自己的存在。仅此而已。

只要有那么一个片刻,想到人类这种自私自利、精于算计、胆小怕事、不会表现出一丝宽宏大量、心里只想着自己的残忍动物，竟然深信如果神真的存在，那么他必然有着跟人一样的面孔，不错，如果想到这些，那么我们就会一致同意，猫对他们应付地还不算太坏。再说一遍，凭借30克的脑重量和1/90的脑指数，它成功地将人类变成了囊中之物，在人家里定居下来，偷走他的枕头或是他最好的沙发，让人定时给它端来美味佳肴，在他的沙发上乱抓，撕烂他的双层窗帘，并且继续在家里称王称霸。好厉害的艺术家！

于是，它任由人类因为智力上的优越性和1/45的脑指数而沾沾自喜。如果登月能让他高兴，那就让他去登！它甚至任由人类讨论它，为它撰写词典，如果这么做能让他高兴。它深知，喜欢猫的倒霉词典学家永远也无法穷尽所有的字母，并且永远不会理解任何东西。但这一次，猫还是什么也不说，谨小慎微又深谋远虑。它的沉默，似乎是它智慧的签名；它的目光，是映射沉默的镜子。一个简单的提示，它就洞悉了一切，而它沉默不语。

R

品种(Races)

“品种”这个词名声不好。谁说不是呢？由“品种”到“种族主义”，也只有一步之遥[1]。不论是在意自己种族的高贵、血统的纯正、体态的雍容，还是对此吹嘘不已，都相当愚蠢。当然，我之所以用愚蠢这个词，是为了避免说脏话。“猫的品种”或“品种猫”让我觉得很可笑。我打心里厌恶被标榜了知名品种的猫：无懈可击的暹罗种的暹罗猫，还有凭借神乎其神的波斯血统、一到猫展就获奖的波斯猫。

说实话，我不关心通常的猫展、颁发给猫或猫主人的奖牌和证书。对我而言，金牌猫无异于步履机械、扭动腰肢的漂亮女人——人称“模特”。她们在镁光灯下，在T台上展示高级时装最新的式样。再者，我也不喜欢猫去走T台。我不喜欢对猫进行杂交、选种，去开展猫种实验，更有甚者，去用严格的规格和标准去统一生产猫。

我讨厌基因被改造了的猫，以及所有的“转基因生物”[2]。更恰当地说，我宁愿是它们出于自身的本能而有了改变。我还要再强调一次，比起那些在实验室里被掺假了的玉米、小麦、水稻，猫一点都不像得了厌食症的模特。的确，为了能够喂养整个地球及其数十亿的子民，转基因食品已是大势所趋。对此，我大可鼓掌喝彩！只有那些傻瓜和无可救药的环境保护主义者才会出于原则，反对转基因产品。但是，对于转基因生物，我的立场是坚定的：绝不！

记得有一天，我和卡罗琳一起吃午饭，她是摩纳哥皮埃尔亲王

---

① 法语中，“品种”一词为race，亦有“种族”之意，故有此说。——译注
② 原文为CGM，即Créature génétquement modifiée(转基因生物)。——译注

文学奖的评委会主席，我很高兴自己也是评委会的一员。她和我聊起她的猫，其中一些猫的血统也和她一样出身高贵。当然了，这在她看来微不足道。就这样，她跟我提起了她的那只了不得的缅甸圣猫，还有那只漂亮的叫玛莎的查尔特勒猫。这都无需赘述了。但我还想说得更明白些，玛莎对角落里的黑色公猫毫无招架之力（古时候，人们将之称为善行。我个人也非常喜欢这个表述）。后来，它诞下 3 只黑色猫仔，我把它们的名字告诉您，分别是米莎、萨莎和娜塔莎。这 3 只小黑猫的下巴上都有一缕白毛。起初，我对独一无二、不谙世事的它们，总是满怀着柔情。但它们可能会在之后的比赛中被当作杂种而被驱逐，甚至还会让主人蒙羞。不过简言之，所有这些荣誉在我眼中都一文不值！——自从帕帕盖诺去世后。它也是一只查尔特勒猫，也频频"杂交"，不屑于任何排名，它陪伴了我和妮可整整 20 年。我想说的是，要是米莎、萨莎和娜塔莎没有找到收养人家的话，我是非常愿意敞开双臂接受它们的。可惜！

长久以来，猫迷们丝毫不在意猫的品种。每只猫本身就是一个奇迹，但也许是一个诅咒。说到给人印象不好的猫，黑猫毫无疑问要拔得头筹，可它们并不因此被定性为一个品种。这倒像是在古时候，所有的猫也只不过是有着共同点的某一个动物品种。它们骨架相似，重量相近，往往是 3—7 千克不等，都是那般的聪明、灵活而神秘。猫都喜欢舒适的环境，并且对抓老鼠这一行当，都有着同样的天赋。我们也可以如此概述狗这种动物吗？卷毛狗和圣伯尔拿犬、猎兔狗和猎獾犬、波美拉尼亚狐犬和斗牛梗犬这三类又有哪些相似点呢？

欧洲人渐渐发现了一些并不常见的品种。在中世纪末，越南人将他们认为最擅长抓老鼠的猫引进到欧洲。这种猫原产自叙利亚。直到 17 世纪初，人们才开始了解安哥拉猫、波斯猫和查尔特勒猫。这些其实都不值一提。在《自然史》一书中，布封也只列出了极少数量的家猫品种。而后在1869年，动物学家路德维希·布雷姆认为“家猫的品种屈指可数”，主要是安哥拉猫、马恩岛猫、中国狸花猫、查尔特勒猫还有波斯猫。据统计，与此同时，狗的种类已多达195种。

如今，时过境迁。

猫的品种数不胜数，数量远远超过数十种，达到数百种之多。人类对猫进行配种，挑选出新品种，进而制定并宣布标准，还为此申请专利，贴上标签，开展估价、促销、展览、评级、拍电影、讲故事、拍卖之类的活动。有人因此而破产，迷失自我，活脱脱地成了一个小丑。受褒扬的是哈瓦那棕猫，而不是北美洲短毛猫；被重视的是曼切堪猫，而不是挪威森林猫；受赞叹的是缅因猫，而不是肯尼亚猫……加州闪亮猫会在它生的小猫仔里，辨出美国短尾猫的款吗？绝不可能！

从19世纪末起，人们开始对猫的品种打起了歪主意，标志性事件发生在1871年。伦敦水晶宫举办了历史上的第一届猫展。此后不久，猫迷俱乐部不断涌现，其中比较著名的是成立于1913年的英国猫俱乐部。

“俱乐部”是个纯粹的英国产物。俱乐部成员往往会在市中心聚会。英国绅士都是一个模子里刻出来的，他们总是客套地寒暄两句，说“下雨”或“好天气”，然后捧着《时代报》，陷在软塌塌地皮扶手椅里，等待着同样寡言少语的管家为他递上一杯白兰地。但“俱乐部”的概念跟猫的性情、文化和文明一点也扯不上关系。严格说来，唯一有规模的真正意义上猫的俱乐部，也就只有屋顶的檐沟！在那里，不用低声说话，只要喵一声就够了。想要入会，除了有足够的胆量，还得好斗；所谓的社会等级、肤色或毛色都不会成为门槛；在那里，交配也是件十足的乐事。“*shocking*”！①

---

① 英语中令人震惊、骇人听闻、雷人的意思。——译注

对“品种”“俱乐部”“水晶宫”这三个概念追根溯源，我发现，英国人前所未有地赶起了时髦，这就有点可笑了。他们暴露了时刻萦绕在自己心头的想法——对社会地位的追求，而不是对猫狂热的喜爱。

麻烦的是，他们成了主流。然而，猫是造物主手下最不会冒充高雅的动物了。既然骨子里透着高雅，它们又有何必要去伪装。世界上品种猫的追捧者们，无一例外地，流露出小资产者对于贵族身份的迷恋。浓厚的贵族情结使得他们想捏造出一个猫中的贵族，这样一来，别人就会忽略他们生来的平庸，自己的身价也借此得到了提高。

猫俱乐部，全称是“伦敦国家猫俱乐部”，也是“国际猫协会”的前身。关于它，我的话还没有完。该俱乐部根据王室标准将猫进行分类。我当然不会向你们细数这些无聊的划分标准。对我而言，猫可以被简单地分为两类，即短毛品种和长毛品种，还可以就此继续分为中长毛猫和长毛猫。前者主要有缅甸猫、土耳其梵猫和巴厘猫，后者主要是波斯猫或色点波斯猫。但这是不是已经开始把简单的事情变复杂了？在第一类的短毛猫中，暹罗猫最神奇，缅甸猫最优雅，查尔特勒猫最迷人，阿比西尼亚猫最庄严，卷毛猫最让人焦虑，日本短毛猫最温柔。这些评价也只是我个人的看法。

我不看重所谓的品种。有件事情倒让我开怀不已：那些追捧血统猫的“高雅人士”近来十分忧虑，因为，人们开始对英勇的、对人类无欲无求的檐沟猫进行分类。我们正在学着认识并喜爱偶然出现在生活中的它们，在巴黎的屋顶上，在一片空地上，公园里或是墓园里撞见的它们。它们出乎意料地活下来，繁衍生息，有时还能与人类和平相处。

接着，我们不再使用檐沟猫或普通猫这个称呼了，正如我们不再说清洁工，而是道路美容师；不再说盲人，而是失明的人；不再说下阿尔卑斯省，而是上普罗旺斯阿尔卑斯省。以后，我们也该毕恭毕敬地称它们为“欧盟猫”了。它们之中的数十个品种也在猫展上得到认可，比如蓝眼白猫、黄眼白猫之类的。对了，还有虎斑猫。它也可再细分为银毛黑斑的银虎斑猫，或是红色和乳白色相间的红虎斑猫，更别提玳瑁猫了。

但是，够了！不管怎样，每个猫都有属于自己的品种，不管是哪一个。也有可能不是这样。很抱歉，我不该使用“随便哪个品种”这个说法（血统猫的追捧者们可不太认同某一类品种猫的资格，当然，除了他们自己的猫）。你们一定会给自己的猫贴上一个标签或是附上某个头衔（就好像我们谈论贵族的头衔一样）。猫和人不同，这个不争的事实也带来了好处，就是你们也可以为它发明一个独一无二、专属于它的品种。

毕竟，这也是所有猫的终极理想。成为独一无二的那一只，这早已成为猫科动物与生俱来的信念。猫可以算是个离群索居的物种了，而所谓的“精神大同”在它们身上也不适用。由此想来，猫也许善于附庸风雅，或者就是一个十足的纨绔子弟。它的优雅难以模仿，它的血统举世无双。

纪录(Record)

2006年，毕加索创作的《朵拉与小猫》在纽约以6700万美元拍卖成功。这是当年全球拍卖市场上卖出的最贵的一件艺术品。

由此要得出什么结论呢？

是朵拉的猫值6700万美元？还是这只猫可以因此跻身世界上身价最高的猫咪之列呢？

人们总爱自以为是。这么想并非完全准确。真是可惜！

有些事想想倒也有趣：一个家产丰厚的收藏家倾其所有购得毕加索的这一画作，挂在墙上，留作观赏。画里有猫，还有毕加索的前女友，朵拉。

《朵拉与小猫》,毕加索,油画,128.3cm×95.3cm,1941年,私人收藏。

这幅画也隐晦地告诉了我们,毕加索爱过许多个女人(这也不是件稀奇事!)……还有猫,尽管这种动物不太经常出现在他的作品中。这倒让人们想起了他在1964年创作的黑猫画像,灵感就来自一直陪伴在他夫人雅克琳娜身边的那只黑猫。

对了,做个假设,如果备受喜爱的《吃鸟的猫》这幅画得以拍卖,成交金额会是一个多么惊人的数字呢?同样创作于1939年的《鸟前的猫》又会遇到怎样的情形呢?前者现被收藏在巴黎毕加索博物馆,后者则成为维克多·W·冈兹①的私人藏品,现存于纽约。《吃鸟的猫》洋溢着迷人的气息,却也夹杂着几分惊恐。在天蓝色的背景下,黑色虎斑猫被他以一种近乎暴力的方式呈现出来。在另一幅画中,橙黄色虎斑猫瞪大了眼睛,意图撕碎眼前的这只鸟,因为兴奋,它的胡须绷得笔直,下颌非常吓人。

毕加索曾就《鸟前的猫》这幅画,如此说道:"我个人也不太清楚为什么这个主题这样吸引我。"

药剂(Remèdes)

根据儒勒·列那尔②的观察,坐着的猫可以算是宁静的典范。一只打瞌睡的猫,或者是已经呼噜呼噜熟睡的猫,总能无形中给人带来平静祥和的感觉。人们会因此认为,猫对那些患有焦虑症、忧郁症甚至是高血压的人具有治疗功效,进而要求社保机构给猫付报酬吗?

毫无疑问,猫对人类来说是有益的。风水(参见该词条)信奉

---

① 维克多·W·冈兹(Victor Wendell Ganz,1913—1987):美国商人、艺术品收藏家。——译注

② 儒勒·列那尔(Jules Renard,1864—1910):法国现代小说家、散文家、戏剧作家。——译注

者们坚信，在一间屋子内，猫可以接收到有害的波，将之吸收并转化。由此一来，屋子的主人会觉得舒适、从容与平和。对于一个作家、哲学家或是修道士来说，猫扮演着一个知己、灵感缪斯和精神分析师的角色。它身上散发出的那种宁静，比任何疗法都有效；它目光中透射出的神秘的肃穆，是最神奇的精神疗法。

我们对猫唱的赞歌从来都不够！它是我们的忠诚伴侣，担任着师父、道德导师、智者、生活中的帮手和医生的角色。焦虑不安的人服用过多的安定剂，修道士们苦心修行，饱受鞭笞，最终才能达到神秘的如痴如醉的境界。何必如此呢？有了一只猫，你无需多讲，无需多做，所有这一切都得以实现，所有的痛苦都被治愈；有了一只猫，偏执狂与他们身边的人和解，笃信宗教的人可以从它的眼眸中看到神明的光芒，疑心病重的人也不再那么疑神疑鬼。

换言之，猫是一剂无可替代的灵丹妙药。

难道猫的这些优点是与生俱来的吗？难道人们从古至今始终将猫视为恩人、诊疗师或是拥有法力的治愈者吗？

自古以来，人们都十分欣赏猫所具有的医疗功效，因而我们也从未谈及猫的缺点、可能会招致的厄运或是一些消极的评价。猫的优点是毋庸置疑的，但却是以*支离破碎*的形式表现出来的。也许我的这个表述会随即在你的脑海中呈现出一个机械又粗俗的场面。换言之，我们所赞赏的并不是那只活灵活现的猫，而是它的某一个可用作药引子的器官或者部分。猫的本身是注定会被遗忘的。

瞧！老普林尼[①]在其《自然史》一书中又是怎么说的呢？“占

① 盖乌斯·普林尼·塞孔都斯(Gaius Plinius Secundus，23—79)：世称老普林尼(与其养子小普林尼相区别)，古代罗马百科全书式的作家，以其所著《自然史》一书著称。——译注

星家们要求给得了三日热[①]的病牛都带上护身符，并且在第7次发病结束后才能取下，以防复发。护身符是用猫屎和猫头鹰的一根脚趾制成的。我对此有一个疑问：是谁发明了这个护身符？为什么偏偏要选择猫头鹰的脚趾呢？朴素派认为，在三日热发病之前，应服用泡在酒里的、用盐渍过的猫肝，而且这只猫还得是在月亏期[②]被宰杀的。"

你们注意到，老普林尼这个智者也考虑到猫头鹰的脚趾会卡在喉咙里。相反地，猫屎不会构成任何问题。他在《自然史》一书的其他部分中也以肯定的口吻写道：猫屎、松脂和玫瑰油都有治疗溃疡的功效。更确切地说，是子宫糜烂。了解得清楚些总是有好处的。

严谨的历史学家劳伦斯·鲍比斯明确地指出，直到11世纪，猫屎是唯一被认为常用的、具有治疗功效的动物粪便。对猫而言，这并无大碍，可就轮到患者倒霉了。医生建议患者把猫屎咽下去，以便取出卡在其中的鱼刺或其他异物。与这个相比，现在的治疗方法可以算是开胃的了。

随后情形每况愈下，至少对猫来说是这样的。面对疱疹或是上火，该如何对症下药呢？12世纪时，在意大利萨莱诺地区流传着一本无名氏写作的医书，作者在文中明确表示有一种药的配方非常奇特。"如果是疱疹，那么就取一只被剥了皮的白猫，在掏出内脏后，用力地敲打；随后，撒上刺柏和沙地柏的果实，再次用力捶打；接着，将它置于事先准备好的鹅内，进行烘烤，此举可以更好地

---

① 牛流行热（又名三日热）是由牛流行热病毒（Bovine Ephemeral Fever Virus，BEFV，又名牛暂时热病毒）引起的一种急性热性传染病。其特征为突然高热，呼吸促迫，流泪和消化器官的严重卡他炎症和运动障碍。感染该病的大部分病牛经2—3日即恢复正常，故又称三日热或暂时热。——译注

② 月亏期是指月亮的可见的明亮部分逐渐变小的时期，一般处在满月到新月期间。——译注

保留住流出的汁水；最后将汁水涂抹在伤口上。如果是上火，那么就取一只黑猫，重复上述步骤，但还需在烤出的汁水中添加蜂蜡，这样才有疗效。”

问题也就随之而来，比如说，到哪里可以找到刺柏？刺柏又是什么？我承认自己对此一无所知。关于其他方面，我也是满腹疑团。之前用于保留汁水的烤鹅，在涂上香料之后，是否可被食用？一旦白猫和黑猫都被剥了皮，那它们之间的差异，是否还存在？天哪！完全是一头雾水！

用于治疗痛风和关节炎的外敷软膏，其成分也有些许不同。“取一只公猫，准备大肠、6盎司加盐的猫油；蕨根捣碎、洗净并煮熟；将上述材料和天然新鲜的蜂蜡混合压碎，放置于一只鹅内，进行烘烤。最终制成的软膏对足痛风、关节疼痛都有很好的治疗效果。”

为了缓解癫痫、僵住症的症状以及风湿痛，人们争先恐后地尝试着新的疗法。英国人吉尔伯特是13世纪著名的医生，他编写的《医学纲要》(1230—1240)一书成为人们求助问诊的对象。同样的还有《穷人宝典》，里面记载了中世纪时流行的民间药方。大家猜测这是由神学家及哲学家希斯帕尼斯①所著。他在13世纪时成为教皇，史称“若望二十一世”。

根据书中记载，阿拉伯医生阿里·伊本·里德万②主张通过食用煮熟或是晒干的猫肉来治疗痔疮，恢复肾脏机能，减轻腰痛及脊椎疼痛。

在14世纪，猫的治疗功效得到更多人的认可。人们将从它身上获取的成分制成膏药，用以治疗抽筋、消化不良甚至是阳痿。不得不提一下，如今市面上卖的“伟哥”也有从猫香料中提取的有效

---

① 希斯帕尼斯(Petrus Hispanus，1220—1277)：于1276—1277年担任第185任教皇。——译注

② 阿里·伊本·里德万(Ali ibn Ridwan，988—1061)：医生、占星家、天文学家。——译注

成分。对人类将猫用于各种调料、香脂、药用软膏[1]的这一行径，作为受害者的猫咪们早已叫苦不迭。

可怜的猫啊！在中世纪的医学界眼里，它浑身都是宝：排泄物、胆汁、瘤胃、毛皮、血液、油脂、骨髓，各种称呼的确是五花八门。

但是乍一看，仍有一些事情很奇怪。难道从未有人想过强调这一矛盾吗？一方面，既然猫可以抚平伤痛、治愈疾病，那么它是有益的。在那些年代或那几个世纪，一些药剂汇编都拿猫来入药，我们不免要想，那猫会和人亲近到什么程度？不知医生是否也考虑过用犀牛的唾液或是猴子的尿来入药呢？但是，从另一方面看，猫此前也曾被视为是有害的动物。人们应对它有所防备，避免接触和碰到它的气息。即便吃猫肉可以药到病除，但这还是有风险的。不是吗？或许我们的祖先，他们自己不也是差不多的矛盾综合体？到中世纪末，与其说猫逐渐从魔鬼变为有治疗功效的动物，不如说这两种认知是并存的。不管怎样，人们仍在继续赋予猫一种独特的能力，而在这两种情况下，猫巴不得没有这种能力。

好好回想一下吧！

不久以前，也就是在我们的祖父辈和父辈所处的那个时代，药剂师们仍然出售猫皮。他们认为，猫皮是一剂珍贵的、具有强身功效的药材，可用于缓解风湿疼痛、肌肉酸痛以及其他肌肉炎症。

总而言之，没有什么比一只睡在我们身边或身上的、打着呼噜的猫能更有效地放松我们的身心，缓解我们的酸痛。要相信我说的！

黎塞留(Richelieu)

对孩子们而言，至少是读过或正在读大仲马作品的孩子们，火

---

① “将某物加入所有的调料中”在法语中有“以各种方法使用某物”的意思。——译注

枪手是他们的英雄，达达尼昂是他们的偶像，阿多斯、波尔多斯和阿拉密斯是他们的同盟。由此推断，红衣主教的侍卫是他们不共戴天的仇人，这群恶魔最终也都被剑刺伤。黎塞留作为敌对阵营的一员，也或多或少干了些损人利己的勾当，比如，欺压老弱妇孺，拆散有情人，惩戒冒失鬼，陷害手无缚鸡之力的王后奥地利的安妮①。这个冷血怪物毫无怜悯之情。

当然，历史不同于儿戏，更不是大仲马笔下虚构的小说。有识之士必然都支持黎塞留。是他及时压制了企图分裂的贵族，整顿了国家，巩固了王权，让法国和路易十三在欧洲树立起威望。此外，他大力缩减贵族挥霍无度的开支，组建现代行政体系，创立了一支海军舰队和商队。在宗教战争中，他坚决消灭胡格诺派武装力量，同时也遵循《南特敕令》的规定，保留胡格诺派教徒的信仰自由，但是新教徒不再享有相应的公民权利、社会地位和军事自主权。他曾有理有据地指控王后安妮与亲王党派、孔代亲王及苏瓦松伯爵相勾结，后几人曾企图谋杀红衣主教，因此，所有有识之士都在庆幸黎塞留手下有一帮能干高效的警察和护卫，这才能挫败阴谋，处死反叛者，他们都表现出应有的勇猛。简言之，他们是在为法兰西效力！

中学里的老师或多或少都有向我们灌输过这个观点，却丝毫没有成效。即便是有这些无可辩驳的证据，我们在心里始终为火枪手辩解，红衣主教的护卫是我们同仇敌忾的对象。那是因为，历史书中的描述是抽象的，而伟大的小说则不然。红衣主教阿尔芒·让·迪普莱西·德·黎塞留是法国公爵，也是国王身边的重臣。他沉默、不择手段，他是贵族的代表，我们永远都不会觉得他友善……即便成年，也都对他抱有成见。

---

① 奥地利的安妮（Anne d'Autriche，1601—1666）：西班牙国王腓利三世（1578—1621）长女，法国国王路易十三的王后，路易十四之母。——译注

《黎塞留肖像》，菲利普·德·尚帕涅，油画，1640年。

生活环境使得我不得不改变立场，重新考虑我的感情归属，在完全归顺到红衣主教的阵营之前，心中的某一部分也渐渐地背弃了火枪手。事情起源于 2001 年 12 月 13 日。这一天，我很荣幸地入选法兰西学院——法兰西学院由黎塞留于 1635 年成立——这样一来，我现在也在受着他的庇护，必须表示出应有的忠诚。

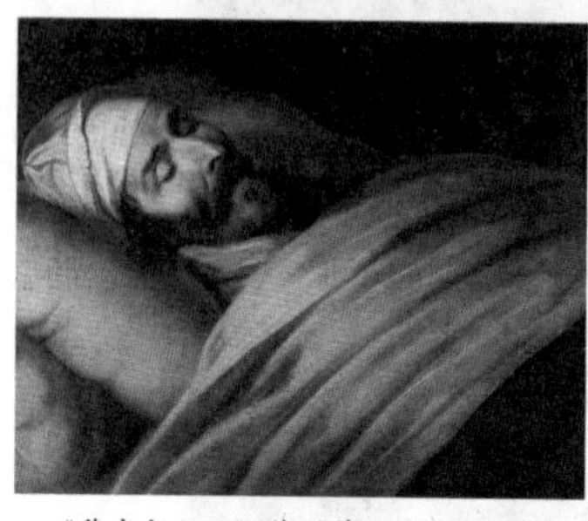

《黎塞留之死》，菲利普·德·尚帕涅，油画，约 1642 年。

法兰西学院有一条不成文的规定：每个新入选者必须在当选感言中至少提到一次黎塞留的名字。在第一次参与会议之后，他的同僚会向他展示一幅画，画中逝去的红衣主教躺在床上，他要在这幅画前默哀几分钟。这是他可以亲眼目睹真迹的唯一一次机会。这幅带有菲利普·德·尚帕涅①风格的木版画充满悲怆，再现了红衣主教去世时的场景。黎塞留参照"精神不朽"的概念，提出了法兰西学院的箴言"献给不朽"。如今，挂在法兰西学院三楼那幅身着象征主教身份红袍的黎塞留像(由尚帕涅所作)，正监督着在那里开会的学者们的一言一行。对那些异端分子而言，这可是个灾难！我们也就由此联想到了蒙莫朗西元帅②的遭遇以及阿尔弗雷·德·维尼③所著的《桑·

---

① 菲利普·德·尚帕涅(Philippe de Champaigne，1602—1674)：佛兰德裔的法国画家。他为红衣主教黎塞留画的肖像画和其他作品充满强烈明快的色彩和敏锐的现实主义色彩。——译注

② 亨利二世·德·蒙莫朗西(Henri Ⅱ de Montmoren，1595—1632)：法国元帅，后加入奥尔良公爵加斯东的派别活动，企图在朗格多克举兵反对枢机主教黎塞留。最后，他在 1632 年 9 月的卡斯泰尔诺达里战役中兵败被俘，以叛逆罪处决。——译注

③ 阿尔弗雷·德·维尼(Alfred de Vigny，1797—1863)：法国浪漫派诗人、小说家、戏剧家。1826 年，维尼发表了历史小说《桑·马尔斯》。此作取材于路易十三时期反红衣主教黎世留的一个阴谋。——译注

马尔斯》(*Cinq Mars*)中的情节……

我一直心存疑惑:归顺黎塞留对我而言,难道只是一个机会吗?当然,黎塞留的气度对千万代法兰西子民产生了深远的影响,并为世人所颂扬。但是,名声显赫的大仲马、备受尊崇的忠诚品质,或是我年轻时对火枪手的痴迷都与之起了冲突,这又如何是好呢?幸运的是,柳暗花明又一村。当我得知这位法兰西学院的创建者也是个猫迷时,我内心的天平就无所顾忌地、彻底地偏向了黎塞留和他的侍卫们。

黎塞留让猫咪们重拾老本行;他打算让它们参与到灭鼠运动中来;为了保护皇家图书馆里的珍宝免受老鼠的啃噬,他给予猫咪们特权,准许它们在图书馆里自由繁衍。很好,但这只能说明他实施了一项好政策,而不能代表他对猫的感情。

不!丝毫不是这样!黎塞留是个十足的爱猫之人(如果我没有记错的话,达达尼昂和博纳希厄夫人未曾养过猫)。他养了至少 14 只猫:伏在他膝头睡觉的苏密斯是他的心头好;此外,还有黄毛的费立马尔,安静低调的科泽特;还有一只猫叫路西法,从这个名字就可以看出,这是一只黑猫;那只叫洛多伊斯卡的母猫,它的美貌在如此优美的名字面前毫不逊色;不能不提形影不离的毕拉马和提斯柏;还有被我们忽视的塞尔伯勒和露比这两只小可怜。猫咪们平时吃的都是备受兽医营养学家推荐的鸡胸脯肉。在必要时,黎塞留的私人医生也要来照顾它们。

塔尔芒·德雷奥所著的《逸闻》一书记录了一些坊间流传的奇闻逸事。作家用一种在古典主义时期更为诙谐的文体向读者再现了这些故事。有一天,他讲述了下面一则故事,是红衣主教与他的秘书布瓦斯罗贝尔的一次对话:

黎塞留:"我们应该为德古尔奈小姐做些什么。我每年给

她200埃居[①]的津贴。”

布瓦斯若贝尔:“但是她还有仆人呢!”

——是谁?

——嘉敏小姐。

——那就再给500里弗尔[②]。

——还有那只叫蝴蝶的母猫。

——我给这只猫20里弗尔。

——可是,大人,这只母猫最近又产下小猫了。

——那好!再给每只小猫赏一个皮斯托尔[③]。

可惜的是,在他去世后,好像并没有一个遗嘱执行人能够细致入微地实现他最后的愿望——给予他的每一只猫一笔补助金。不如说,有的只是执行人,而不是遗嘱执行人。这些猫只能过着悲惨的生活。我们相信,至少火枪手们不会牵扯到这类不可原谅的事情中去。

黎塞留在其一生中以及掌权期间,最爱的仍然是猫。每当他处理国家事务,接待外国使臣或是与大臣们商讨开会时,总有一只猫陪在他身边。猫可以让他更加谨慎冷静,就像是一个秘密顾问或是他的心腹(说真的,所有的猫都是主人的心腹,这应该归功于它们的毛色。纯种的查尔特勒猫或者是像我的帕帕盖诺一样的杂种查尔特勒猫,都对脖子下的那一圈好似白领带般的白毛深感自豪。这一点,我可以向你保证。)

由此想来,猫咪们有时也会向他口述一些政治方针,暗中示意他包围拉罗歇尔[④],那里聚集着新教徒们,他们正以渴求的眼神望

---

① 埃居(écu):法国古货币的一种——译注

② 里弗尔(livre):法国的古代货币单位名称之一。又译作“锂”、“法镑”。里弗尔最初作为货币的重量单位,相当于一磅白银。——译注

③ 皮斯托尔(pistol):17世纪西班牙的一种古老金币。——译注

④ 指历史上著名的拉罗歇尔围城战。1628年,黎塞留下令进攻拉罗歇尔,准备彻底消灭胡格诺教派和叛乱贵族。即便有英国海军的支援,但在大军压境的情势下,胡格诺教派最终选择了投降。——译注

着刚刚在雷岛登陆的英军。也许是受了猫咪的鼓动，他让路易十三签署了阿莱斯恩典敕令，目的在于永远结束宗教战争。猫咪们鼓励他创建法兰西学院，并将一些知识分子，或者说，才智超群的人聚集起来，组成一个机构，由他自己来担任首位保护人。其实，在17世纪还没有“知识分子”（这个词当时还没有出现）这个说法，而“才智超群的人”是瓦朗坦·孔拉尔，首位入选法兰西院士的文人，用来称呼经常聚集在他位于马莱区家中的一小群朋友和文人。正如黎塞留和他的猫咪们所想的那样，与其任由这些文人骚客独自思索人文学科和法语语言，不如将他们聚集到自己的身边，为己所用，免得思想上的自由翱翔会招致无穷的后患……

思考得越多，我就更加坚信，在黎塞留创办法兰西学院一事上，猫一定是功不可没的。

有证据吗？

有！而且是两个。

马塞尔·阿尔朗养过一只猫，名叫“尼禄”。在它去世后，阿尔朗在《瞬间和生命》（*L'Instant et la Vie*）一书中专门写了一篇文章来悼念它，字里行间都给人以莫名的感动。其中有一段话是这样写的：“猫的痛苦抑或死去，与这个我们在世上所受痛苦比起来，真的是微乎其微。有人批评我总是将猫事与人事混为一谈，我不想做出任何回应。既然都一把岁数了，我觉得自己有足够的自由去选择喜爱或惋惜世间的任何一个生命，即便是只猫，我也可以向它的离去致敬。”阿尔朗曾向我讲过一个发生在尼禄和他之间的故事。只要他从衣橱中拿出他出席法兰西学院会议穿的套装，并将衣服平放在床上时，尼禄必然会走过来，舒坦地趴在上面，一动不动，像是与衣服融为了一体。

很长时间里，帕帕盖诺也做过类似的举动。我感觉就像是它在对我说：“乍一看可能是你在悉心打扮，系着白色蝴蝶结，带着领花，穿着绿色镶边的呢绒套装，一副神气活现的样子，但是，只有我有资格拥有这件制服。多亏了我，你才得以如此光鲜靓丽，你要知道，正是我创立了法兰西学院，也可以说，是我的某一位祖先，或是远房亲戚的祖先，这是一回事儿。”

我竟然无言以对。

在法兰西学院内，新晋院士要对其所继任位置上的、已逝的前任致敬。这是一个美好、合理且大度的传统。在这一天，我们有必要也有义务缅怀黎塞留，但是谁会想到来歌颂红衣主教的那些猫——他的同谋和顾问呢？这个任务还有待完成。

我在这里只是想单纯地提醒大家此事的紧迫性。还有，要还猫一个公道。

罗西尼(Rossini)

作曲家乔阿基诺·罗西尼[①]与猫相处得一直不太愉快。

事情的缘由还得追溯到 1816 年 2 月 16 日。在罗马的阿根廷剧院，一只猫不合时宜地出现在舞台上。那时，格尔特鲁德·里盖提-吉尔奥格夫人正与名声显赫的男高音曼努埃尔·加西亚(马里布兰[②]与维雅多[③]的父亲)一起表演二重唱。这是《塞维利亚的理发师》的首演。吉尔奥格扮演罗西娜，加西亚也成功地塑造了阿玛维瓦[④]这一角色。在那个时代，作曲家往往也是指挥家，罗西尼也不例外。演出大厅本来就已经闹哄哄的了。此前，伯爵向站在阳台

① 乔阿基诺·罗西尼(Gioacchino Rossini，1792—1868)：1792 年出生于意大利东部威尼斯海湾的一个港口城市佩萨罗，1868 年逝于法国巴黎。他生前创作了 39 部歌剧以及宗教音乐和室内乐。——译注

② 玛丽亚·马里布兰(Maria Malibran，1808—1836)：意大利歌剧女中音。——译注

③ 宝琳·维雅多(Pauline Viardot，1821—1910)：意大利歌剧次女高音，玛丽亚·马里布兰是其胞妹。——译注

④ 阿玛维瓦伯爵：《塞维利亚的理发师》剧中罗西娜的监护人。——译注

上的姑娘弹奏小夜曲的时候，吉他的一根弦意外断掉了，就已经惹得观众哈哈大笑。41 年前，博马舍创作了喜剧《塞维利亚的理发师》，7 年后，帕伊谢罗[①]受此启发，在圣彼得堡创作了同名歌剧，并大获成功。帕伊谢罗的忠实粉丝并不认为这位年轻、蛮横又自高自大的作曲家可以与他们的偶像媲美，他们是专程来喝倒彩的。这只突如其来的猫可算是助了他们一臂之力(除非是他们中的一个人故意把猫扔到舞台上的，当然，这也不是不可能)。这个突发事件招来了观众的嘲讽、喊叫甚至是口哨声。歌唱家以及年仅 24 岁的可怜的作曲家倍受指责，但是，罗西尼仍然在乐谱架前坚持指挥完最后一个音符。第二天，他请了病假，不想再见到那群无情的罗马人。

他错了。

第二天晚上，演出获得了雷鸣般的掌声。歌剧《塞维利亚的理发师》的成功是毋庸置疑的。从此，它也被评价为歌剧史上最欢快的、最具有创造性的巨作，并凭借激昂的旋律、对人物性格的巧妙描绘、夹杂的幽默元素、律动的节奏，成为了喜歌剧[②]中的典范。然而，这些都不是最重要的。

让我们言归正传。

一天晚上，罗西尼出现在帕多瓦一栋房子门前，急切地想进去。当时风华正茂的他散发着迷人的气息，又有名气，因而赢得了许多夫人小姐的青睐，不过，她们依然保持着应有的矜持和腼腆。那天晚上，罗西尼吃了一位小姐的闭门羹，直到凌晨三点，他不得不学猫叫，门才打开，他这才如愿以偿。司汤达在他宝贵的(常常也是异想天开的)《罗西尼传》中讲述了这个故事。他是从何得知的呢？是凭空捏造出来的，还只是对真人真事稍加润色？

---

① 帕伊谢罗(Giovanni Paisiello，1740—1816)：意大利作曲家。除歌剧外，他还作有宗教音乐、交响曲和钢琴曲、协奏曲等。——译注

② 原文为意大利语 *opera buffa*。意为喜歌剧，是与正歌剧相对的歌剧种类，其往往取材于日常生活，音乐风格轻快幽默。——译注

不管怎样，这件事情促使大师创作了《猫之二重唱》，由女高音和女中音演唱(也可以由一名男歌手和一名女歌手演唱)。这首曲子的乐谱是到20世纪50年代才被发现的。众所周知，罗西尼并不是一个爱搞恶作剧的音乐家，他的另一部作品《老年之罪》可以很好地证明这一点……那位帕多瓦的年轻小姐是否会记起《猫之二重唱》？她是否不想听罗西尼学猫叫才开的门？我们无从知晓。

此前，由那不勒斯的一位古董商人卖出的那份著名曲谱的手稿，后来被证明是假的，他还声称这手稿之前归多尼采蒂[①]所有。实际上，曲谱和签名均不出自罗西尼之手，仅仅是个复本。直到1975年，音乐学家爱德华·J·克拉夫特在第3期《罗西尼研究中心通报》中对此进行了澄清。若是追究《猫的二重唱》的起源，他认为，罗西尼是受了一位名气不大的作曲家——贝特霍尔德的启发。而贝特霍尔德又是从罗西尼的《奥泰罗》以及丹麦作曲家韦瑟[②]所创作的《猫短曲》中汲取到了灵感。

从此，再也没有人来考证《猫之二重唱》背后复杂而严谨的归属权问题了。

早就无所谓了！人们对它好像有些过分褒扬了。自从安赫莱斯[③]和施瓦兹科普夫[④]首演了其中一些选段之后，我们还是自然而然将它视为罗西尼的作品，倒也有点阿谀奉承的意思了。记者们可以从中挖掘到有趣的八卦素材，而碟片商也可借机捞上一笔。

---

① 多尼采蒂(Donizetti，1797—1848)：意大利作曲家，意大利浪漫主义歌剧乐派的代表人物，以创作的快速、多产而著称。——译注

② 韦瑟(Christoph Ernst Friedrich Weyse，1774—1842)：丹麦古典主义时期最重要的作曲家，其音乐风格类似维也纳古典乐派，具有和谐、优美、雅致的特点。——译注

③ 安赫莱斯(Victoria de Los Angeles，1923—2005)：西班牙女高音歌唱家。——译注

④ 施瓦兹科普夫(Elisabeth Schwarzkopf，1915—2006)：德国女高音歌唱家。——译注

圣-塞维林(街头大屠杀)(Saint-Séverin [Le massacre de la rue])

对于1730年11月发生在巴黎圣-塞维林街区的那则令人悲恸的社会新闻,人们是很难给出定义的。是否应把它理解或看作猫的圣巴托罗缪之夜①?或单纯的只是一次受嫉妒心驱使而引起的复仇事件?不管怎么说,这都是巴黎从未有过的、最有条不紊的一次大屠杀,一个立马会激起众怒的典型事例。

别忘了,俄语原单词 *pogrom*(大屠杀)恰好有当头一棒,渴望突然摧毁和失控、无情的盛怒之意。正是!这恰恰是它的本质:一场暴力无耻的复仇——而猫实际上是此间无辜的受害者——常常是当血开始流淌,狂怒不再被认为是犯罪;因为,这种狂怒演化成了众怒,不再会有人对此负责,人们才会醉心于流血,达到一种杀人作恶不受惩戒的狂热状态。

这次圣-塞维林街头的大屠杀同样也是一出社会悲剧,至少从开端看是这样。起因是一次劳工冲突,是一次雇主和工人之间的对抗。后来陡然转变为一场噩梦,之前也曾提过。排字工人尼古拉·孔塔把此次事件写进了他的回忆录,若不是他的亲眼目睹,人们将对此一无所知。当年的职业专栏记者和后来的历史学家是怎样记录这次事件的呢?只有猫是受害者,而不是那些异教徒、清教徒、犹太人、北方人、外国人、侨民和土耳其人,谁知道呢?猫很重要么?它们会组建行会么?它们有可能复仇么?它们会在法庭上

---

① 圣巴托罗缪之夜(Massacre de la Saint-Barthélemy):1572年法国天主教暴徒对国内新教徒胡格诺派的恐怖暴行。该年8月24日凌晨,巴黎数万名天主教民伙同警察士兵对城内的胡格诺教徒进行了血腥的大屠杀。他们根据事先画在胡格诺教徒居所门前的白十字记号闯进屋去,对多数还浓睡未醒的人尽行杀戮,然后将尸体抛进塞纳河中。这是巴黎史上最血腥的一夜。——译注

据理力争么？它们的子孙后代会为祖先曾遭受的苦难作证么？它们有灵魂么？它们会要求搞纪念活动，需要人类作出忏悔么？要不是这位印刷工人，我们对过去发生的一切和事件起因都会一无所知。

从头讲起吧。有一位名叫雅克·文森特的印刷厂主在圣-塞维林街经营着一家印刷厂。他的妻子十分迷恋猫，尤其对她的母猫灰灰宠爱有加。她嘱咐丈夫的工人和学徒千万不要吓唬猫。这大可以理解。而且，这种喜爱，并不是她一个人的专属。据尼古拉·孔塔的回忆，这个街区的其他印刷厂主对猫也同样喜爱："其中一个印刷厂主养了 25 只猫，他给它们画像，还喂它们烤肉和家禽。"

要不是印刷厂学徒的伙食如此之差，也没有受到厂主如此残酷的剥削，他们绝对会认为这种溺爱无伤大雅，或仅仅只是有些荒唐。但更糟的是，就连他们在那少得可怜的睡眠时间里，也倍受附近猫叫的折磨。总之，他们已经怒不可遏了。

可叹的是，我们已经习惯了这类有时也会发生在大住宅区的悲剧。当居民被楼下的噪音、轻便摩托车的突突声、尖叫声、吵闹声以及震耳欲聋的音乐声吵得精疲力竭时，他们拿起猎枪，对着人群开枪。媒体大肆报道，电视也在晚八点的新闻上当头条来播。不过，当时引起骚乱的不是两冲程的摩托车，而是四条腿的猫。而且，更严重的是，这场动乱还夹杂着雇主与雇员之间由来已久的敌意和对立。

我们的印刷工人，生气也是在理的。于是，他们谨小慎微地展开报复。一开始，人们原本是这么希望的，无伤大雅地报复。报酬极低、不被重视、夜不能寐的他们，连着好几晚，都想办法在厂主的窗下大肆喧闹。一个个轮流着来！他们模仿可恶的猫叫声，让雇主无法休息。这场仗打得可真漂亮！他们成功地让雇主们忍无可忍。结果，这些雇主就要求工人们不择手段地"赶走这群可恶的畜生"。结果，玩笑失控了，复仇演变为一场噩梦……

11 月 16 日到 17 日的夜里，我们的工人最先处死了比他们过得好、吃得好的老板娘的宠儿，母猫灰灰，接着，又对临近几条街的猫下手。他们把猫偷来，装模做样地对它们进行审判，把它们吊死、勒死、掐死。他们杀死的猫越多，就越沉醉在暴力的快感中，也就越想杀死更多的猫。短短不到一个星期，就有上百只千不该万不该生活在这个街区的猫惨死于卑鄙无耻的酷刑中。

说到底，此次事件使人的心为之一震，给人以教育意义。让人感到可怕的地方是：愤怒已使人丧失了理智，全然忘记了挑起此次事件的由头。

当然，应该考虑的是此事的根源、社会的解读。这几乎是一次工会冲突所引起的灾难，是遭受过分压榨的工人向万恶不赦的雇主做出的反抗。雇主宠溺着自己的猫，却让他们这帮工人挨饿。雅克·文森特的妻子，对灰灰万般宠爱的女主人就说到了点子上，她曾大声喊道："这些坏蛋没办法杀死他们的老板，就只有对我的猫痛下毒手。"

等着瞧吧，几年之后，这些怒火中烧的"坏人"就不再会对猫下手了，他们的矛头将指向一个个剥削者、富人和权贵。是否还记得 1792 年 9 月发生的巴黎大屠杀！虽然我们当时并不在场。那些启蒙哲学家才刚刚开始带来曙光并改变那个世纪，推翻那些合法权力机构，揭露所有的偏见与不公。在这种情况下，是猫象征性地为打碎的花瓶承担了责任。而说到象征，可惜，对猫而言，就是残酷的现实……

可是，基于这场阶级斗争、这场行会公诉之上的，还有其他东西。我们每个人的心里都有着这样一颗疯狂、非理性的可怕种子在生根发芽。屠杀的血腥味让人迷醉，让人沉沦。哪位心理学家或洞穴学者会彻底深入到人类意识或无意识的深处，挖掘出最黑暗的、像毒蛇一样的本性？为什么要说是蛇一样的心肠？因为据我所知，任何一种爬行动物都绝不曾为了一时的痛快而沉醉于这种毫无理由的狂怒以及毫无克制的屠杀中而无法自拔。

当然，猫的象征性在这场事件中起到了决定性的作用。一方面，几个世纪以来，这种动物都意味着不幸、狠毒、巫术，甚至是邪恶势力最卑劣的帮凶；另一方面，暴力和动物所遭受的痛苦不仅是无足挂齿的——当时人们对此毫不在意——甚至还可用于消遣，这种情况对猫来说更为常见。人们应该提防这些动物，并把它们作为复仇对象么？（报什么仇一点也不重要。）这并不意味着要把动物杀死。如果人们铲除了这些“邪恶”是为了更好地报复、伤害印刷厂主、房东和权贵，那就更厉害了！但可能是因为它们本身代表了“邪恶”（即使我们的工人未能如此明确地表述这种形式上的推论）。

他们所了解和观察到的，就是猫，因为它们的双重天性，既野又宅，既勇敢又娇气，成为了与人类——或他们中的一部分——关系最为亲密的动物。狗，本性忠诚，守在屋外、狗窝或狗屋中。猫，会捉老鼠，则在屋内，蜷缩在宽容的人类的枕头上，或依偎在烟囱附近取暖。年轻的国王路易十五就生活在一堆猫……和一堆情妇当中，不管是猫还是情妇，都有纵情享乐或在各种场合伪装情欲的嗜好。工人们会对此一无所知？至少，他们发现老板娘对灰灰满怀柔情。总之，他们既铲除了“邪恶”，又伤了敌人的心。一举两得！

这种疯狂，尤其是——这类因种种原因而自我克制的疯狂，略带某些我们曾经提过的历史相对主义元素。然而，我们仍然无法理解其程度、残忍以及同样无情的愚蠢。

薛定谔(Schrödinger)

杰出的物理学家埃尔温・薛定谔，1887 年出生于维也纳，1961 年在同一个城市去世。但因为他犹太人的血统，在 1933 年希特勒上台以后，就离开德国去了伦敦，之后，在都柏林教书。如果他不是用自己的名字来命名一个实验的话(纯粹假想的，或者说，是理论的实验，你们放心!)，估计只有几个量子力学专家才知道他的名字。这个实验——或者说悖论——就叫“薛定谔之猫”。

这个实验——或者说这个悖论——让很多人都痴迷不已(我也是其中一个)。而且，这些人不一定是量子物理学的专家，他们不太懂比如说由薛定谔发明的“波函数”这个概念。从某种意义上说，这可以让人了解一个原子的电子波集中在某个地方——这让他和英国人保罗·狄拉克[①]一起获得了1933年的诺贝尔物理学奖。

回到他的猫和这个他于1935年提出的奇怪的假想实验。原理是基于量子力学最奇怪的特性之一：*微观世界是以不确定的方式存在的*。再见了，传统的决定论！一个粒子从来都不在一个既定的位置或既定的状态。只是它好像在这里，或在那里，在这一种状态，或在另一种状态。

薛定谔的假想就是把一只对人没有任何要求的勇敢的猫塞进一个完全密闭的盒子里，除了一个供观察的小窗口。在盒子的一角，放一个放射性原子核和一个只能运作一分钟的探测器。在这段时间里，量子力学告诉我们放射性原子核有50%的几率裂变，从而释放出一个电子。在此情况下，如果释放出电子，电子就会撞到探测器上，启动一个锤子，锤子会打碎一瓶致命的毒药，这一整套装置预先被变态的薛定谔放在盒子里……

在看小窗口之前，会发生什么？你告诉我说，猫有一半的几率

① 保罗·狄拉克(Paul Dirac，1902—1984)：英国理论物理学家，量子力学的奠基者之一，对量子电动力学的早期发展作出重要贡献。他给出的狄拉克方程可以描述费米子的物理行为，并预测了反物质的存在。1933年因“发现了在原子理论里很有用的新形式”(即量子力学的基本方程——薛定谔方程也称狄拉克方程)，和薛定谔共同获得了诺贝尔物理学奖。——译注

死掉……或活着。错！这是因为你又一次没有像一个量子物理学专家那样去考虑问题。不，是两种可能同时存在。可以说，放射性原子核释放了，也没有释放它的电子，同时处于裂变和没有裂变的状态。从数学的角度来看，两个函数叠加，因为粒子同时处于几种叠加态。简言之，只要还没有去测量，两种状态就同时存在；只有去观察才能结束粒子的态叠加。就像物理学家们用量子力学的术语说的，两种状态的叠加到那时才被取消，会有一个分离，A 和 B 的体系会成为 A 或 B 的体系。

那么，我们英勇的猫呢？说到底，在这个既悲伤又吸引人的事件中，只有它才是我们所关心的。它会怎么样？它是活着还是死了？如果我们接受(这就是可怕的薛定谔推导的悖论的前提假设)微观世界原子态叠加及其产生的结果之间的因果关系，猫就应该既生又死，两种状态共存。简言之，如果可以想象的话，用量子数学公式来表示，叠加态可以看作是叠加的波。由此，从某种角度看，我们眼前的，无疑是(我下这个结论比较冒险)一种 OCNI，也就是无法验明身份的猫客体，任何一个兽医都不能光明正大地给它开死亡证明，同样，也不能给它开健康证明。

好几位物理学家都回答了薛定谔这个变态的假设。我们之后会谈到。现在还是先谈谈他的猫。这很有趣。首先，为什么我们的学者选了一只猫而不是一只老鼠、一只金丝雀或一条吉娃娃？他是对猫族有仇要报？在维也纳，当他还是孩子的时候，曾经被门房的猫抓过，是报仇还是要算老账？这种假设当然不能被排除。在这方面，精神分析师或许有话要说。弗洛伊德在维也纳是否曾经遇见过标新立异的薛定谔？不说也罢，因为很可惜，我们缺少好传记必需的素材！

不管怎么说，一只老鼠、一只金丝雀或一条吉娃娃不能引起敏锐的薛定谔的注意，因为，在这些可爱的小动物身上并没有任何神秘之处。人们对这些完全不在乎：一条吉娃娃的死活、一只金丝雀是否属于量子世界、一只老鼠取决于一个原子是否分裂的意愿。一只猫，那是另一回事。它与神秘如影随形。它在此刻就如在永恒里穿梭一样。它给我们一种幻觉，好像通往神奇的秘密的大门被推开了一点。一只既生又死的猫，一个猫幽灵，一个鬼魂，一个同时拥有各种状态的猫——这几乎不会让我们感到惊讶。曾经有幸和猫一起生活的人都很清楚，在猫身上，可以看到很多状态的叠加。它在睡又不在睡。它在做梦，而它对外面真实世界的感知和注意力又总是那么令人难以置信的敏锐。它在某个地方，你一眨眼，没看到它动，但它已经不在那儿了，它已经换了另一个姿势。猫是量子动物的绝佳代表。分离态，它不知此为何物。

现在，它在恶魔般的薛定谔假想的盒子里面。诋毁物理学家的人会怎么反驳他？很简单，他们会说，态叠加只关涉量子级别的单独粒子。以我们的计量单位来看，那完全是另一回事。甚至，在关着猫的盒子里，就有几亿的分子在碰撞，有无数宇宙射线和电波在流通，这些我们都暂且不谈。互相作用无休无止，立马就会打破量子态叠加。

不过，也有一些物理学家什么也不想知道，执意要把这个悖论推得更远。如果审慎的薛定谔描述的波函数的确是真的，那么，是的，就应该存在两种奇特的状态，从某种意义上说，一种双重的现实。

由此得出结论，存在无数和我们的世界平行的世界，用美国人休·艾弗雷特①和其他学者的话说，这些世界之间只有一步之遥。在他看来，薛定谔之猫在一个世界是活的，而在另一个世界是死的。这种论断让我们感到有点头晕。我们也是如此，我们存在于无限的世界里，一旦我们同意艾弗雷特的观点，接受他的多重世界

① 休·艾弗雷特三世（Hugh Everett Ⅲ，1930—1982）：美国量子物理学家，以提出“多世界”理论而著名。——译注

的理论。根据理论，量子物理方程式所允许的结果都同时可以得到实现。从1956和1957年开始，当他在普林斯顿大学通过关于这个主题的科学博士学位论文答辩（评语为优秀）并将其发表时，很多科幻作家，还是些像阿尔弗雷德·贝斯特①和弗雷德里克·布朗②（还有后来的迈克尔·克莱顿③）这样的大家，都津津有味地用起了他的假设。

猫是科幻动物？我们就从来就没有怀疑过？

其他物理学家走得比艾弗雷特还远。比如，尤金·维格纳④，1963年的诺贝尔奖获得者！在他看来，如果说只是观测决定事物和电子的状态，就如猫的生或死，那么，如果人类不存在，这个世界也不存在。只有观测者的意识决定我们亲爱的猫是去见了上帝（自然是猫的上帝），还是安然无恙。您刚才说头晕？观测者的视觉神经沿着一道和A（放射性原子裂变，猫死）和B（放射性原子完好无损，猫活）叠加态连接的波前进，大脑接受信息的细胞原封不动地接受。此时，是意识来决定，来解决问题，来结束这个双重游戏，宣布猫是死是活。

对我们这些要决定（根据无意识的什么标准？太神秘了！简直是一头雾水！）动物生死的人类而言，这是多么可怕的责任！如果换一换，爱开玩笑的薛定谔把心不甘情不愿的我们塞进盒子，而让猫去观测，我们的命运是不是由猫决定？我认为猫和尤金·维

---

① 阿尔弗雷德·贝斯特（Alfred Bester，1913—1987）：继阿瑟·克拉克、罗伯特·A·海因莱因、艾萨克·阿西莫夫等科幻大师之后，美国科幻小说协会评选出的第9位科幻大师，对美国科幻的走向产生过深远影响。——译注

② 弗雷德里克·布朗（Fredric Brown，1906—1972）：美国科幻作家。——译注

③ 迈克尔·克莱顿（Michael Crichton，1942— ）：美国作家，被誉为“科技惊悚小说之父”。——译注

④ 尤金·维格纳（Eugen Wigner，1902—1995）：美籍匈牙利裔物理学家，1963年因发现基本粒子的对称性荣获诺贝尔物理学奖。——译注

格纳都无法回答这个问题。

其他异议：如果不是一只眼睛，而是一部摄像机在拍摄盒子里面的情况，然后，把画面传到一台设定好程序的电脑上，让它去分析判定猫是死是活，之后，再把信息传到一台打印机上，再来看看结果！如果观测者在一年后……才得到这个信息？是否他的意识只在他看到信息时才决定猫的状态？如果这样，就应该接受他的意识所释放出来的信号，回到从前，去决定一年前薛定谔那只可怜的猫的状态。那么会怎样？在量子物理领域的一些研究者预先给出的方程式中，时间似乎是不可逆的。

太晕了！我们面前敞开的是知识的无底深渊！

猫既生又死。

猫在无数个平行世界里。

猫穿越时空旅行。

或者，它可以死而复生。

它自以为机灵健壮，但其实它一年前已经死了，只是自己不知道……

如此一来，你还敢对它放肆，跟它亲近吗？猫一直让我们惊慌失措。应该比任何时候都带着无懈可击的尊敬去观察它、疼爱它。它有过闻所未闻的经历和见闻，在它面前，我们都是侏儒。

在下结论之前（同时也作为结论），还是应该谈谈像斯蒂芬·霍金这类研究者的观点才公道。对他们而言，薛定谔发现的波函数不是现实，那不过是对我们所能认识的现实的一种阐释。从那时起，这些悖论和假想实验都只是无稽之谈。

“我要是听到薛定谔之猫，会掏出手枪的。”霍金甚至这样叫嚣。

啊不！不要这样！

可怜的猫！

人们想把它关在一个盒子里，用镭去辐射，去毒死它；然后把它救活，塞到平行世界里；让它回到从前；而现在，还要对准它的脑袋开枪。

够了！太过分了！

可怜可怜它吧！

暹罗猫(Siamois)

大家知道欧文·古尔德爵士吗？这位气色很好的英国人，在暹罗国王普拉伽迪博克的宫廷里担任英国总领事。他在1884年有了将第一对暹罗猫带回伦敦的想法。这并非一件容易的事。据说，为此，他必须要收买王子的仆人。长期以来，关于一种猫的传言在欧洲流散(由远方的旅人记叙下来得以留存)。传说这种猫拥有无与伦比的美，在暹罗繁衍，被那儿的人当做国宝一样小心翼翼地呵护着。

暹罗猫在泰晤士河畔的首次露面自然引起了不小的轰动。啊，它们蓝宝石般的眼睛带有魔力，显得如此深邃而神秘；它们拥有优雅的身影，精致灵巧的三角形脑袋，轻盈柔软的步履。暹罗猫高贵优雅又温柔，细腻柔软、闪闪发亮的短毛呈现出乳白色和深棕色！据说，到了夜晚所有的猫都是灰色的。人们有所不知的是，暹罗猫在刚出生的时候是白色的，它们的毛色随着年纪的增长才显现得如此光彩夺目。

让我们重新回到1884年。

这群讨厌的英国人，又一次不讲礼貌地把前来观赏暹罗猫的其他欧洲人拒之门外。一年之后(不过还是花了一年时间！)，一个叫奥古斯特·帕维的法国人，未来的驻暹罗全权公使，成功地从曼谷偷渡回一对暹罗猫。随后，他把它们捐赠给了植物园。

可惜，人们尝试用这对暹罗猫来繁殖出更多的小猫，但初次实验的结果并不让人满意。这两只小小的暹罗猫，体质娇弱而敏感，不能很好地适应当地寒冷的气候。难道我们将会像谈论帕维先生的失败一样谈论欧文·古尔德爵士的悲剧吗？不尽然！20世纪初，暹罗猫终于能够在欧洲很好地生存下来了。而我们的同胞，也终于能够毫无顾忌地饲养它们了。这要归功于兽医学发展带来的进步，它使得这种以敏感娇弱著称的猫能够像欧洲其他猫类一样，变得健壮且抵抗力强。

你们肯定已经猜到了，我喜爱暹罗猫。或者，更确切地说，我热爱且崇拜暹罗猫。它们尤其让我感到局促不安——美总有种让人不知所措的力量，甚至有的时候，美能产生距离，就好像在它与我们之间设置了一道屏障。那些天姿国色的女人通常都是可望而不可及的。我们没有勇气去接近她们，与她们攀谈，也不敢去摧毁那无与伦比的水晶般灿烂的光辉。我们怎么能有那样的想法呢？那是在亵渎圣物，是冒天下之大不韪！可不是嘛！美是神圣不可侵犯的。正因为如此，绝代佳人通常在这世上形单影只，好似不食人间烟火的仙女。她们让那些普通平庸的爱慕者望而却步。

暹罗猫们也是这样的吗？

幸运的是（如果可以这样说的话），暹罗猫们在某些方面与其他猫科动物并无不同，这使得它们并不会给人以距离感，甚至恰恰相反，它们与其他猫科动物有相同之处。通常情况下，暹罗猫是“健谈的”。这是一种无可救药的健谈，像一个爱说闲话的人，像一个长舌妇，又像一位看门人。给您举个例子，一只暹罗猫就好比一位有着艾娃·加德纳①或是格蕾丝·凯利般外貌的美人，同时这位美人又像波利娜·卡尔东②或乔丝安·巴拉思科③一样能说会道。

---

① 艾娃·加德纳（Ava Gardner，1922—1990）：美国女演员，1922年出生于美国史密斯菲尔德，代表作品：《杀人者》《巫山风雨夜》。——译注

② 波利娜·卡尔东（Pauline Carton，1844—1974）：法国女演员。——译注

③ 乔丝安·巴拉思科（Josiane Balasko，1950— ）：法国女演员。——译注

暹罗猫通过自己的叫声来表达“是”或“否”。它会发牢骚，它说长道短，它讨价还价，它会提出异议或表示赞同；它抗议、咒骂、谈判，既会强烈要求，也会委婉恳求，既会瞎叫喊，又会据理力争；它沉思、解述、重复、讨价还价；它把我们搞得头昏脑涨！我们会对它说：“做一只美丽的猫，闭上你的嘴！”但是，美丽的暹罗猫从不停止说话。

暹罗猫到底在向我们说什么呢？聪明机灵的人或许可以听得懂！它在评论天气预报或是政治局势吗？还是在谈论它上一餐的质量或在电视上看到的上一场橄榄球球赛？

事实上，由于暹罗猫不断地在表达，它的言论往往并无意义可言。即便它并不是唯一不能用言语表达的猫科动物，但是，由于它说得太多，我们最终难免会对此感到怀疑。

安静！开拍了！(Silence, on tourne!)

导演，任何一位导演都会说这话。拍摄时他们怕两件事：一是要拍摄小孩子，二是要拍摄动物——换句话说，这类演员常常让你措手不及：他们娇小可爱，你绝对没法对他们生气，但又不能再次拍摄同样的场景；你没法控制他们的行为，让他们从一个镜头到另一个镜头定格同样的表情。当然，也有小孩是可以稍加训练的，他们中甚至有特别会哗众取宠的演员。马戏团中也有撒娇献媚、爱做鬼脸的小动物。20 世纪 30 年代美国电影蓬勃发展之时，秀兰·邓波儿[①]就凸显了这一天赋，成为了一代传奇。米奇·鲁尼[②]在穿小裤衩的年纪也不错。正如海豹、海狮、老虎、马、大象或八哥等动物一

① 秀兰·邓波儿(Shirley Temple, 1928—2014)：20 世纪美国著名童星。——译注

② 米奇·鲁尼(Mickey Rooney, 1920—2014)：20 世纪美国著名童星。——译注

样,狗也能训练好。

那猫呢?

我们可以指挥一只猫吗?

想象一下,只需大声一呼:“安静!开拍了!”就可以让它立即投入拍摄吗?倒不如说,是它在导演,它在要弄那想要不顾一切地把它打造为电影明星的导演吧。

1973年,弗朗索瓦·特吕弗[①]执导的《美国之夜》[②]捧红了它——电影棚里的那只猫——带着十足的幽默、忧郁和温柔。天啊!仅仅让一只小黑猫在镜头面前舔一下牛奶盘就是个难题!这只小猫咪什么都听不进去,一会儿跑东,一会儿跑西,一会儿又溜出了片场;它不渴也不饿,对第一助理的讨好和命令不理不睬。这真让人忍俊不禁。特吕弗在这组镜头中参照了其早期的一部电影作品,即1964年上映的《柔肤》[③]。凌晨,一只猫悄悄地出现在了一家乡村小旅馆里,让·德赛利在那里勾引了年轻的老板娘弗朗索瓦·德纳芙,小猫则在他们的房间门口舔舐着残留在早餐托盘上的牛奶。特吕弗后来也面临过如此多的困难吗?不管怎样,10年后他依然丝毫没有忘记那次拍摄……

然而,无论拍摄困难与否,我都能想起几只著名的猫演员和几部电影作品。在这些电影中,猫的出场总是和巫术联系在一起,这些作品给了我源源不断的灵感。跟你们说,我不谈动画片中的猫(这是另外一回事),也不谈沃尔特·迪斯尼那些糟糕的灵感。在

---

① 弗朗索瓦·特吕弗(François Truffaut,1932—1984):法国电影导演。新浪潮电影的领军人物,也是电影史上最重要的导演之一。——译注

② 《美国之夜》是特吕弗导演的一部喜剧影片。影片的剧情与演员们的日常生活巧妙结合起来,企图打破演员固有的思维方式,从而达到戏如人生、人生如戏的境界。——译注

③ 《柔肤》又名《软玉温香》,法国剧情片,是一部关于婚外恋的悲喜剧:一个中年知识分子想避开妻子严格的监视,跟一名空姐玩一把一夜激情,不料闹出许多意想不到的枝节,最终被暴怒的妻子击毙。——译注

动画片里,猫可以当主角——这里至少见证了摄制组技术了得。例如,1965年罗伯特·斯蒂文森执导的影片《精灵猫捉贼》①……

不,首先我想在此向尊贵的暹罗猫致敬!它的主人是同样尊贵的金·诺瓦克②。我年轻的时候非常迷恋她,几年之后,才意识到她也只不过是个平庸的喜剧演员。但是,嘘!千万别跟别人说……我们不会忘记她在阿尔弗雷德·希区柯克③的影片《迷魂记》里给人留下的深刻印象。当然,金的暹罗猫也参演了由理查德·奎因④执导,于1958年上映的搞笑喜剧片《夺情记》(原版名为《铃,书和蜡烛》)。金·诺瓦克在此片中与詹姆斯·史都华⑤上演对手戏,扮演一位迷人的,至少在表面上看来端庄得体的有钱的女巫,为了自己的心上人,她不惜放弃自己的法力。从一个镜头转到另一个镜头时,她温柔地把暹罗猫,她的巫术伴侣,揽在怀里。当时的我(现在也同样!)愿意付出一切和那只猫交换位置。这只猫在故事中名叫"皮瓦克",它甚至因此获得了"佩西奖",堪称电影界动物演员的奥斯卡奖。真是实至名归。

---

① 《精灵猫捉贼》是美国惊悚片,讲述了少女帕蒂养了一只暹罗猫,名叫DC(就是Darn Cat的缩写)。这只猫每天晚上都会出外觅食,但有一天它回来时却带着一只表链,上面有求救的讯息,帕蒂认为有人被绑架了,于是就去通知FBI,一位名为科尔索的探员因此展开调查,他们的方式就是每晚跟踪那只猫的路径,但他后来才发现,要跟踪那只猫根本不是一个简单的任务。——译注

② 金·诺瓦克(Kim Novak,1933—):美国演员。50年代中期,是美国十大卖座明星之一。主要代表作有《欢喜冤家》《金臂人》《狂恋》《迷魂记》《夺情记》《臭名昭著的妇人》《银行大劫案》等。——译注

③ 阿尔弗雷德·希区柯克(Alfred Hitchcock,1899—1980):美籍英裔导演,尤其擅长拍摄惊悚悬疑片。——译注

④ 理查德·奎因(Richard Quine,1920—1989):导演、演员、制片、编剧。代表作品有《巴黎假期》《苏丝黄的世界》等。——译注

⑤ 詹姆斯·史都华(James Stewart):美国电影、电视、舞台剧演员。1999年,被美国电影学会选为"百年来最伟大的男演员"第3名。他活跃的年代大致涵盖了好莱坞的黄金时期,而他本人也已经成为一种文化象征和一个经典时代的传奇化身。——译注

在我混乱的电影记忆和在此毫不夸张、详尽介绍的几部电影中，我还记得奥黛丽·赫本那只可爱的红棕色猫。奥黛丽·赫本是布莱克·爱德华兹[1]执导的电影《珠光宝气》[2]中样不失可爱的女主角，该影片改编自杜鲁门·卡波特[3]的代表作《蒂凡尼早餐》，于1961年上映。

值得一看的是，这只平时叫“奥兰吉”的肥猫，在电影中的名字却极其朴实，“猫”！这只7公斤重的母猫，在好莱坞的名气不小，同样也获得过“佩西奖”。主人饮酒之后头痛舌燥得厉害，它跳到她身上唤醒她时，并没有显得格外小心。同样，在跳到乔治·佩帕德的肩膀上时，它也没有过多地小心谨慎。可恶的奥兰吉！后来，我们的女主角想要抛弃它。谢天谢地！她最终又在曼哈顿的死胡同，两个垃圾箱中间，找到了被雨淋成了落汤鸡的它。*Happy end*！

（那个把奥兰吉打造成一个真正意义上的明星的驯兽师，名叫弗兰克·应[4]，几年前也曾因一只他驯养的猫同样获得了“佩西奖”而出名。这只得奖的猫在1951年参演过由亚瑟·鲁宾[5]执导的电影《大黄》，大黄也是故事中主角猫的名字，雷·米兰德[6]在这

---

① 布莱克·爱德华兹（Blake Edwards，1922— ）：美国导演、编剧、制片人。——译注

② 美国电影《珠光宝气》是由布莱克·爱德华兹执导，奥黛丽·赫本、乔治·佩帕德主演的爱情喜剧影片，1961年10月5日在美国上映。影片讲述了一个爱慕虚荣的农村女孩到纽约去寻找自己理想归宿的经历。——译注

③ 杜鲁门·卡波特（Truman Capote，1924—1984）：美国文学史上著名的南方文学作家。——译注

④ 弗兰克·应（Frank Inn，1916—2002）：美国驯兽师，他调教的动物参演过几部电影，尤以驯狗著名。——译注

⑤ 亚瑟·鲁宾（Arthur Lubin，1898—1995）：美国导演、演员、制片人。代表作有《奇妙英雄》《大淘金》等。——译注

⑥ 雷·米兰德（Ray Milland，1907—1986）：英国演员、导演。1946年凭借《失去的周末》获奥斯卡最佳男主角奖。——译注

部电影中也有参演。这部长影片不曾在法国上映过，因此，对它的了解也只是靠道听途说。剧情非常搞笑。一只猫继承了主人的大半财产，于是，它也成了一支专业棒球队的“所有者”。球员和教练都觉得特别丢脸……）

一只白色波斯猫，温和平静却令人生畏，正无精打采地躺在主人的膝盖上，它的主人是一个企图称霸世界的犯罪团伙的秘密首脑，这是第几部《詹姆斯·邦德》①中的场景来着？镜头中只有它，这只猫，主人的面容一直都在镜头之外。这也许是《你只能活两次》②《金手指》③或是《霹雳弹》④中的片段，我不是很确定。但至少这个场景不会出现在《金刚钻》⑤里。一位影迷朋友依稀记得这只猫叫“所罗门”。在科波拉系列电影《教父》的第一部中，马龙·白兰度确确实实抱了一只猫放在膝头，坐在沙发半明半暗的地方，指挥着他的黑手党。布尔维尔，让-皮埃尔·梅尔维尔电影《红圈》里的警察，回到莫贝广场的家中时，也再次见到了他的猫……

我没有忘记那只黄色的虎斑猫，在由雷德利·斯科特执导，于1979年上映的著名电影《异形》中，它是太空旅行中唯一的（还有西格妮·韦弗）最终成功从外星怪物的怒火中逃脱的幸存者。我也没有忘记埃利奥特·古尔德的猫，即改编自雷蒙德·钱德勒的

---

① 詹姆斯·邦德（James Bond）：一套小说和系列电影的主角。小说原作者是英国作家伊恩·弗莱明（Ian Fleming）。在故事里，他是英国情报机构军情六处的特工，代号007，被授权可以干掉任何妨碍行动的人。他冷酷但多情，机智且勇敢，总能在最危难时化险为夷，也总能邂逅一段浪漫的爱情。历任007都是大帅哥，再加上性感漂亮的邦女郎以及扣人心弦的精彩剧情，让该系列影片直至今天仍为广大影迷所热爱。——译注

② 《你只能活两次》是007系列电影的第5部，于1967年6月上映。又名《铁金刚勇破火箭岭》或《007系列之雷霆谷》。——译注

③ 《金手指》是007系列电影的第3部，讲述邦德与控制黄金交易的幕后黑手金手指智斗的故事。——译注

④ 《霹雳弹》是007系列电影的第4部，于1965年12月29日在英国上映。——译注

⑤ 《金刚钻》是007系列电影的第7部，于1971年上映。——译注

小说[1],由罗伯特·奥特曼执导的电影《私家侦探》中的人物,该电影于1973年上映。不应该戏弄它(不应该戏弄这只猫,也不应该戏弄这位私家侦探!)。这只猫很在意自己猫粮的牌子。可悲的是,一天夜晚,古尔德把产地不明的猫粮倒进了它的空碗里(也是它最喜欢的碗),想要骗他上当。然而,并没有成功。我很欣赏这个向猫致敬的情节——向那只《夜长梦多》的不朽的作者深爱的猫!

在雅克·图尔尼尔执导的影片《豹女》中(原版名为*Cat People*,1942年上映),有一只猫虽然在剧中一闪而过,但它扮演的却是一个具有决定性的角色,或者说,是一个揭秘者的角色。在这场难以置信的厄运中,西蒙妮·西蒙是受害者,她被一只可怕的黑豹附身,随时准备吞噬周围的人。扮演女主的是一只漂亮的暹罗猫,它向身边来往的人发出恐怖的喵叫,喜欢躲在珍·蓝道夫可靠又相对比较灰暗的脚下。这部小恐怖片,这部由雅克·特纳执导的B级科幻怪兽类恐怖片,在我眼里仍是一个玄幻诗意的奇迹……

正如吕基·康曼西尼导演的喜剧电影《是谁杀死了那只猫?》(原版名为*Il Gatto*,1977年上映)是表现讽刺恶毒、凶残暴虐之极品,如大家所愿。这只猫,这只把自己的名号给了影片的真正的猫,镜头并不多。在影片最开始的时候,一位冒牌贵族和他的姐姐在继承了罗马的一栋老房子之后,就想方设法地想要赶走他们的房客,以便把资产买给一位房地产商。他们希望这位房地产商能就地盖一栋更加现代的楼房。面对姐弟俩的狠毒行径,脾气凶恶的房客们在影片一开始就毒死了这只猫。但猫的主人坏事做尽,所以,观众对他们的猫咪几乎没有过多的怜悯。

我在其他地方谈到过一只猫,即马塞尔·帕尼奥尔执导的电

---

① 小说《漫长的告别》(*The Long Goodbye*,1953)广受评论家好评,并获得爱德加奖最佳长篇侦探小说奖。——译注

影《面包师的妻子》中的蓬蓬奈特(参见该词条),在此就不再赘述了。正如我不会再着重强调由皮埃尔·格兰尼亚-德弗利导演。西蒙主演的电影《猫》(1971年上映)一样,剧中的西蒙·西涅莱为了进一步伤害并控制自己的丈夫(让·迦本饰),赶走了他的宠物猫。我对这部电影不是很感冒,就跟对该片的演员们的演技一样。

为了纪念,我将在此谈到一部英国珍品电影,即由约翰·吉林执导,于1961年上映的《猫之魂》(原版名为 *The Shadow of the Cat*)。一个丑恶的男人,联合两个同谋,杀死了自己的妻子。猫目睹了整个谋杀过程。它以自己阴魂不散般的在场,最终揭穿了他们。片中,导演的镜头与猫的视角同化了。但并不是每一天,每一个情景我们都可以采用这样的视角,把自己当作一只猫或用猫的眼睛去看周遭的世界。

说到猫的视角,我还想到了大卫·洛维尔执导的,于1969年上映的奇特的侦探电影《皮肤上的抓伤》(原版名为 *Eye of the cat*)。剧情平淡无奇。一位青年男子企图把享有继承权的姨母打发走,这只不过是一桩小事。参演这部电影的盖尔·亨尼卡特是一位美女,在好莱坞的事业并没有起色。在一场戏中,姨母的一群猫围住她,威胁她,她整个人被吓了个半死。简直比希区柯克的《群鸟》[1]还要可怕!

在希区柯克执导的另一部于1955年上映的影片《捉贼记》(原版名为 *To catch a Thief*)中,"猫"同样也是主角加里·格兰特的名字或绰号。这是因为,夜幕降临时,主角能够从屋顶潜进屋内,屡次入室抢劫。后来,在第二次世界大战时期法国的抵抗运动中,他把这一绰号作为代号,显露了自己的英雄本色。抵抗运动结束以后,加里·格兰特打算在蓝色海岸度过自己宁静的归隐生活。

---

① 美国电影《群鸟》是由阿尔弗雷德·希区柯克执导、蒂比·海德莉、罗德·泰勒主演的惊悚恐怖影片,1963年3月28日于美国上映。——译注

可惜啊！有另一个入室盗窃者采用了他曾经的手法作案，警察自然对他产生了怀疑。同样，也引起了美貌的继承人格蕾丝·凯利对他既欣赏又怀疑的好奇。

这些猫，这些真正的黑猫，我们几乎只能在这部精致考究的侦探喜剧电影中看到它们的身影。如果我没记错的话，夜色中，刚好是一只或两只黑猫，出现在屋顶，它们就像是主人公，或窃取主人公作案手段的盗贼，即他（或她）的影射。不过我非常喜欢把一只猫和侠盗的优雅联系在一起。我非常喜欢它重回格蕾丝·凯利怀抱时的场景，这时候的格蕾丝·凯利，比她在这部电影中的任何时候都要美（或者说可以与她之前在希区柯克执导的另一部电影《后窗》中所塑造的人物形象相媲美）。我在这部电影中只注意到它受到的到特殊礼遇。它是配得上如此礼遇的。

实际上，通常都是猫的不出场、猫的灵魂和猫的思想在电影中扮演充满戏剧性的角色。这甚至可以说是电影编剧和导演的明智之举。塞德里克·克拉皮斯也不曾反对这一观点。他 1995 年上映的第一部搞笑喜剧小影片《每个人都在寻找自己的猫》的开头，公猫灰灰在巴士底街区失踪，引起居民躁动不安。

在卡罗尔·里德担任导演、格雷厄姆·格林担任编剧，于 1949 年上映的影片《第三人》（原版名为 *The Third Man*）中，导演之所以要在电影的关键情节处——当约瑟夫·科顿饰演的主角终于在维也纳与他曾经自杀的朋友，即由奥逊·威尔斯饰演的犯罪奸商重逢时——把猫推向荧屏，是因为，这只猫并不是解围之神，而是破坏之神。在某个夜晚，奥地利首都的街巷，正是它揭穿了奥逊·威尔斯。当猫的前主人躲进车辆都能通过的大门阴影处时，这只猫冲着奥逊·威尔斯的脚喵喵叫，从而引起了主角的注意。卡罗尔·里德曾风趣地提到他拍摄这段戏时遇到的种种困难，不过我们都略过不表了！

毫无疑问，人人都可以写一些学术性很强的论文。比如，电影中的猫、耽于声色之乐的猫(啊,比如金·诺瓦克)、让人放心的家养猫、不祥的猫、有报复心理的猫、爱偷东西的猫、古怪的猫、失踪的猫、被杀害的猫……或者外星猫。为什么不呢?这些都可以是我们论文的主题。飞船的极度迷恋者也可以从电影《外星猫》(原版名为 *The Cat from Outer Space*)中获得乐趣,它是由一个叫诺曼·托卡的人执导的,于 1979 年上映。这只从飞碟上(而不是从牛奶盘上)走下来的猫名叫"朱纳尔 J5"。为什么不能叫这个名字呢?你记住导演的名字了吗?托卡!这可不是凭空捏造的!……

不过,于我而言,一般来说,我都会注意提醒自己不要对荧屏上如此出众、如此精致娇弱的猫过早地下结论。我只会向这些短暂的奇迹和默契的配合致敬。仅此而已。

最后用两个细节来结束这组镜头。

好莱坞的第一只猫演员名叫"佩珀",当时正处于哑剧和滑稽电影称霸的时代。第一次,那只公猫或更可能是只母猫,意外地出现舞台上的木板后面,闯入了麦克·塞纳①的拍摄镜头。后来这位导演声明说,这只猫小姐"和深受喜爱的丽莲·吉许一样让人没办法生气"。这些黑白的画面让人对此产生思考,它看起来颜色单调,是绝对的灰色。这只母猫的脸很长,一副专心、沉思冥想、全神贯注的神情。很快,它就毫不拘束地和当时名气最大的电影明星一起"工作"了:如大胖子阿巴克尔、启斯东警察②,当然还有查理·卓别林。它也心甘情愿地与一只,按道理说,有着强大内心、毫不惶恐的小白鼠分享了这一明星光环。在某个场景里(不过是在哪部短片里来着?请教电影人或是电影历史学者的意见,我不记得了),它们两个在同一只碗中舔舐牛奶。后来有一天,佩珀失

---

① 麦克·塞纳(Mack Seneet,1880—1960):美国喜剧片创始人。——译注

② 1914—1920 年初由美国启斯东影片公司拍摄的默片喜剧中经常出现的一队愚蠢而无能的警察。——译注

踪了，没有留下任何踪迹。大导演麦克·塞纳声明说："这只小猫很有胆量。它的急流勇退给我们上了一堂课。就是在这个荣誉的最高点，它的名字将永垂不朽。而且尤其是，大家不要来给我推荐另外一只猫！佩珀是我们的第一只也是最后一只明星猫。"

1896 年，正处于电影的初期发展阶段，路易·卢米埃拍摄了一部电影，叫做《猫的午餐》。一只猫咪端坐在餐桌上，埋头梳理着毛发，一个小男孩把一盘盛满奶油的盘子放在它鼻子底下，他甚至把猫的嘴巴都弄湿了！

我非常高兴知道猫在电影艺术的初期就占据了屏幕。最不顺从却最上镜，最容易搞笑、动情、让观众喝彩的动物和摄影机一下子就建立起了如此巧妙的默契。

从此以后，它大可以逃离这些荧屏了。这里已经留下了它的记号。这是关键。接着，人和低级动物都跑来了，在镜头面前挤来挤去。为的是扮演明星、女主角和任性的人。对于猫而言，它一直都在等待客串明星的角色。这是因为，在法国的路易·卢米埃和后来加利福利亚的麦克·塞纳之后，猫就再也没有什么要证明给人看的了。

西内(Siné)

不得不在此向莫里斯·西奈(Maurice Sinet)脱帽——或托猫！——致敬。西奈 1928 年 12 月出生于巴黎，以笔名"西内"为人所熟知。他以画笔和漫画作为武器投入到当时的所有政治斗争中。在塞文-施瑞伯时期，西内身陷《快报》[1]丑闻，1968 年 5 月又

[1] 《快报》周刊是法国最早的新闻周刊，影响较大的时事生活杂志，创办于 1953 年 5 月，最初为《回声报》的政治性附刊。该刊注重调查性报道和新闻分析，政治倾向属右翼自由派，主要面向中、高级职员和知识阶层。——译注

与让-雅克·博韦尔共同创办了《反叛者》,并于1981年加入了《查理周刊》团队。

怎样来定义他呢?反殖民者、反资本主义者、反教权主义者、反资产阶级者或是反对所有者?绝对自由主义的、淫秽的、爱嘲笑人的、坏脾气的?在圆润有趣的漫画,细腻的线条中,故意搞笑、面颊丰满的人物间,以及不可思议的恶毒中,他的笔下总会呈现出一种饶有趣味的对比反差,超越了趣味和低级趣味的基本概念。

无论如何,西内之所以到今天还声名在外,很大程度上还是归功于他那唯一的猫之系列漫画,带着双关或类似双关的意味:如猫小丑、断气猫等等。

他会不会因此感到遗憾?

他要是感到遗憾就错了。

政治漫画仅能名噪一时。猫之漫画却永久流传。

让我感到颇为有趣的是,因为他,他笔下的猫也和它们的作者一样百无禁忌,宣扬的都是他的无政府主义的享乐形式。

众所周知,猫丝毫不用嫉妒西内,因为它们共享了其绝对自由主义的人生观。

他对猫进行各种乔装打扮,摆弄出千姿百态的造型,大胆放肆地把猫刻画成笨蛋、追求享乐、贪婪、爱耍花招、爱开玩笑、可爱、孤僻好色等形象,这是对它们夸张讽刺的描绘吗?几乎不是。

只不过是西内在它们身上找到了一些共鸣。

然而,并不是所有人都可以和猫有共鸣。

动物保护协会(Société Protectrice des Animaux)

不用说,在这本书里,我针对狗免不了有些挖苦或不屑的评说。这是明摆着的。这是一个文字游戏。但愿它们原谅我!因为,一般来说,对那些用非常武断的口吻,向你宣称自己爱猫恨狗的人，我从未理解过，对那些反过来说这话的人也一样。非此即彼的喜爱太欠缺包容了，更不要提那些没脑子的人。当你在他们面前提到动物所遭受的这样或那样的痛苦时，他们就会喋喋不休地跟你谈及不幸的孩子和饿死的人。说什么呢？难道此不幸就能抹去彼不幸了？关心受虐动物的命运难道就会妨碍你关心达尔富尔战争中受难者的命运了？真荒谬！我怀疑说这话的人事实上并不爱任何人，怀疑他们对芸芸众生没有丝毫的怜悯，说白了，面对周遭的苦难，怀疑他们没有丝毫的同情心，没有设身处地地去想一想。

上面谈的这些对我想简单谈一谈的动物保护协会来说，是否有点偏题了？不，并非如此。

动物保护协会并不只是关心猫吧。做得好！那怎能不在此向它致敬呢？怎能不为它150多年来，总体上为各种动物，尤其是为猫所做的一切努力称赞叫好呢？说到底，怎能不先向这个协会的创始人一表崇敬之情呢？

说真的，这样一来，事情就有点复杂了。到底谁是动物保护协会的创始人呢？创建年份是毫无疑问的1845年。可应当对谁一表崇敬之情呢？

出自协会的某些资料表明，此人就是雅克·菲利普·德尔玛·德·格拉蒙伯爵将军(1792—1862)。

当真这么肯定？

有一点是确凿无疑的：正是在此人的提议下，国民议会投票通过了一项法案，确切时间为1850年7月2日。这项法案名为《格拉蒙法案》，对“公开虐待家养动物者”，一律处以1—15法郎罚金，判以1—5天的牢狱。并有细则规定：“凡同犯者，一律判处监禁。”

此事非同小可。法律首次规定虐待动物者要受到处罚。这是道德观念的一次革命，甚至可以说，是我们西方文明中的一场革命。

法兰西第二共和国的国民议会议员经过了艰苦的斗争，才使该法案得以通过。这场斗争中少不了雨果，争论了一次又一次，非常轰动。某些可怜的民众代表还因他们的傻笑而出名：他们认为在国民议会的半圆会厅上学猫叫、马嘶、犬吠多有趣啊。

数年后，即1882年，另一协会成立：反活体解剖联盟。名誉主席为维克多·雨果，执行主席为作家阿尔方斯·卡尔。该联盟与动物保护协会一样，一直都在监督《格拉蒙法案》的严格执行。

不过在1845年动物保护协会成立之时，这项法案还没有问世。有一点无可辩驳：协会的首任主席并非格拉蒙将军，而是一位著名的医生，名叫艾蒂安·帕里塞(1770—1847)。因此，十有八九此人才是该协会的主要创始人。

帕里塞出生于孚日省，在南特求学，出身卑微，是一位制钉匠的儿子，他于1807年完成了医学论文答辩；毕业后，先是在毕赛特疯人院负责治疗精神病，之后，又转到萨尔贝蒂耶医院的精神科当主任；从1822年开始，担任医学院常任秘书一职，随后，也成为了动物保护协会的创始人——或与格拉蒙一起成为联合创始人，谁搞得清楚！——直至1847年去世。

当时，该协会的第一场战役并没有太多捍卫猫狗的权益，而是着力于对马的保护。在那个时期，这件事可算是迫在眉睫：交通业、农业、鲜肉业、战争，哪里都需要马；它们处处被剥削、虐待、压榨、炮轰和残杀；它们的任务常常繁重不堪，还会受到残忍粗暴的虐待。

1860年，拿破仑三世认可了该协会的公益性。之后，到了第三共和国时期，在居伊·德·莫泊桑的倡导下，协会也获得了同样的认可。而且，这位作家还推动了协会的发展，并郑重地发起号召，创建第一家流浪宠物收容所。

1903年，热讷维耶也有一家收容所开业了，专门负责接收、照顾数以百计的猫狗，为它们做绝育手术，帮助它们寻找一个新的领养家庭。

还需要提别的名字吗?

动物保护协会主席杰奎琳·托姆·巴特纳?经她提议,国民议会于1976年通过了《动物宪章》,该宪章尤其得到了罗兰·农热塞的支持,他后来也成为了该协会的主席。

我并非要介绍动物保护协会的发展史,详述该协会力图承担的繁重任务、该协会的资金困难、可能无法避免的官僚腐败。我仅在此,像所有爱猫人士应该做的那样,像所有动物事业的捍卫者必须做的那样,向协会的先锋、向协会的创始人、向协会的第一批战士致敬,向艾蒂安·帕里塞和格拉蒙伯爵将军致敬,敬意不分先后。同样,也要再一次,向维克多·雨果、阿尔方斯·卡尔、居伊·德·莫泊桑等作家致敬。

众所周知,猫往往会激发作家的灵感。因此,作家反过来向猫表示些许感激也是公平的。雨果和其他作家都没有错过向猫致谢的机会。

感谢他们!

万分感激!

睡觉与做梦(Sommeil et songe)

猫在睡,猫不停地睡。可以说,睡是猫的哲学,是猫的存在理由,甚至是猫的人生格言。而我们这些可怜人,常寻静眠而不得。我们可悲、滑稽到了可笑的地步。失眠折磨我们,困扰我们,我们吞下安眠药,变得神智迷糊。猫在睡,用不着吃药。我从未见过睡不着觉的猫,神智迷糊成了人类的专利。

猫是爱睡觉的。当猫准备睡觉时,它的小把戏可了不得。猫总会找一处合适的地方,它也很乐意换地方,一天一换,或者一周一换。沙发啊,枕头啊,衣柜顶上啊,或者是你正坐着的、它想让你让开的扶手椅，哪里都可以！猫选了地方就做记号，用它的爪子一挠，身子一蜷，打起哈欠。

啊，这哈欠可了不得，毫不害臊，无所顾忌。猫无需刻意抬起爪子挡住嘴巴，它才没有这种羞耻心。它大胆地在我们面前打着哈欠，似乎在向我们挑衅：我打哈欠，我要睡了，你们的社会对我来说一点都没意思；我打哈欠了，让你们看看我张大的嘴、我的下巴、我的犬牙，可有时你们居然起了打扰我的歹念……提前打个招呼不好吗？猫伸了伸腰，屁股一蹲，团了团身子，转而又眉头一紧眯着眼，然后，合上了眼。睡意缠着猫，它说睡就睡，任凭被睡意吞没，尽情享受每一次浪潮，每一次快乐。这是多么的幸福，又多么的无畏啊！作为了不起的捕食能手，猫最终任由自己沉沉睡去，直截了当。

如此，须有惊人的勇气。而这份勇气是难以衡量的。睡不着觉的人是懦夫、胆小鬼和倒霉蛋。什么攻击都怕，来个毫不起眼的对手也怕。总是提防着，戒备着，时刻保持警惕却在发抖，在哆嗦。那边是不是有什么动静，有个怪异的影子？是来要命的？或更糟，是要钱的？这些可怜虫啊，浑身抽搐着，谁也不信。他们睁着一只眼睡觉，根本睡不着，睡得不安心。或者换而言之，他们根本没有心，没有勇气，也没有那份德行。

相反，内心充满勇气的人和猫，向来都是呼呼大睡，哪怕是在大白天。难道在大白天更容易疑神疑鬼吗？而其实，这样的态度中有一种蔑视，有一种让人难以相信的大胆挑衅。瞧，我的敌人们正在附近溜达，叛徒们在磨刀，斗犬在磨它们尖利的牙齿，而我对此无动于衷。我在大白天睡大觉，无所畏惧，不怕任何人。正是由于我在睡大觉，我敢对你们说，我比你们更强大。或者说，我醒来后的样子是十分可怕的。我睡觉的时候，你们可要小心了！快逃走吧！踮起你们的脚尖走路！小心！你们应该心存敬畏！

为了弄明白为什么猫终日昏昏欲睡，我们或许应该追溯到最初的古罗马时期，甚至更早。在人类诞生几万年之前，猫还未被人类驯服——其实猫从来不曾被人类驯服，不过这又是另外一个故事了——那时的猫，和所有的猫科动物一样狡猾柔媚，捕杀猎物，在陆地上独自生活。我们之前不是已经谈过猫的惰性了吗？老虎、豹子到现在是不是还喜欢无所事事？我想起初中所学的一首埃雷迪亚[①]的十四行诗（如果我没记错的话），“而吃饱喝足的老虎正在洞穴深处睡觉”。所以，每每想到非洲的大型猛兽时，我仿佛总能看到它们在凹凸不平的岩洞里熟睡或打盹儿。

动物生态学家对动物界十分了解，他们可以很轻松地解释猫科动物爱睡觉的习性，他们的解释也让猫的懒散悠闲变得合理。以狮子为例，根据专家的说法，当狮子单独猎食时，它成功捕获猎物的几率大概是 1/6，而且不会超过这个概率。1/6 的概率并不大，所以，狮子的生产力并不突出。也就是说，为了喂饱自己，动物都得过度消耗体力，要疯狂地奔跑、跳跃、追捕，然而，这些都是它们必须要做出的消耗，才能在 6 次猎食行动中成功捕捉到 1 只不幸的羚羊。对狮子或对所有猛兽而言——此时，猫再一次属于幸运的队列，它的记忆遗传[②]证明了这点，它的行为也证明了这点——食物是十分珍贵和稀少的，每两次成功捕获食物之间，可能是一段漫长的无食期。正如科学家所言，肉食动物应该合理安排“时间与能量支出表”，切忌徒劳无功。不过，为追捕猎食应该积聚体力，保证关键时刻不出现体力透支的差错。这样，在剩下的时间里，便可以大量地休息和睡觉，以及轻微地消耗体力。

现在，我们明白了为什么说猫懒惰是一件可笑的事情。猫就

---

① 埃雷迪亚（José Maria de Heredia，1842—1905）：西班牙裔法籍巴那斯派诗人，十四行诗大师。——译注

② 记忆遗传（Mémoire génétique）：荣格为解释“种群记忆”而提出的假说。这种理论认为遗传机制控制着所有身体特征的遗传，但又不仅限于此。——译注

是按照睡眠的模式来“设定”的:休息、打盹、捕食交替进行。当然,我们也发现了,猫在主人家吃住不愁,每天都能吃饱喝足,它极有可能肆意挥霍自己的“时间与能量支出表”。然而,猫不需要节制任何东西去过好日子。它们的好日子一直都在那里,在每日的清晨与傍晚里,在它们的餐碟里,汤碗中。肯定的是,好日子也会悄悄溜走,而且猫不会意识到这点。从基因的角度讲,猫属于捕食性动物,体内实实在在的基因反复提醒它:“好啊,你现在可以每天都吃饱,甚至吃撑。你不是最可怜的猫,但谁知道好日子能过多久呢?你要节约克制,你必须要预想到以后的白天与黑夜可能是饥寒交迫。”

睡吧!猫继续睡觉。只见猫一头扎进睡梦中,睡得深沉香甜,就像躺在柔软的鸭绒被上。看着猫睡着是一件幸福的事情,我们也多想做一只猫呀!再也没有什么比做一只无忧无虑睡着的猫更加感性、惬意和平静了吧!晚安吧,小伙伴!……

真的要道晚安吗?猫真的和我们道别了吗?正在睡觉的猫,或者给人每天睡将近 16 小时假象的猫,在这段时间里,它真的完全走开了吗?这可不一定!

这就是关于猫最精彩的悖论!表面上,猫似乎已经被睡眠包围了,而事实上,它永远都处于戒备状态。它到底是睡着了还只是在打盹?这是个问题。但基本上来说,猫从来都不会完全放松警惕。就像其他猫科动物一样,猫属于捕食性动物,它很聪明,但它也有可能沦为其他动物的盘中餐,这对于猫来说是十分危险的。所以,猫一直处在高度警惕和敏感的状态,不放过树枝丛里最细微的窸窣声和外界任何不正常的动静。好好观察一下你的猫吧!它的确是在睡觉,但它的耳朵正朝着发出陌生声响的地方转动,它可能会突然睁开眼睛打量你。这到底是什么意思?换句话讲,猫睡觉时,虽然避开了人,但周围的动静却避不开它。

那么,猫是不是还会做梦呢?

这真是一个让人浮想联翩的大问题!

常常被更强大的猛兽追逐、围捕或吞食,所以,弱小的动物几乎不做梦,做梦是一种奢侈。从现实世界进入到梦境,意味着将生命安全赤裸裸地暴露在外,因为,在做梦的时候是毫无防备的。所以,弱小的动物别无选择,但猫却自有办法享受美梦。正如之前所讲,猫在睡觉或装睡的时候,都时刻保持警惕,但这并不是为了在紧急状况下能第一时间开溜,而是在等待老鼠或麻雀送上门的一刻扑上去。

医学家们认真地研究了猫的睡眠。曾在里昂大学任教的米歇·茹韦教授在这项研究中处于领先地位。他和自己的团队将电极嵌入猫的颅内,来记载猫的大脑活动。可怜的猫!

即使不用电极,我们几乎都能发现,猫在睡觉时眼睛会在眼皮下快速地转动,这段期间的睡眠被专家称为 REM 睡眠(快速眼动睡眠阶段,源自英语 *rapid eyes movements* 的字母缩写组合)。就是在这一阶段,猫完全进入了睡眠活动。在法国,人们通常称这个阶段为异相睡眠①。我感觉我的猫帕帕盖诺在睡觉的时候,不仅眼睛会转动,颌骨也会抽筋一样跟着动,仿佛正在梦中大快朵颐。

根据研究,REM 睡眠阶段即做梦阶段,一般持续时间不会超过 5 分钟,并且会在持续时间约为半小时的慢波睡眠②阶段之间进行。在做梦阶段,大脑会进入“待命状态”(法兰西学院没有采用这种说法),肌腱反射对外部刺激十分敏感,因为,此时动物或多或少都能觉察到周围环境中的气味和动静。

---

① 异相睡眠:指人(或动物)处于半睡眠状态,尚有一些意识,并非进入深度睡眠。——译注

② 慢波睡眠:又称正相睡眠或慢动眼睡眠。这种睡眠的脑电图特征是呈现同步化的慢波。慢波睡眠时的一般表现为:各种感觉功能减退,骨骼肌反射活动和肌紧张减退、自主神经功能普遍下降,但胃液分泌和发汗功能增强,生长激素分泌明显增多。——译注

不管如何，若要以大脑结构的复杂性，然后以睡眠机制或精确到做梦机制的复杂性给动物分类，猫的排位一定不错。再强调一次，低级动物是不做梦的。正如让-路易·于在其著作《各种状态的猫》(*Les Chats dans tous ses états*)中妙笔生花地写道："智慧来自睡眠；猫带来了另一个美好世界的画面，在那里，真正的强者只需要躺在床上。"

在 REM 睡眠阶段，猫到底会梦到什么呢？这是一个棘手的问题。猫才不愿意为了迎合精神分析学家，向他们费神费力地展示自己的梦境，断送自己的美梦。同样，米歇尔·茹韦教授和他的合作者们，根据猫做梦时所受刺激的大脑区域，认为猫的梦与性毫无关联。稍微说一下，精神分析学家提出的原始性冲动理论其实闹了一个大笑话(人跟猫是不一样的)。我们还是别谈这个啦！另外，根据精神分析，猫最经常做的梦与捕食、搏斗或"个人"卫生有关。但更让人困惑的是，刚睁开眼睛看世界的猫崽，对世界、生活毫无认知，却已经会做梦了。那么，它又会梦到什么呢？这是一个巨大的谜。它是否会模糊地梦到遗传基因深深刻在大脑记忆里的天敌——老鼠？父母传授的捕鼠经验、父母身上已经具备的恐惧、渴望、期待的情感，是否都会诱发它想入非非呢？

猫，本身就是一个谜。

而正在睡觉的猫，是一个更难解的谜。

猫在世上是一种扑朔迷离的存在。它就呆在那儿，神圣庄严的模样让人猜不透心思，娇小脆弱的模样又惹人怜爱，好比一扇紧闭的门，如此美丽，让人浮想联翩，却永远找不到打开它的锁。

如果人类可以成功地窥破并走进猫的梦境，那么毫无疑问，人类对世界的认识将到达一个完美的阶段；或者是一个更好的阶段，对世界"无动于衷"的阶段。总之，进入到一种不会被任何东西打搅的祥和与智慧之境。

睡觉猫

斯芬克斯猫(无毛猫)(Sphynx)

关于斯芬克斯猫[1]的身世之谜,说到底,其实是几个养猫人荒谬的无聊之举、下流之作。现在,我想讲的谜团仅仅和猫本身有关。

斯芬克斯猫是光秃秃的猫,全身没有毛,甚至也没有胡须!显然,褶皱不平的皮肤让斯芬克斯猫给人一种老态龙钟、瘦骨嶙峋的感觉,让人不禁对它的丑与不幸心生怜惜。然而,准确说来,除了长期被置于极寒户外的情况,这种猫的生存力是极强的。大自然有时会做好事,基因突变或遗传性畸变造成的先天不足或多或少都会得到它的补偿。所以,和其他"穿衣服的"同类动物相比,斯芬克斯猫的皮肤和皮下脂肪都更厚,这在它体力衰弱的情况下可以起到保护作用。

可以肯定的是,斯芬克斯猫(过去并不叫这个名字)并不是现代社会独有的产物。早在哥伦布发现新大陆之前,就已有关于无毛猫的记载。20世纪初,无毛猫在新墨西哥出现,而它的正式亮相则是在1966年加拿大安大略省,一只檐沟猫产下一只无毛猫,引起了各界关注。然而,令大众唏嘘不已的是,有好事者竟然让母子二猫近交。为了稳定所谓的新"品种",又将接下来几代猫和与其具有相似基因的德文雷克斯猫(Devon Rex)进行交配。总之,为了繁殖某种动物,人类会用尽一切办法。

为什么呢?就像我之前说的,因为无聊?因为变态?无需多言,肯定也因为其中的商机。但这一点也是最让人痛心的,就好比贩卖奴隶的商人只考虑买主的需求。假设性变态的人偏爱毛发旺盛的性伴侣,那么就会有奴隶贩子挖空心思去给他们找长胡子的

---

① 法语为"Sphynx"。

女人。

我不知道要再补充点什么，正准备再找一些例子，猫就扑进了我的怀里。我很疼爱斯芬克斯猫，即使不喜欢被人抱在怀里，它也会表现出安静和黏人的样子。或许，它有着一颗敏感脆弱又容易受伤的心。它会做出楚楚可怜的模样，好像用那双大眼睛问你："难道就是您，那个大胆地将我带到世界上的人？"就像弗兰肯斯坦医生①创造出的怪物打量他的主人一样。是的，斯芬克斯猫深深地触动了我，它就像来自另外一个世界的突变体，就像外星人 ET 的近亲。那些从事买卖斯芬克斯猫的人让我震惊又气愤，我无法理解这些人，我不曾与这样的人有过一次来往，也不愿与之来往。

统计(Statistiques)

"统计"这个词跟猫不太搭。一如"人口普查"这个词。我没法想象，我们的公猫，能像那些正直诚实的公民那样——它们本该如此，但事实上并不是——优雅地回答负责普查的机构提出的问题；或者，确切地告诉问些不得体不知趣的问题的调查员它们每年做多少次爱；觉得自己是更倾向于社会民主派、自由派、全球化质疑派、生态保护派，还是没看法；喜欢右侧睡，还是左侧睡；喜欢肉丸子、肉罐头还是鲜肉。猫儿太过独立，又或者说太难管教，不能接受被活生生地安置在窝里、盒子里或被分门别类，简化为图表曲线，只为指出一个事实，一个冒失鬼们仅仅想满足他们刺探隐私的心理的事实。

猫不会撒谎。不会。给它们安上这样的缺点是愚蠢的，是一种既无用又可悲的人性化投射。因为，给猫安上我们自己的缺点比接受并理解它们的自由散漫和放浪形骸要容易得多。它们是个

① 玛丽·雪莱 1818 年创作的科幻小说《弗兰肯斯坦》中的人物。——译注

谜，毫无疑问，但这完全不是一回事。也许，它们有时候会故弄玄虚，我们承认这一点，而且在“故弄玄虚”这个词中，就有“玄虚”这两个字……那我就觉得，其实猫玩的把戏就是要维持着它们古怪、不为人知和沉默的一面。

在约翰·福特最晚、最唯美西部片之一《双虎屠龙》的结尾，詹姆斯·史都华说了一句后来家喻户晓的台词。我们的主人公是一位手腕强硬的政治家，美国西部荒原地区的年轻律师，曾经英勇地面对并打败一个危险的亡命之徒。他的事业和名望由此建立。“这是事实吗？”一位记者后来问道。年迈的史都华对他没有任何隐瞒，但在最后还是加了一句：“在事实与传奇之间，还是牢记传奇吧！”

就是这样，很久以前猫就懂得。虽然它们没看过约翰·福特的电影：它们演绎自己的传奇——就这一点就该为它们大书特书。它们躲在深不可测、幽暗的双眸后面，对人类的问题向来都是不置可否。它们讨厌逻辑，正如它们唾弃笛卡尔。它们有理由这样，因为我们这位思想家把动物看作简单的“机器”。一句话，它们不想被简化为统计数据，它们的神秘既无法排序也无法分类。从专业术语的角度来看，这也许是矛盾的。

不过，几天前，我很友好地接待了菲利普·德·威利——他不满足于在塞纳河畔的布洛涅做兽医，写了很多有关动物的书，尤其是关于猫的。而且，他在给我提供文献资料方面，从不犹豫——比如，《动物分类》杂志于 2001 年 4 月出版的特刊《法国人和他们的猫》，光看这本杂志的口号就无需多言了：“唯一真正专业的宠物月刊”。

这一期有非常多的数字资料。调查可靠么？当时的农业部部长似乎觉得可信，因为他接受给这一期作序。我们不要比一个共和国的部长更食古不化，还是承认这一期为我们提供的信息至少是大差不差的。

一个令人高兴的现象很快出现了：1996 年至 2001 年之间，大部分数据的变化几乎一点也不明显。因此，我们可以合理地推断，接下来几年，这些数据仍会或仍将会是有效的。那我就来说说主要的统计数据，并配上一些更加个性化的点评。

在 2001 年，法国有 910 万只猫，而 1996 年有 840 万只。至少这一次，增加很明显。换句话说，出生率很高，就像这一时期的法国女人身上发生的情况一样，除非是避孕环节出了什么问题。是一种乐观的表现、一种对未来的信心还是轻率的力比多在作祟？很难说清楚。

（2005 年的新数据，同样由《动物分类》的更新一期提供，还是要归功于菲利普·德·威利：报出来的数据持续增长，达到了 1054 万。会增长到什么地步呢？）

试着想一下 910 万或 1054 万只猫在一起是什么景象，就够让人头晕目眩了。或者，就算 8 万，就像我们在法国大体育场看国际足球赛或橄榄球赛看到的（人，不是猫！）那样。不，这几乎是不可能的。为什么？在我看来很简单，因为猫不会同时出动，既不会以兵团的形式，也不会以俱乐部的形式或成群出来。它们不是狼群，不是士兵，不是运动员，也不是拉拉队。910 万或 1054 万这样的数字对我而言，实在很难想象。太抽象了。数学家对这个很清楚，那种想象的数字。比如，负数的平方根。910 万或 1054 万只猫，哇！在我眼里，这是个想象中的数字，让我想入非非。

我们继续！

全国（法国）83％的猫是没有品种的猫或欧盟猫——这个数据本身几乎没什么变化。难怪说我们的国家是个混血儿的天堂！83％的猫，也就是 755.3 万猫拿不出合格的身份证件或注明家庭地址、父母出生地和出生日期的户口簿，不能参加竞赛，也不能趾高气扬地炫耀它们祖先的纯正血统！这让我挺开心的。猫都有不守规矩的一面，它们不在乎签证也不在乎居留证，系谱对它们而言无足轻重！……

（顺便说一句，系谱 *pedigree* 这个词的词源就很有意思。您知道它的词源吗？这个来自英国的词，其实这个词一开始还是源自法国。它应该写做“鹤脚”(pied de grue)①。为什么？只是因为以前，系谱学者为了标出直系血统，会在继承血统的名字之间画 3 条基本一样长的线，这 3 条线看起来就像鹤脚在松软的土上留下的脚印。从此，这个俗语就用来表示父母和孩子之间的关系——这个表达很快就被英国人采用了，而拼写方法正如今天我们所知道的那样……不过，猫儿和鹤可没有任何关系。）

在品种猫中，波斯猫似乎只手（或只爪）轻松夺冠：占了 7%，紧接着是暹罗猫，占了 5%，以及查尔特勒猫，占了 2%——后两种有明显增加。看来我的同辈们品味不错。不过，我就不在这里对品种猫和我所喜欢的种类长篇大论了。

下面这个或许不容置疑的数字在我看来更有意思。每个和猫一起生活的家庭和个人（我情愿不用*主人*这个让我恼火的词）平均拥有（*所有物*这个词也让我难以忍受）1.6 只猫。正如我们说，法国女人的生育能力为 2.1（我并没有查证后面这个数字），小数点后面的孩子或猫就有些超现实了。大家都知道《爱丽丝梦游奇境》中神出鬼没的柴郡猫。我自己倒想遇到这0.6只猫的实体，正是这 0.6 只，要加到我家邻居的养猫数量里。

另一个有指示性质的数据：47%的养猫家庭至少也养了 1 条狗。而 35%的养狗人士（对于狗而言，*所有物*这个词不会让我太难受）至少收留了 1 只猫。由此能得出什么结论呢？狗和猫没有人们认为的那么水火不容……狗和猫？将近一半的猫接受这些善良的大笨狗在附近。后者的主人是不是没那么有包容心？他们中

① “鹤脚”(pedigree)：英语词，意为家谱、系谱，源于法语“pied de grue”，由该短语演变而来。——译注

只有 1/3 家中住着猫。这应该让我们感到吃惊吗?

刚刚,我跟你们讲了 *pedigree* 这个词的词源,我还想让你们认识一个美丽的词,一个新词,这个词已经在西班牙语、意大利语以及其他的拉丁语系国家中广泛使用了。法兰西学院最近才将这个词的法语形式收进其第 9 版字典里。这个词是“和谐共处”(convivence)。换句话说,就是以智慧、包容和尊重他者的方式与其共同生活的艺术。这跟友善不同。由此,我们可以谈到西班牙中世纪时期阿拉伯人、犹太人和基督徒群居社团之间的和谐共处模式,或者是在瑞士,说法语、德语和意大利语的人群幸福地和谐共处……那么,最后的这个数据向我们表明,我们最喜爱的两种宠物之间所达到的和谐共处的程度要比我们想象的高。(它们之间的打闹、扯皮、互掐的次数在这里并没有统计。)

只有 7%和人(看到我一直尽可能避免使用主人这个词了吧!)一起生活的猫是买来的。他们中绝大多数是免费得到的:35%来自邻居,19%来自家庭成员,23%是捡到的,18%是家里猫生的。这些数据让我很满意。我这辈子从没买过猫,所以也就从没和纯种猫一起生活过。并不是我不乐意结识一些缅甸圣猫、缅因猫或埃塞俄比亚猫,而是,说到底,它们不需要我妻子和我为它们找到接收家庭。我敢说,它们生来就是含着银汤匙的。相反,那些孤苦伶仃、一无所有、没有居所的猫的数量太多了! 应该赶紧行动起来。

猫的平均寿命长度很稳定,大多在 13—15 年之间。不过据兽医观察,百岁寿星,也就是 19、20 岁的猫,越来越多。大概是吃得更好的结果。因此,不只是人类的寿命延长了。在所有猫中,52%的猫不足 4 岁,只有 2%的猫超过 15 岁。我们看到的是一个明显年轻化的时期? 不管怎样,它们是不会有什么退休问题的,猫一直到生命尽头都活力十足,甚至是那些“资深”的猫。(啊,这个委婉的说法真有意思!)

另一个指示性的信息：1/4 的猫从不出门。这个比例在品种猫中明显更高，好像他们的……保护者（这个词，不管怎么说，我觉得都比主人这个词合适！）害怕它们被偷走、被轧死或是走失，夜里还有行动自由的猫数量就更少了——这对它们而言有些可悲，毕竟它们是昼伏夜出的猎手。

很奇怪的是，在地中海地区，猫儿常常缩着不动，可那里的夜最温柔、最魅惑，适合偶遇，适合溜达，适合爱情故事。如何解释这一现象呢？肯定是因为住在那里的人比法国其他地方的人岁数要大，因而更胆小懦弱，那里的猫更多地被视为一种陪伴，把……独自撇下可不乖。

因此，总而言之，对于一只猫而言，自由度和贵族头衔或高贵品种并不兼容，就像它跟里维埃拉的度假胜地不兼容一样。

在《法国人和他们的猫》这一期中刊登的其他统计数据在我看来就没那么重要了。数据显示，猫粮的增长“势头正猛”，80%的养猫者购买猫粮，74%的人购买猫罐头，42%的人用他们的剩饭喂猫。没有信息显示有多少人买肉片、火鸡、农场鸡或烟熏三文鱼给他们的猫吃。不过，我认识的有些人是这样的，或许你们也是这样。统计数据总是可靠吗？

猫食品的广告总能逗得我开怀大笑。啊，这些洁白无瑕的波斯猫，不用忏悔就能领圣体的[①]查尔特勒猫，或者，威武得好似公寓里的非洲豹的虎斑猫，吃着那些可疑的肉酱、讨厌的干粮和不清不楚的小丸子，似乎吃得有滋有味！这是三星级的，是高级美食，对那些吃得很刁的小嘴而言，这可是美味佳肴。广告里这么向我们保证着。那就好好谈谈！让广告商和企业家先给我们举个例子，我们拭目以待！我猜想，这个广告片的导演应该是把他的演员们饿了一星期，以便让它们进入状态，更好地拍摄它们

① 查尔特勒猫由修士会培育，故有此处的调侃说法。——译注

走到碗前(猫的呼噜声是混音时加进去的)开始狼吞虎咽的样子。

谁会真的去调查猫的饮食偏好呢?哪个机构会对不同品牌的工业猫粮审慎地进行品质的检测呢?而这应该不难做到。盲品很早就已经为人们所熟知了。比如,抽取有代表性的猫样本,每只猫前面放6个装满不同猫粮的盘子。它们会最先朝哪个盘子走去?只要之后进行分级、排序和推断就可以了。由此,猫粮和猫罐头的制作商就能很好地受到监管。《动物分类》这本杂志也是。自称独树一帜的《选什么》杂志至少可以考虑一下吧?

在最新发布的数据中,我们发现,对食品工业而言,“高档”食品有所增长,而湿粮一直处于缩减(每年减少6.49%)的态势,这让干粮得以发展(增加8.46%)。同时,2005—2006年,猫市场全球交易量的20%,也就是2.22亿欧元,是附产品,其中仅猫砂一项就占了49.5%。不过,占比还不大的猫玩具每年以1.68%的速度在增长。占比不大的还有猫窝、猫垫子(原文如此)等卧具。这其实很好理解,猫儿更喜欢我们的床。如果我们能在枕头旁给它们留个位子,它们还要开心呢!

最后,再说几个奇怪的数字来总结。

25%的法国夫妇和1只猫一起生活。这个比例一直很稳定。他们中的半数至少1年去1次兽医那里。如今,暹罗猫似乎失去了民心。是出于对远东的不信任吗?这个品种变得特别稀少,这个种群在老化。今天,人们更多的是转赠而不是贩卖这种猫。很奇怪的是,这种人们可能觉得有着贵族派头,高昂着头颅,透着巴黎16区或讷伊的高雅气息的猫,比人们以为的要无产阶级得多。3%的高级干部或是一些自由职业者和暹罗猫一起生活,相反,12%的工人阶层收养了1只暹罗猫。

根据2005年的数据,波斯猫有4395只得到了系谱证明,在品种猫中依旧独占鳌头(3年内还是下降了27%)。与此同时,缅甸圣猫有 2796 只有系谱证明，以 19％的增幅获得辉煌战绩。紧接着是查尔特勒猫，有 2279 只有系谱证明（增长 3.7％），缅因猫有 1857 只有（增幅惊人，增长了 39.50％），同样惊人的还有英国短毛猫（增长 36.6％）和埃塞俄比亚猫（增长 25.4％）。最后这个品种的确仅仅登记了 269 例是有系谱证明的……我向您确保，这些数据是无可辩驳的，因为，这一次是由 *LOOF*（《品种猫官方手册》）提供的。

有朝一日，我将很乐意知道的最后一个数据是：多少爱猫者会打开这本书并读到这一页？

斯坦朗（Steinlen）

当然，斯坦朗并不是一位只知道画猫的画家，或许他本人也不愿接受这么一个标签，就像蒙克里夫（参见该词条）一样。作为一位十分多产的作家，他也不愿意只被介绍为《猫的历史》（*Histoire des chats*，1727 年著）的作者。尽管如此，这个称号还是永远伴随着他。“你们在说斯坦朗？啊，我知道，画猫的！”“还有呢？”“还有什么？”

斯坦朗出生于瑞士，曾在米伦斯①画过工业装饰画，后迁居到巴黎。在巴黎，带着政治责任感和社会责任感，他成了那个时代的专栏作家、关心时事的讽刺观察家和诙谐幽默的画家，对饥民、乞丐和当地工人，他都富有同情心且慷慨大方。左拉也到过巴黎，而他的作品更多描绘的是罢工的破坏者、资本家老板和失业者。还有一位伟大的画家——多米埃②，他的漫画也不乏对社会状况的

① 米伦斯（Mulhouse）：法国东部城市。——译注

② 多米埃（Honoré Daumier，1808—1879）：法国著名画家、讽刺漫画家、雕塑家和版画家。——译注

尖锐嘲讽。

简言之,此一时彼一时。当时那些关心政治的艺术家、“左派”艺术家,他们为贫苦百姓、流浪汉以及巴黎千千万万的小人物的悲惨命运而担忧,他们是现实主义者(某些人用蔑视的口吻说他们是“消防员”,尽管这种说法还值得商榷),斯坦朗和他的伙伴们就属于这群现实主义者。那些大资产阶级者,那些“反革命”,那些整日苦恼于曲线和光线问题的纯粹唯美主义者,那些对农民阶级和无产阶级的生存状态漠不关心的人,他们就是印象派。像卡耶博特①、马奈②……那些对绘画进行了革命的人(而且只在这个领域进行了革命),他们现在理所应当地成为了令人敬仰的人,而同时代其他的绘画风格却被世人不公平地遗忘了。

所以,对斯坦朗而言,就只剩下了猫。19 世纪末的蒙马特高地,新奇古怪的事物层出不穷,到处都充斥着挑战与革新,荒诞可笑和放荡不羁的生活氛围给斯坦朗和他猫画创作带来了深刻的影响。众所周知,斯坦朗为《黑猫》杂志创作了大量插图,他还为鲁道夫・萨利的第二家黑猫酒馆(参见该词条)创作了《猫的压轴戏》,1896 年又为该酒馆的一次巡回演出绘制了一张海报。

在斯坦朗所有最美、最著名、最成功的作品中,这幅海报占据了举足轻重的地位,黑猫的形象深入人心。略显蓬乱的身影,瞪大了双眼转过脑袋看着你,头的后上方挂着一轮红色光圈,橙黄色的背景下,黑猫瘦弱却又优美的身影格外醒目。这幅画里藏着一个谜,像是有一股按捺不住的嘲讽,一种让人为之颤栗的优美,却又透露出了一丝狡黠。简洁的画风和技巧又赋予了海报引人遐想和启迪人心的力量,这种力量独一无二,也让这张海报成为珍藏中的

---

① 居斯塔夫・卡耶博特(Gustave Caillebotte,1848—1894):19 世纪法国印象派画家。——译注

② 爱德华・马奈(Edouard Manet,1832—1883):19 世纪法国画家,印象派奠基人之一。——译注

经典。

人们也会激动地想起另外一幅画作《椅子上的猫》。这是一部华丽大气的作品，现收藏于奥赛博物馆。画作线条干净利落，下笔快速又不失敏锐的洞察力，堪与马奈的作品媲美。猫就只是一只猫，好比奥林匹亚就只是一个裸体的女人，她与嘲讽淫荡、与女神或其他象征寓意都毫不相关。这只是一只猫，一只刚被斯坦朗弄醒的猫，又或者一只即将入睡的猫，它不是上帝，不是谜，不是某种暗示托词。这只是一只猫，一只简单的猫（但仅仅就猫很简单这一件事来看，或许并不是这样……不过这是另一回事了），出彩的是画本身……

从根本上来讲，我们再次重复一下，斯坦朗始终是一位优秀的猫“画家”，可他创作从不过分依赖色彩、颜料或画布。他画巴黎的猫、屋顶上的猫，又或灰白色背景下的猫；他孜孜不倦地探索猫最优雅的姿势和画面布局，考究无数曲曲折折的线条，为了对某些线条进行移动或重新布局，他反反复复地修改，几乎到了难以察觉其中变动的地步。他所画的猫，不是精神抖擞的猫，不是出身于富裕资产阶级家庭的丰满圆润的猫，也不是属于贵族的高级品种的猫。他画的猫，是属于无产阶级的猫，杂交品种，体态瘦弱，每个月末都过着拮据的日子；又或是路边的檐沟猫，一举一动都带着远离尘嚣的冷漠和平静，由内而外地散发出一种高贵，自然而然、与众不同的高贵。

斯坦朗创作的素描、水墨画、水彩画、版画甚至草图，都透露出深深的忧郁和源自孤独深处的无聊。他笔下的猫，像是在等待某种东西，又像在寻求某种完美或一丝同情、一种存在的理由又或者只是一个盛满食物的饭盒。不过，这还是留给你们去探索吧！斯坦朗对猫的观察，如此细腻深刻，可以说与猫情同手足！或许，他与猫都有那份独立、反叛、憎恨虚伪的精神。

腿上的猫(Sur les genoux)

坐在腿上,搂在怀里,抱在胸前,猫儿无处不在,那么安静、美丽、温柔。猫卸下了一切防备,摆出各种各样的姿势,画家们的灵感纷纷受到启发,他们竞相用画笔捕捉猫的姿势,在画布上描绘出各种场景:猫和男主人、女主人、小孩子或一位美丽动人的小姐。

猫画的创作开始于19世纪,而后来则成了当时一种新的时尚,或者说,几乎是一种狂热。猫与恶魔之间再也没有任何关系。相反,它成为了温柔、亲切、机灵、美丽和感性的象征,表达的意义也在不断地丰富。

从成百上千的作品中挑几个例子吧!

卢浮宫中收藏的一幅佩宏诺①的彩粉画,画中年轻的姑娘于吉耶小姐挑逗着贴在她胸前的猫,她的手指则轻柔地抚摸着美猫的头。特洛伊博物馆收藏的一幅格勒兹②的作品,画中一位柔弱的少年将黑猫抱在腿上。德努埃③的一幅作品中,小女孩儿正与一只虎斑猫玩耍,但女孩或许另有所思,或许对她来说,其他的娱乐玩耍似乎更不能错过(私人藏品)。卢浮宫里还收藏了一幅路易斯-利奥波德·波利④颇具盛名的作品,画中一只漂亮的红棕色猫,显而易见,满脸愕然地坐在一个五六岁的小女孩腿上,而面对

① 佩宏诺(J-B. Perronneau,1715—1783):法国画家,代表作彩粉画《少女与猫》。——译注

② 让·巴蒂斯特·格勒兹(Jean-Baptiste Greuze,1725—1805):法国画家,擅长风俗画和肖像画。——译注

③ 德努埃(François-Hubert Drouais,1727—1775):法国画家,擅长肖像画,为贵族家庭、外国艺术家和画家创作了大量的肖像画。——译注

④ 路易斯-利奥波德·波利(Louis-Léopold Boilly,1761—1845):法国细密画家、雕刻师。——译注

《女孩加布里埃尔·阿尔诺肖像》，路易斯-利奥波德·波利，油画，21cm×16cm，约1815年，卢浮宫，巴黎。

这位风度翩翩的画家，画板前的小女孩也和猫一样不知所措。

另外，卢浮宫里还收藏了一幅杰利柯[①]创作的露易丝·维尔纳肖像图。画中的小女孩抱着一只肥硕的雄猫，她努力地保持姿势不动，表情略显吃力地配合着画家……

还有其他作品吗？

当然！我们的例子不胜枚举。

瞧，这幅雷诺阿[②]于1968年创作的令人费解的油画，画中的少年光着身子，站着，背对着我们，抱着一只站在桌上的非常可爱的猫。这部作品目前收藏在奥赛博物馆。此外，在20世纪初的一幅玛丽·卡萨特[③]家族画像中，仍然可以看到一只安静的雄猫乖巧地坐在身穿绿色裙子的女孩腿上（这幅画在佛罗里达棕榈沙滩的琼·苏罗维克画廊展出）。最后一个例子，依然是钟情于猫的雷诺阿的作品，一幅收藏于奥赛博物馆的著名坐画像。画中可爱的虎斑猫惬意地依偎在女孩朱莉·马奈的怀中，懒洋洋地蜷缩起来，如同正在沉醉于极乐世界……

---

① 杰利柯(Theodore Gericault，1791—1824)：法国著名画家，浪漫主义画派的先驱者。——译注

② 皮埃尔·奥古斯特·雷诺阿(Pierre-Auguste Renoir，1841—1919)：法国印象派画家。——译注

③ 玛丽·卡萨特(Mary Cassatt，1844—1926)：19世纪末至20世纪初期极少数能在法国艺术界活跃的美国艺术家之一。她是美国乃至世界美术史上少有的几位杰出女画家之一。——译注

《少年与猫》,雷诺阿,油画,123cm×66cm,1868 年,奥赛博物馆,巴黎。

总的来说，这些油画到底想表达什么呢？再强调一次，这并不是要故作深奥，这与邪恶、焦虑或者魔幻都没有关系。过去的年代里，关于猫的神秘的、模糊不清的或凶狠残酷的言论毁了它的形象。但现在，猫再也不是难以捉摸的存在，它成了彻彻底底的“可以捉摸”的存在。它成为了画像模特，是可以被“捉摸”的。猫成了奢侈品和美丽的代言人，成为了万众觊觎和羡慕的对象。我们看到猫形象的玩具甚至有时被做成了情色摆件。

是的，猫的一切都与温柔、乖巧、幸福、惬意、热情有关，它可以赶走一切坏天气！啊，孩子、女人又或是风度翩翩的年轻人，他们注视着这只沉睡的小猫，猫儿平静的呼噜声带来了一片安宁！猫儿微微起伏的身影中，您是否看到了诸神或者永恒呢？再或者，如同启明星的影子般，某种代表着邪恶、异常和黑暗的存在呢？算了吧，这一切早已经成了过去式！中世纪过去了，启蒙时代迎来了理性主义的胜利曙光，资产阶级蓬勃发展到达顶峰。从此，画布上便只有猫的温婉、柔情、安静和淡淡的蜡香。和所有弱小动物一样，猫这副乖巧的模样轻易地赢得了人们的信任……

或许是这样，或许是，但尽管如此……

真的就这么肯定？

自奥古斯丁①之后，人们便认为，孩子的天真无邪具有很大的相对性（弗洛伊德也没有否定这一观点）。所以，更别说年轻姑娘、已婚妇女又或赤身裸体又纤瘦英俊的少年了！其实，猫也只是短暂的单纯，可不要妄想您的猫会坦白一切！那些深受大众喜爱的猫画作品或图案，最吸引我的其实是猫的“脆弱”——若不说是它们的欺瞒和邪恶的话。

---

① 奥勒留·奥古斯丁（Aurelius Augustinus，354—430，天主教传统汉译其姓为奥斯定、奥思定或思定）：罗马帝国末期北非柏柏尔人，早期西方基督教神学家、哲学家，曾任北非城市希波（今阿尔及利亚安纳巴）的主教，故史称希波的奥古斯丁。——译注

《朱莉·马奈小姐与猫》，雷诺阿，油画，54cm×65cm，1887年，奥赛博物馆，巴黎。

这一切如同雾里看花、水中望月，如同上帝片刻的恩宠，如梦似幻又转瞬即逝。小女孩停止了哭哭啼啼，男孩再也不一心念着他富有的靠山。他们是否被邪恶的思想所折磨呢？他们劝服众人，称自己从来不曾有过邪恶的念头。这些虚伪的人！简而言之，他们想让众人相信，一切都欣欣向荣的景象，或者说，一切都在完美又顺利的状态中进行。因为此时，他（她）的父亲正在办公室里数着利息，而他（她）的母亲正在家里招待友人喝茶。殊不知，父亲其实是一个残酷无情的金融家，母亲是个毫无品味却卖弄风骚的女人，而男孩是一个无赖小流氓。猫准备伸出爪子，小女孩大喊大叫；年轻又多情的女人紧紧地把猫抱在怀里，心中盼望着以后别为情人受苦，那个她一直渴望、等待却不会再来的情人……

总之，所有这一切其实只是一部喜剧，一部逗人发笑的喜剧，一部表面的喜剧——而猫，就是这部喜剧中的国王。

然而，在这些作品当中，有一种东西不是完全骗人的，那就是猫。既不是猫的永生传说，也不是猫与真相的滑稽之论，它存在于某一瞬间的猫、千分之一秒刹那的猫、艺术家们的画笔竞相捕捉的顷刻之间的猫，存在于毋庸置疑却又转瞬即逝的极乐天堂。

我想强调一下，资产阶级社会，几乎所有绘画作品都或多或少会映射的社会，是以定论（和幻想）为基础而存在：一成不变的个人价值观、追求个人的长久安逸、个人财富的聚集。难道其他所有社会、所有政治体系不是这样吗？并不是。至少在这点上不是，而且原因很简单。资产阶级社会现在成了“真理”的代表，而“真理”本身是永久不变的，哪怕我们将暴乱、背叛还有为争夺权力引起的各种宗教、迷信混战都清除干净，它还是不会改变。法国大革命最终胜利了，不是吗？伏尔泰和狄德罗的书早就读过了，革命势在必行。人们开始信仰人权，信仰普世价值。

如果猫自称赞同以上言论，那么它肯定是在愚弄我们。事实上,不管有意无意,其实都是画家在愚弄大众,而并非他画笔下的猫。猫是不会撒谎的,或许,从不撒谎。在主人赐予的某一刻时间里,它就幸福地待在那儿:在波利的画中,坐在小女孩的腿上;或在佩宏诺的画中,享受小女孩的爱抚;又或在雷诺阿的画中,躺在朱莉的怀中安然入睡……但我仍然坚持认为,这只是画家记录下的某一瞬间的场景,既不代表永恒,也不代表荣耀,也不是高度赞扬一种静止的社会或其他不存在的真理。

这些作品中展现的是调皮却又感性的猫、爱打呼噜又爱被人抚摸的猫、多数时间都是讨人喜欢的猫,所以,它们得以体面地过着好日子。它得到众人的认可,它的存在得到肯定;它抢了模特的饭碗,当起了明星。猫从不做假,或许这样更好,稍微有一些洞察力的人便可以看出,猫是在让人回归安宁。猫在告诉人类,岁月流转,任何政体都有缺陷,灵魂深处总有邪念涌动,激情总是来去匆匆,股市会有不测风云,人的脾气也总是阴晴不定,而所有这些,都是我们的宿命。

猫,仅仅因为它的存在,就俨然一位哲学大师的模样。

它抚慰了人们内心的躁动不安。

猫叫综合征(Syndrome du cri du chat)

这是一种相当罕见的遗传疾病,源于染色体畸变。每 14000 或 15000 名新生儿中约有 1 人患有此病,关于这一点的数据并不精确。这种病会导致严重的智力低下、智力发育迟缓。它还有一些其他临床特征,比如,宽鼻梁,内眦赘皮,头小,颌小畸形,肤纹异常(手掌纹、脚掌纹、手指指纹),特别是刺耳的单频叫喊声。

这种叫喊声真的很像猫在绝望时的叫声吗?真是种奇怪又可怕的疾病!它让病人发出猫的声音!对猫而言,有没有一种遗传病可以让它发出人的声音呢?

通常,患有这种病的孩子出生时身上多毛。又一个和猫相似的特征?18世纪前的很长一段时间,人们认为这些患病的新生儿是他们的母亲和猫之间人兽之恋的产物。

啊!总是这种人与动物交配的老掉牙的幻想,以及由这些幻想衍生的一系列怪物!那猫又怎能和这些怪诞的幻想撇得清呢?

16世纪的哲人安布鲁瓦兹·巴雷①并没有过多关注这样的无聊事。不过,他还是劝诫人们不要和猫睡在一起。他这样写道:"这些动物通过它们的气息、皮毛、目光进行传染,使那些和它们睡在一张床上的人患上肺结核。"(第7册,第42章)

猫的目光会传染?天哪!安布奥鲁瓦兹·巴雷,这位心灵手巧的外科医生是从哪里得出这一结论的?正相反,猫的目光可以带来最温柔的抚慰,令人头晕目眩、神魂颠倒。猫确实令人担忧,它竟然让同它一样智慧的人说出如此无知的话!但也许,安布鲁瓦兹·巴雷对猫怀有一种充满矛盾的敬意:对它能力的认可。一只猫在看你,让你心烦意乱,却不让你看它。

安布鲁瓦兹·巴雷知道自己一无所知。这就是为什么他能成为文艺复兴时期的伟人。孔子曾说过:"知之为知之,不知为不知,是知也。"安布鲁瓦兹·巴雷说过一句名言:"我负责包扎,上帝使其治愈。"或许是因为力有不逮,他情愿赋予猫神一般——或魔鬼一般的——能力。就像他这次说的:"它看着我,我被感染了。"

再回到令人担忧的猫叫综合征,很不幸,现在还没有针对这一疾病的专门治疗方法。但是,尽早开展治疗有助于解决患者的再适应和教育问题,以便他们更好地融入社会。在这一点上,我们已经取得了很大的进步。

但是,这些患者能有一天停止喵呜喵呜地叫吗?

---

① 安布鲁瓦兹·巴雷(Ambroise Paré,1510—1519):法国医生,现代外科医学之父。——译注

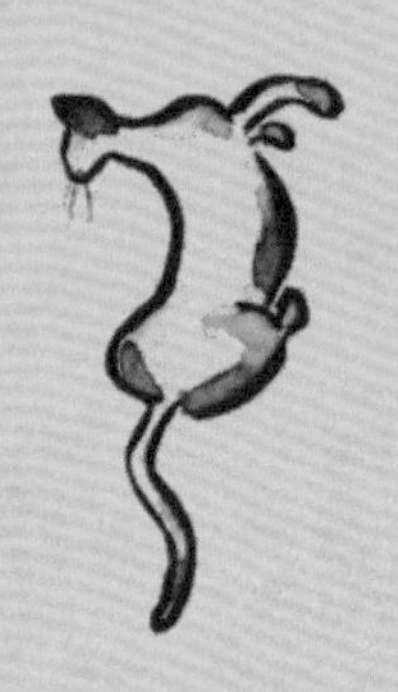

T

领地(Territoire)

和远古的野生祖先一样，猫是有领地意识的动物。什么意思呢？简单地说就是，猫绝不会放弃它生活过的地方，它熟悉的、可以为其生存提供必要的食物和庇护的场所。对这些地方，它不存在任何感情、任何依恋，仅仅是一种需求：建立一个保护区，阻止想要擅入的同类。因此，喜滋滋地认为猫对它所生活的那栋房子多么依恋，尤其是认为它对生活在这栋房子里的人多么有感情，不过是一种愚蠢而错误的想法。在猫的领土权里，是不夹杂任何感情的。只是一种需要，一种为了存活的返祖性担忧。要我说，在别处，猫就是流浪者、闲逛者、不知悔改的好奇者，没有任何东西可以阻止它回到它生活的地方……除非，它的意志无法左右的意外发生。这点毋庸置疑。

对于住在城市里的猫、公寓里的猫，这块领地会同收养它的主人的房子或住所混淆起来。这就意味着，在搬家或放假期间，它会很不幸、很不习惯。我们中有谁没听过这类故事呢？公猫走了几十甚至几百里路，穿过大大小小陌生的城镇，就为了寻找自己从前的住所……以及从前的主人。这要靠怎样不可思议的本能，怎样的嗅觉、方向感和磁性，才能辨别方向，穿过一个个荒凉的地区，辨认自己的道路，认清自己的目标？这是一个谜。

（说到这里，我发现我的猫总是很快就能适应它们愿意跟着我和妮可去度假的地方，不论是在法国还是在意大利。它们会绕着房间转一圈，嗅嗅房间，一点点将它占为己有。真的。我们的猫都是“欧洲猫”，就像人们用这个委婉的说法称呼的那些系谱不明的猫一样。换言之，正如高贵的进步人士所强调的，它们就是无耻的殖民者。总之，我们的猫在伦巴第[1]的别墅、托斯卡纳[2]的农场、翁布里亚[3]的楼房、威尼斯的房间或旅馆安家，对此，它们并不觉得良心不安，虽然在这些地方，它们只是过客、客人、外国人。它们对此一无所知。它们把这些地方占为己有。它们大大咧咧毫无顾虑。它们才不会谨小慎微地贴着墙走路。）

通常，研究猫科动物行为的生态学专家会区分“居住范围”（英语是 *home range*）和“领地”这两个概念。前者是指猫常去的，但可以和其他同类分享的，后者更局限，被它视为自己的私有财产，如果其他的猫试图冒险靠近，它们会觉得受到了威胁和攻击。在自然界，领地中的猎物，以及在其范围内狩猎的可能性构成了允许它们存活的条件。领地越富足，其范围就越狭小；而领地上的食物越贫瘠，其范围就越广阔，自然也就越难进行防卫。真是左右为难啊！

那怎么在领地上“做标记”呢？当然是通过气味了！通过腺性分泌物或者尿液。有些生态学家还认为猫在和它朝夕相处的人身上蹭来蹭去也是一种“做标记”的方式，将自己的气味浸入到这个人身上，总之，将这个人据为己有。而这个人还以为是自己拥有了这只猫，真是太可悲了！相反的一面已经得到承认和证明。猫将人据为己有，在人身上留下它的气味，就好像贴上了标签。这个人属于我了！其他外来的猫，注意点！

这里，我们不会过多地涉及乡下的猫是如何分享既定的领地的。它们在饭点聚到农场周围，随后四散开来，互相认识的猫群对路过的陌生者表现出强烈的攻击性。诸如此类的研究已经有人做过了，但像我这样的非专业人士对此并没有强烈的兴趣。

---

① 伦巴第：意大利北部的一个大区，首府为意大利北部最大的城市米兰。——译注

② 托斯卡纳：意大利中部的一个大区，首府为佛罗伦萨。——译注

③ 翁布里亚：位于意大利中心，首府为佩鲁贾。——译注

对于那些和猫住在城里的人而言，最棘手、最讨厌的事情就是，猫会用尿液在自己的领地上“做标记”，就好像它在购房合同上画押一样。训斥它或者揪它的耳朵又有什么用呢？对猫而言，这种行为很自然，甚至是至关重要的。因此，绝不可以在这种情况下训斥猫。所有的兽医都会告诉你这一点。你的不高兴可能会令猫担惊受怕。它越不确定，就越会毫无缘由地感到受威胁，因而，再一次在居住或购买合同上签字，好让自己放心。相反，一旦猫认为自己已经被收养了，情绪缓解，没有要威慑的对手时，它就不会再去担心了，也就不必再在各种东西上“做标记”了。

要注意的一点是，公猫比母猫更具有猎捕能力、更好战，因而，也更频繁地在领地上做标记。如果它住的房间有花园，那它就会在花园里“签字”，证明自己的存在，其他路过的猫会来到花园争抢它的居住范围，而不是房间里——它最后的避难所。青春期之后，阉割的猫不再因尿液而发臭，也不会再到处“签字”。就好像它已经因为手术而彻底放心，终于变得安分了，面对领地的所有权也显得平静多了。

还有一个关键性的问题，对此，科学家们存在争议。猫为了在领地上“做标记”而留下的气味真的具有威慑效果吗？一些科学家认为没有。他们发现其他嗅到气味的猫根本不会在意，就好像不在意第一只老鼠一样。它不会试图用自己的气味盖住同类的气味，而是傲慢地继续向前走。另一些科学家则持相反观点，认为如果猫发现了这样的尿液痕迹，会立刻掉头就走，来避免这个有潜在危险的区域。该信谁呢？也许我们可以勉强认为，猫里面有胆大的，也有胆小的，有征服者，也有失败者，因此，没有哪个研究者完全错误或绝对有理。

最后再明确一点，几乎还带点诗意，是关于猫的领地和它们的“标记”的：在自然界，行动自由的猫也会掩埋粪便吗？它们也要“做标记”吗？

答案很复杂。在它们的领地中央，猫通常会掩埋自己的粪便。这是一个卫生问题。在那里，它们要生活、饮食、恋爱、睡觉。相反，在区域的边界，它们会把粪便露天留着，就好像是边界的标志一样。

对于家猫来说，感谢上帝，不存在这个问题。正常情况下，它们会掩埋自己的粪便，刮掉爪子上的碎屑，或多或少会将其覆盖。它们这样做是出于条件反射。(有时，尼斯和帕帕盖诺会在我和妮可面前站定，模仿掩埋的姿势，好让我们明白它们内急，而稍远处它们的厕所并没有想要的那么干净。它们会有这方面的要求！)这仅仅是简单的条件反射、习以为常的问题吗？对它们领地内的洁净的要求？或者是猫的选择结果，在它们和人类上百年的相处中，自然就学会了要干净？所有这些因素都一定起到了不可忽视的作用。

还有一点，我们应该感到荣幸，猫会在其领地上接纳我们。当然，前提是我们不会在其领地上做任何“标记”，而且我们要保持绝对的干净。相反，我们要接受它们在我们身上“做标记”。接受这一切，我们并没有太多不情愿。

蒂-布斯(Ti-Puss)

猫和冒险家总是不能和睦相处，因为它们喜欢呆在家里，对自己的领地极其眷恋；它们深居简出，不喜欢周游世界。如果要指望靠猫来保证《徒步旅行指南》的销售量，那公司就破产了！猫更喜欢它们的沙发、枕头。或者，更确切地说，喜欢我们的沙发、枕头！它们可不想去享受世界另一头的卧具。

换言之，最开始，我从未把猫，或者说，猫的存在，和艾拉·马亚尔联系在一起。这个人可是20世纪最伟大、最勇敢的旅行家。1930年初，她偷偷穿越了斯大林治下的苏联，在莫斯科呆了一段时间后，来到突厥斯坦[1]、高加索[2]；随后，她来到被战争破坏的中国，步行、乘船、骑马、坐车，从北京一路抵达西藏。第二次世界大战来临之际，她还驾车行驶于日内瓦和喀布尔之间。对她而言，这是一种乐趣……类似的例子就不一一列举了！后来，这些探险经历都变成了她回忆录的素材。好吧，我错了。猫和艾拉·马亚尔一直都处得很好！

尽管艾拉·马亚尔总是行动莫测，她还是被一只猫收服了。那这只猫是否因此就让艾拉·马亚尔停下脚步了呢？当然没有了。相反，它成了和她一起前往印度的朝圣者，而当时，上一场世界大战正席卷全球。

这位令人难以置信的旅行家的名字就是：蒂-布斯。

为什么这听起来不像个名字呢？

因为，当时它还只是一只虚弱、固执的小猫，长得奇丑无比，等待它的将是在印度度过的短暂一生，像贱民、可怜的流浪汉一样。就在这时，艾拉·马亚尔叫它："勇敢的小布西！"当然免不了用简称[3]。就这样，这只猫有了名字。它被收养了。蒂-布斯！这个名字甚至还代代相传……

亲爱的艾拉·马亚尔！

我本应该很快就猜到她是喜欢猫的。1980 年初，当她第一次来我家时，尼斯，我们可爱的虎斑猫，热情地接待了她，还在她腿上蹭来蹭去，应该是在她身上感受到了友好的气息。那一次，当我和妮可在安茹河畔招待她时，还对她一无所知。没多久之前，我出版

---

① 突厥斯坦：哈萨克斯坦南部奇姆肯特州城市，位于锡尔河下游右岸平原，是中亚最具价值的古城。——译注

② 高加索：位于西亚地区，伊朗以北，于黑海、里海之间高加索山脉的地区。——译注

③ 取"小"的法文 petit 的最后一个音节，就变成了"Ti"，即中文中的"蒂"，及英文 *pussy* 的 *puss*。——译注

了《亚达，直到尽头》(*Yedda jusqu' à la fin*)。在书中，我讲述了一位热情的老朋友的一生，她生命的最后一段时光是在我们家楼下度过的。之前的很长一段时间，她和丈夫住在考古学家、东方学者安德烈·戈达尔那里，先是在阿富汗，后来又到了伊朗。这本书出版之后，艾拉·马亚尔给我寄来了信，而我根本不知道她是谁。在信中，她告诉我，我的书让她很感动，她曾在喀布尔和德黑兰见过亚达·戈达尔，因而，她很希望可以见见我，聊聊过去的事情。

没多久，就看到她走进了我们当时住的小阁楼，就在我父母公寓的楼上。我担心她的头会不会碰到天花板。在我眼里，她既高大又温柔。她的大脚让妮可惊呆了。她笑起来很和善，有一张男性化的脸庞，很长，棱角分明，目光中透着明亮的蓝色，很深邃，让人一眼就能感受到她的宽容。那一次见面，她没有说任何大话，只是偶尔提几句过去的经历。她安然地活在当下，就像我们的猫尼斯一样，尼斯很快就跑到她膝盖上去了。

我们聊了点我写的书，主要聊了亚达·戈达尔。艾拉·马亚尔还是让我们感到很好奇。她 1903 年出生于日内瓦，却在尚多兰找到了自己的栖身之所。尚多兰是瓦莱[①]最高的村庄之一，而她们家是一座因高度而难以企及的隐蔽之所。(不久后，我们参观了那里。)

很快，我们就开始经常见面。每当她来巴黎，我们就一起吃个饭，也会互相写信。慢慢地，我们知道艾拉曾代表瑞士帆船队参加过 1924 年奥运会。之后，她又训练瑞士滑雪运动员参加接下来的比赛。她曾是命运多舛、神秘孤独的航海家阿兰·盖尔伯特的密友，1930—1940 年，她写的游记曾取得过巨大成功，但随后被人遗忘。总之，我们之间建立了一种坚固稳定、彼此信任、令人鼓舞的友谊(正如所有真正的友谊应该的那样。但这种友谊总是太少

---

① 瓦莱：瑞士南部的一个大区。——译注

了!)。之后,帕约出版社打算再版她的一部作品《残酷道路》,她邀请我为这本书作序。

那时,她之前出的全部作品都没有库存了。更不必说,还会有人知道艾拉·马亚尔是谁。《残酷道路》讲述了 1939 年 6 月她驾驶福特 18 马力 V8 发动机款汽车前往阿富汗的传奇经历。跟她一道的还有安妮玛丽·施瓦哲巴赫,这个令人难以忍受、病态、绝望、痛苦的吸毒者(此人后来也经历了某种荣耀回归,她在那些爱慕她政治行动和性自由的年轻人身上施展了一种让人无法抗拒的魅力)。换言之,一定要将艾拉·马亚尔介绍给新一代的读者。

我试图告诉艾拉,就这样一本书来说,我并不是一个理想的、可以起到帮助作用的作序者。我认为自己很宅,像猫一样忠实于自己的领地,不太期待改变,总是对那些周游世界的人持怀疑态度,却从未走进他们(正如司汤达所言);我很不情愿离开圣路易岛①,踏入周边的土地;我把巴士底广场看成一个令人挂念、特别靠北的地区。这些都无济于事,艾拉坚持要我写这篇序言。她的执着就像她的温柔一样难以改变。我开始着手工作。

这本书于 1989 年初出版。没多久,她被邀请参加贝尔纳·皮沃的电视节目"Apostrophes"。我和妮可在录音室陪着她。那天晚上,她很上镜,她成了贝尔纳·皮沃和其他嘉宾关注的焦点。不是因为她在表演拿手好戏,而是因为她表现出了不可思议的超脱、自然,参加节目的愉悦心情,没有丝毫要提及、夸耀自己作品的意思,也没有将自己扮演成冒险家、探险者、高贵的老妇人的态度。她也同样吸引了观众。第二天,她的书就热卖了。从这以后,突然间,她就有了新的仰慕者,还是不要说成是新的信徒为好。直到去世,她周围总是有一小拨忠实粉丝,而她总会怀着愉快、宽容的善心对待他们。这些粉丝赞美她,声称——虽然有点难以置信——

---

① 圣路易岛:巴黎塞纳河上的小岛,位于巴黎的中心。——译注

永远理解她、追随她！

当然，帕约出版社对这份意外收获感到十分高兴，再版了她的其他作品。

其中就有《蒂-布斯或和我的猫一起去印度》(*Ti-Puss ou l'Inde avec ma chatte*)。起初，这部作品是用英语写的，1951 年在海尼曼出版社出版。当然，和其他书一样，艾拉也把这本送给了我们，并亲笔题词。我们一直保持碰面，互相通信。直到 1997 年，她在尚多兰去世，享年 94 岁……

这里，我竭力避免一些详细的分析，或者对书中上千个小故事、情节、描写进行总结。那样不如直接去看书。整本书散发出一种忧郁的魅力。知道蒂-布斯就够了，虽然它其貌不扬，脸特别长，耳朵也长得没边，身上长着灰色带斑点的毛，但它仍然拥有神圣的品格。我们很难对此产生怀疑。和艾拉生活在一起的当然不能是平庸之辈。更确切地说，要敢于紧跟艾拉的步伐，穿越印度，爪子受伤、痊愈，在恒河里沐浴，与乞丐、印度宗教领袖、喇嘛、西方人、哲人、贱民打成一片……同时还要保持做一只母猫的本分，生小猫崽，帮助艾拉撰写《残酷道路》。

有一点还是要强调的。当艾拉从印度最南部的喀拉拉邦①到北部的阿什拉姆，从孟买到加尔各答流浪的时候，蒂-布斯一直陪伴着她：长者盘腿而坐，陷入思考之中；惜字如金的预言家用静默让你领会通往圣贤的道路；苦行僧坐在钉床上沉思。这些实在有趣。但还是需要一只猫来理解生活的全部。这就是艾拉·马亚尔跟蒂-布斯在一起时所明白的。

当整个世界处于战乱，继纳粹集中营出现之后，越来越多难以想像的事情接连发生，整座整座的城市消失在原子弹和烈火之中，居民和军队全部化为乌有，美国准备在广岛和长崎投放原子弹，面

① 喀拉拉邦：印度西南部的一个邦。——译注

对一件又一件可怕的事情，在印度的艾拉·马亚尔因蒂-布斯得以坚持下去，将自己深深扎根于具体的、真实的存在之中，而不是虚无的、模糊的空想之中。同时，蒂-布斯还给了她一些必不可少的精神指引。

猫是最好的精神导师。对此，我们是否从未怀疑过？

对于艾拉而言，蒂-布斯就扮演了这一角色，鼓励她穿过 13 个极乐世界——或意识王国——根据古老的印度信仰，这样可以通向完美境界。在这儿，就没必要对此进行争辩了。

梳洗(Toilette)

你有没有看过一只猫梳洗呢？每当这时，它全神贯注，保持警惕，小心翼翼，有条不紊，又一丝不苟。先是一只爪子，再换另外一只，然后是背部，再专心致志地舔屁股。没有什么可以打扰它。通常来说，猫的种种行为里，也许就这一点让人震惊：无论做什么，都保持注意力高度集中。它不像人类那样，机械地做事，脑子里还想着其他东西。比如，早上刮胡子的时候想着要如何才能成为共和国总统。而当猫刮胡子，或者说是梳理胡子，舔舔爪子，再蹭着耳朵挠一挠时，它只想着这一件事，不会去想怎么把附近侵犯了一点自己领地的公猫教训一顿，或者是怎么把对面阳台上那只厚颜无耻地蹦来蹦去的麻雀抓住。

有不怀好意的人总结说，是猫的智商有限，它无法做着一件事，同时想着另一件事。在我看来，他们错了。猫的专注是值得赞颂的。这几乎可以反映它的精神层面。就好像猫的生命强度都集中在每个活着的瞬间，而不会改变目标。这个目标就是生活，好好生活，品味当下的每一点、每一滴。

无论是对佛教徒还是禅宗大师，射箭和茶道揭示的都是同一个道理。我还要说是同一种仪式，同一种集合——集合每个动作的完美以达到完全状态……或者说忘我。

猫是干净的。猫很注重自己的外表。猫是完美的、有光泽的、洁净的。猫是贵族。每一只猫都是，无一例外；哪怕是最普通的流浪猫，甚至是杂种猫，它们也会以自己的方式注重仪表，成为绅士或屋顶上的王子。而猫在梳洗的时候，比东方圣贤、苦行僧、和尚、法师还要认真。当猫清洗、舔舐、梳理的时候，没有任何东西，没有任何琐事或外部的诱惑可以打扰它们，它专注于自己正在做的事，世界在它周围安静下来。这分明是把卫生奉若神灵，就像虔诚的信徒。

兽医和卫生人员会顺便告诉你，猫在梳洗、舔舐、吞自己毛的时候，也同时吸收了卵磷脂和其他必需的维生素 B 族元素，这样可以预防营养不良。可能吧。但是，对猫，对我们，这不是重点。我甚至都不确定猫已经聪明到连维生素 B 的功效都知道。相反，它清楚自己要保持干净。这决定了它的尊严。猫总是对尊严很敏感，某种程度上很英国化。比如，猫讨厌别人不把它放在眼里，它受不了这样。

我们说不能打扰在睡觉的猫，当然，也不能打扰在梳洗的猫。它正完全沉浸在自己的工作中，好像在这个世界上，周围的一切都不重要。原子弹的威胁、生态灾难、恐怖袭击、失业，或者附近侵犯了自己领地的公猫，一切都是浮云。

再回到这一点上，猫的专注值得我们尊敬，也许甚至是羡慕。我们不是神秘主义者，不能在沏茶、品茗或射箭的时候让周围或我们的内心变得空灵。我们啊，连刮胡子的时候都在想上千件事情。

说真的，不管在什么情况下，都不要打扰猫。只有猫有本事来打扰我们，它们经常这样做，对此也毫无顾忌。这就是我们和它们相处中最严重的不平等。

（最后这条无可辩驳的观察结果似乎有点离题了，但这没什么关系……）

梳洗猫

汤姆和杰瑞(猫和老鼠)(Tom et Jerry)

我们怎样才能认出一个虚构的人物?

至少要从两个方面考查。

首先,他要有面对生死的个性和态度,来烘托一些简单而明确的东西。就好像从今以后,他成为这一范例的代表,一个绝对的参照。此外,这个虚构的人物总是比他的作者更有名,虽然是作者创造了他,但有时它把作者的光彩全部遮蔽了。

所有人都知道鲁滨逊·克鲁索,但并非所有人都知道丹尼尔·笛福。我们总是提到唐·璜,可我们知道唐·璜是由西班牙剧作家蒂尔索·德·莫利纳(Tirso de Molina)创造的吗?随后,又被莫里哀、莫扎特等人再创造并丰富了他的形象?堂·吉诃德永垂不朽。可隐藏在他影子之下的是不被人注意的米格尔·德·塞万提斯……

我们能说汤姆和杰瑞是虚构的吗?我不敢保证它们会像上述提到的人一样,有着持久的生命力,对后世产生深远影响。姑且把这个问题交给未来去评判吧。从 20 世纪 40 年代开始,作为上百集动画片的主角,汤姆和杰瑞让一代又一代孩子为之着迷,他们也同样代表了某些本质的东西:强对弱的永恒斗争,笨拙对抗狡黠,蛮力对抗诡计。

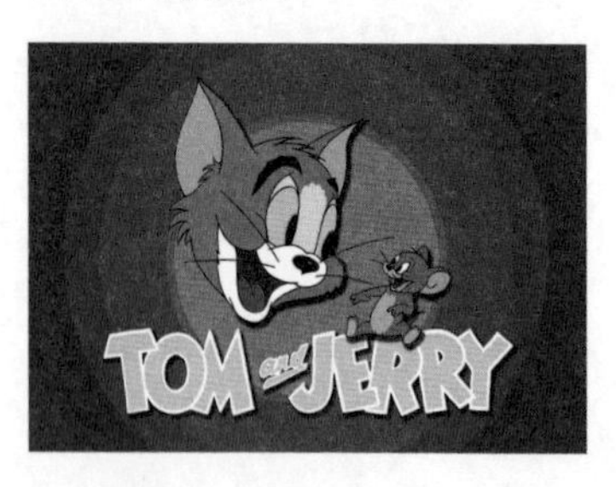

《汤姆和杰瑞》(《猫和老鼠》),动画片。

一边是汤姆,一只灰色的家猫,从不招惹别人,但也别把他惹毛了。另一边是杰瑞,一只棕色的小老鼠,放肆无理,总是不停地挑衅、打扰汤姆,惹汤姆生气。

再强调一下,汤姆和杰瑞

是全世界的荣耀。相反,2006 年 10 月 18 日,95 岁的约瑟夫·巴伯拉在洛杉矶家中去世,几乎没有人知道,而他最忠实的合伙人同伴威廉·汉纳,也于 2001 年悄无声息地离开人世,90 岁出头的样子。

当然,很久以来,电影迷就知道汉纳-巴伯拉这对搭档。他们成立了同名动画制片公司,而两人是公司仅有的两名员工。巴伯拉是画家,汉纳是制片人,他们创作了 300 多部动画。谁能马上记起由此二人创造的美国流行文化元素?在这段时间里,汤姆和杰瑞不停地进行着最可恶的恶作剧,布置着最可怕的陷阱,彼此背叛,互相嘲笑……总之,汤姆和杰瑞一直好好的,带着不变的兴奋、愉悦和勇敢活跃在荧屏上。

孩子当然是站在杰瑞这边,站在这只看起来比较弱小、邪恶、放肆的老鼠这边。他们这样对吗?当然不对。他们堕落、残酷、有暴力倾向、对他人的痛苦毫无宽容之心,也根本无法体会!从弗洛伊德和圣·奥古斯丁那时起,这一点就已经众所周知!当我们老去,就会意外地意识到这一点:那时,我们发现自己不那么凶残,更能关注自己之外的人。那时,面对虚构的人物,我们对他们的评判发生了变化,甚至是彻底的改变。更确切地说,那时,我们发现自己在人生不同阶段拼命挖掘的财富还不及这些人物的一丁点儿多。总结一下就是,那时,我们更喜欢值得我们同情的汤姆,而不是杰瑞,这个令人无法忍受、最好不要与之来往的害人精。

你要说我了,因为汤姆是只猫,所以你才如此宽容。的确,汤姆是只猫,的确,他让我产生宽容之心。但是,还是有些别的原因。每次我在公共场合听到“小的总是对的”时,就很恼火。在兄弟姊妹多的大家庭里,年长的孩子为此吃尽了苦头,当大孩子受够了小孩子的挑衅作出反应时,父母总认为是大孩子的错,而小孩子知道因为自己看起来弱小,一定不会受责罚。(这里面可不夹杂任何个人恩怨,我是家里 3 个孩子中最小的!)杰瑞从来没有失败过,他总是狡黠地布置好一切,让汤姆做错事,被厉害的管家——两只鞋太太[①]追赶。管家威胁汤姆,下次再把盘子打碎就让他滚出家门。很快,杰瑞就会安排好一切,好让汤姆中计,把屋里能打碎的东西全都打碎:盘子、茶碟、杯子、台灯、小雕像、小摆设。

不,小的并不总是对的。相反,通常来说,正是他们无视法规,挑衅大孩子,随后,再蜷缩到父亲的膝上或者圈套的深处。他们因为自己的弱小而生气,见不得比他更年长、更厉害的人的平静,只想着如何将之打破。总之,小的就是可怕的恐怖分子,从各方面来说,都是尖刻、卑鄙、自私的小人。杰瑞的坏永远都说不完。

什么是悲剧呢?通常来说,就是扰乱、违反秩序的后果,打破社会上既定的规则;有时也是两个对立阶级,因为责任而产生的冲突——这种责任包括服从神明、城邦,服从名誉、君主。这一定会让我们想到安提戈涅[②]或熙德[③],但也不要忘了汤姆和杰瑞。

在这部动画片里,最开始也有一个秩序,在家里,关于动物的平静。每样东西,每个事物,都有它的位置、它的角色。角色,一切就位!归根结底,一旦有人打算改变位置,或是改变角色,悲剧就这样发生了。起初,汤姆这只勇敢的猫在打盹,鼾声四起,他不向别人索求任何东西。杰瑞,呆在捕鼠器里,他本应该像其他老实的老鼠一样,离猫爪远远的,细细品尝奶酪,感到心满意足,可惜他才不老实呢。

哎呀!秩序就要动摇了。

---

① 两只鞋太太(Mammy-Two-Shoes):动画片《猫和老鼠》中的人物。——译注

② 《安提戈涅》:古希腊悲剧作家索福克勒斯的一部作品,剧中描述了俄狄浦斯的女儿安提戈涅不顾国王的禁令,将自己的兄长、反叛城邦的波吕尼刻斯安葬,最终被处死。安提戈涅被塑造成维护神权,不向世俗权势低头的女英雄形象。——译注

③ 高乃依的《熙德》是法国第一部古典主义戏剧,该剧将主人公熙德置于责任与爱情之间的冲突中。——译注

被谁呢?

这是个好问题。换句话说,该归咎于谁呢?

汤姆吗?

当然不是。他那么平静地享受着舒适,关心着自己的胃口。总之,他只是天真地做着猫的工作。在他眼里,那会儿,老鼠并不是最难吃的甜点。(当然,他从没想过要将罪犯或者杰瑞置于死地。因为他们互相喜欢,虽然没有承认,但如果少了彼此,他们的生活会很不幸!)

那么,是杰瑞动摇了秩序吗?

显然是他。就是这只可恶的小老鼠干尽了坏事。比如,是谁打搅了汤姆的午觉——这简直是罪恶中的罪恶。我们绝不能打扰一只正在睡觉的猫。您知道吗?一天,先知穆罕默德宁可脱下他的大衣——因为有只猫正趴在大衣的一角上睡觉——也不愿起身的时候把猫弄醒。杰瑞才没有这样的顾虑呢。在他眼里,一切都可以用来制造无序或者混乱来使家里变得乱七八糟。在坏人里寻找盟友,比如可恶的斯派克(有时也叫"杀手"),他是隔壁的一只斗牛犬。汤姆会动用所有可能的武器来进行防御(和攻击),擀面棍、斧头、手枪、炸药,甚至是烤面包机。或者,也轮到他找几个难得的同盟,比如布奇,一只黑色的流浪猫,他对杰瑞才不会客气呢。

很快,房间、花园、世界要迎来末日了。到处都在颤动、坍塌、爆炸。在这种情况下,汤姆看到了36支蜡烛。奇怪的生日!他真是太悲哀、太可怜、太好笑了。他被扒了皮,放进卷轴压缩机里,变得像鸡蛋饼一样扁,虽然之后再恢复原形,找回了自己的了皮毛。人们喜欢他。杰瑞当然可以充当好汉、胜利者,发出阴险的嘲笑声。但人们讨厌他。

无论如何,我还是花了点时间才讨厌他的。换句话说,我已经老了。

又及:酒吧的常客,更准确地说,鸡尾酒爱好者可能很熟悉"汤姆和杰瑞"。最早到的酒鬼也未必能品尝到它。要将蛋白和蛋黄分开,在平底锅里混合,用温火,向蛋黄里加入20毫升龙涎香朗姆酒、砂糖、胡椒、肉桂、肉豆蔻粉,再和打好的蛋清小心翼翼地混在一起,并加入满满一勺白兰地。它简直能使人起死回生,给予汤姆重拾力量的渴望来好好教训一顿杰瑞。

有一点要说明,这款鸡尾酒的名字不是源自汉纳和巴伯拉动画片中的主人公,是由一个酒保发明的。这个酒保1825年出生于康涅狄格州,他起初是一位海军军官,之后定居旧金山的埃尔多拉多,随后经营起纽约大都会酒店的酒吧。顺便说一句,蓝色火焰鸡尾酒的诞生也要归功于他,以及其他出彩的鸡尾酒。为什么是"汤姆和杰瑞"这个名字呢?很简单。因为酒保名叫杰瑞·托马斯,他只是将自己的姓氏和名字融于其中。

还有一个问题:汉纳和巴伯拉是"汤姆和杰瑞"这款酒的忠实爱好者吗?会不会有一天晚上,他们品尝这款鸡尾酒时,感受到了一种持续的温暖、一种散发着乙醇味道的惬意,正如酒精、白兰地和龙涎香朗姆酒的蒸汽一样,这两个人物就这样诞生了,还有了名字?总之,像阿拉丁神灯之外的精灵一样,汤姆猫和杰瑞鼠在玻璃杯之外变得有形了?

我很想这么认为。

那么,举杯祝福汤姆……还有杰瑞,来吧!一起做个大好人!

翻译(Traduction)

猫知道通过喵喵叫来理解彼此吗?我们真的可以翻译猫语吗?我们能明白猫语的变调、抑扬或音色吗?它们都是用代码表示的吗?

我们或多或少都观察得到:生气的猫为了摆脱困境,会发出愤怒的吼叫，好让我们知道它们的情绪。但当它们强烈要求得到某样东西时也会如此。它们的喵喵叫还能表现出衰怨和恐慌。是不是就在说："我昨晚没睡好，我早餐想吃鸡胸脯肉"呢？不太确定。

18世纪，在百科全书时代，狄德罗的朋友兼笔友，加利亚尼神父十分博学，对猫叫问题很有兴趣。以下就是他谈论的关于这个问题的主要内容：

> 人们养猫已经养了几个世纪了，但我没发现有人好好研究过猫。我有一只公猫和一只母猫，我隔绝了它们与外界的一切联系，想专心研究它们的夫妻生活。你相信一件事吗？在它们相爱的那个月里，没有叫过。因此，喵喵叫不是猫的情话，而是对缺席者的召唤。
>
> 另一个确定的发现：公猫的语言和母猫的语言不同，这点好像确实如此。对于鸟来说，这种区别更加明显：雄鸟的叫声和雌鸟的叫声完全不一样。但是，对于四足动物，我觉得没有人发现不同之处。而且，我确定在猫语中，有20多种不同的变调，它们说的真的可以称得上是一门语言，因为它们总是用同一个音来表达同一个东西。

如果猫语真的是一门语言，正如加利亚尼神父大胆说服我们相信的那样，为什么没有一本《猫人双语词典》，甚至是两者间的同传译者呢？

你们觉得我是在开玩笑吗？

可惜，不是！

1994年，路透社宣布日本最大的一家玩具厂商Takara打算推广一种"猫语言"(Meowlingual)机器，它可以对猫语进行翻译。把电子控制台放在手心，翻译内容会显示在屏幕上，售价8800日元(约合 60 欧元)。而且,这家厂商还曾凭借"狗语言"(Bowlingual)机器赚了一笔,这款机器可以翻译狗叫声,曾在日本卖出 30 多万台。

当然,你们要跟我说,对于我们中的大多数人而言,理解日语比理解猫语还要难。(日本猫说的语言和奥贝维埃[1]猫或者马赛猫说的语言一样吗?没有明确的答案。更不用说它们的口音了……)总之,能够在屏幕上看到翻译成日语文字就已经很先进了。可能,可能吧……那么同步翻译日语-法语,或者日语-英语也不是不可能了。

既然说到这件事,我不知道这个可笑的发明有什么别的进展。据我所知,该产品并没有出售欧版。2007 年春天,我路过日本,在京都的玩具店里打听"猫语言"机器,他们把我当成疯子。也许,他们的确没有错。最早开始犯错的是玩具厂商和令人尊敬的 Takara 先生。他们不知廉耻、贪得无厌,才开发了这么个不可思议的东西,人类真是愚不可及。

灵魂转世(Transmigration de l'âme)

坚信灵魂转世,死后,灵魂从一个身体转到另外一个身体,确实是一个奇怪的信念。不过,对某些人而言,这个信条具有某种慰藉的意义。

具体地说,死后转世到猫的身上,变成猫,具有猫的所有品德、悟性,拥有猫对待幸福和舒适的能力,还有比这更骇人听闻的——如果这只猫有幸投到一个有同理心的主人家……

下面,我要给你们讲个相关的故事。是一位 19 世纪在印度任

---

① 奥贝维埃:法国法兰西岛大区塞纳-圣丹尼省的一个镇,位于巴黎郊区。——译注

职的英国军官说的，或写的，此人名叫托马斯·爱德华·戈登。

他回忆说，先后 25 年的时间，浦那[①]附近的总督府卫兵执行各种命令，此外，有一道口头命令规定：黄昏时，卫兵见到猫进出正大门，都要将其视作总督大人，向它致敬。

此为何故？

戈登讲述道，原因很简单。因为孟买的总督，罗伯特·格兰特爵士，于 1838 年在总督府去世。他去世的当天傍晚，有人看到一只猫从正大门跑出总督府，沿着一条小路离去。而总督在世时，每天傍晚恰恰也有出府散步的习惯。

一位信印度教的卫兵看见猫出府后，告诉了信友，信友纷纷猜测缘由。一位婆罗门祭司最后下了结论，去世总督的灵魂转世到了那只家养的猫身上。由于实在说不清是哪一只，所以就做出了决定，所有在傍晚进出正大门的猫都应该得到总督生前得到的那份敬意和尊重。府上的仆人和其他人员一致同意这个决定。就这样，大门站岗的卫兵得到命令"要向晚上进出门的猫举枪致敬"。

由此，我们发现印度教徒是有大智慧的人。但是，更宽泛地说，我觉得，应该向所有出现在我们面前的猫致敬。如果它们是某个位高权重之人转世而来，这样做当然十分必要。但如果它们不是，更应该如此。这些猫只是拥有智慧，保持着自己的本性，没有沾染上我们人类的平庸、野心和卑鄙。

蒂贝尔(Tybert)

怎能不向法语文学中最早出现的猫之一——蒂贝尔致敬呢？又怎能不对它产生一丝悲伤的困惑呢？

为什么呢？

---

① 浦那：又译蒲内，印度第 9 大城。——译注

因为，在这部时间跨度为12世纪末到13世纪末的《列那狐传奇》的庞杂叙述中，名为“蒂贝尔”的雄猫扮演了一个不大光鲜的角色。他名声不好，是最坏的无赖、懒汉、靠强取豪夺为生的贪吃鬼，而且没有人比它更会欺骗了。

你会告诉我，他并非唯一的坏蛋，列那狐是比他还高明的骗子，这一点是毫无疑问的，但两者有天壤之别。

列那狐是名副其实的亡命之徒，但是在中世纪的法国，还没有这一说法。他生活在人类和法律之外，是个野人，或者说，是野生动物，两者是一回事。但蒂贝尔却不属于这一类，当然，他也没信奉上帝或听命于主人。他没有融入任何一个家庭的生活，也没有住在任何一个农庄或者房子里，他自由地穿梭于树林、田野和草原。但是人类没有先入为主地对他怀有恶意，也没有像对待匪徒或者对列那狐那样，不由分说一棍子打死他。总的来说，有机会的时候，他和人类亲近，和他们建立合乎时宜的联盟。蒂贝尔，这位法国文学史上的首位英雄，第一只猫，他那基于自身特性的猫的双重天性早就以其特有的方式呈现出来了。他是，也不是野性的。他和人类接触，但又不属于任何人。

话虽如此，他的名声并不好。对于欺骗列那狐，没有人比他更在行了。两个伙伴在路边一块翻耕过的土地入口处发现了一条被丢弃的香肠，列那首先抢到了香肠。蒂贝尔假装正经地教他，解释说，不要这样用嘴咬香肠，两端都拖到地上了，弄得脏兮兮的，让人恶心。然后接着教他：蒂贝尔用牙齿咬住香肠的一端，晃动起来，把香肠甩到自己背上。“你看，伙计，”他说，“这才叫叼香肠，不会沾到灰尘，而且我的嘴只碰到了不吃的那一小截。”

见好就收！蒂贝尔瞅准机会，迅速跑到列那狐够不到的地方开始独享香肠。这件事给了他的同伴一个教训。

其实，可能在《列那狐传奇》中真正让我们伤心的并不是猫的狡诈、调皮和欺骗同类的手段，而是处世之道。我们已知道猫是狡诈的，我们的先祖也早已强调过这一点。不，这是人们强加给他的，把他描写成了虚伪、装作虔诚的伪君子，甚至是告密者。在作品的结尾，他同意出其不意地逮捕列那狐，并把列那狐带到狮王诺伯勒的法庭。恰恰是这一点让我们觉得别扭。

这太不公平了，甚至让人难以接受。人们竭尽全力抗议，就像后来拉伯雷写那穿皮袄的猫时，人们抗议作者不公正的角度一样。

猫其实不是伪君子、装作虔诚，也不是虚伪或者告密者，更不是团伙的首脑、头目或者专门拍马屁的，它只是为了自身的利益和享受。它不欺诈，承担自己甚至他人的罪责，世界对它来说是一个大超市；它我行我素，既不寻求建议，也不需要得到别人的许可。何必呢？难道我们要责备它比别人聪明？

就是这样！可能这就是为什么自《列那狐传奇》后，人们和文学家热衷于在故事和书里面给猫泼脏水。这是出于纯粹的嫉妒，因为人羡慕猫的聪慧、它对世界的认识、快乐的艺术，还有就是人不能容忍它，猫的优越激起了他们的报复。

怨恨导致了这一切，导致可耻的不公正。

U

独一无二(Unique)

每一只猫咪都是独一无二的。这句话乍一看来稀松平常，实则大有深意。科莱特曾在书里写过：没有寻常的猫。这两句话真是不谋而合。一只普通的猫，是指一只和其他猫咪很像的猫，一只平凡的猫，一只随大溜的猫。然而，这样的情况是不可能发生的。由此可证，世上不存在普通的猫。由此反证出本篇开头的话——每一只猫咪都是独一无二的。的确，猫咪们可从来不会穿上制服、被编入队伍，不会被研究档案、配发身份证、计入花名册，不会和别的猫相混淆，也不会被根据政治倾向、社会层次和统计数据来分门别类。

真的？哪怕是纯种猫也这样？

没错，哪怕是纯种猫也如此。

诚然，同一品种的猫咪外表确实相似，这是基因在它们身上留下的印记，是纯种猫的认定标准使然。一只索马里猫必然长得像另一只索马里猫，一只土耳其梵猫和它同类的外表肯定也差不离。这也是为什么我之前说，我个人对纯种猫并不太感冒，无论是对繁育它们的行为，还是由此得出的品种一致性，都不觉得可喜可贺。不过呢，在相似的被毛之下，每只猫咪都还是有自己独特的个性，以至于不可能把它们弄混。说纯种猫相像，就好比说超模们长得都一个样似的！这么讲真是有失偏颇——走在大街上，谁会把克劳迪娅·希弗认成阿德瑞娜·卡林姆博呢！

为什么在我看来，猫是一等一的高级生物呢？原因主要就在于此。每一只猫咪，都是独一无二的造物。当然了，我知道有人会从哲学或者纯生物学的角度来说，每一株小草、每一朵牡丹、每一条沙丁鱼、每一只蚜虫、每一只树袋熊……总之，每一个小生灵都是独一无二的。一条蜈蚣和另一条不可能一模一样，没有一朵玫瑰和另一朵完全相同。

没错，说得有理！可是呢，这里面还是有细微差别的。在自然界中，总会有这样一些物种，它们个体间灵魂的共性相对要多一些，这就会衬托出另一些物种，每个个体都有自己独特的思想。读者是否还记得塞利纳剧作《教堂》里的一句话："这是一个没有太多集体烙印的人，这是一个纯粹独立的个体。"这句话后来被萨特用作其小说《恶心》的题词。

如果顺着这个思路，并非每一个动物都是独立的个体：蚂蚁和蜜蜂就是依附集体的群居生物。在一个蚁穴或蜂巢中，每一只辛勤劳作的蚂蚁和蜜蜂都有自己独特的个性吗？我对此表示怀疑。它们有自我意识么？会表现得特立独行么？这些问题甚至没有讨论的必要了，因此，我们说，它们相互之间是可以被取代的。

我知道有些人喜欢蛇、金鱼或仓鼠，把它们当做宠物，放进玻璃缸、水族箱或是笼子里豢养。那么，这些小动物是特别的吗？有可能。至少，它们的主人们是这样认为的。不过呢，如果哪个捣蛋鬼想玩个恶作剧，在半夜偷偷把这些蟒蛇啦，小金鱼啦，荷兰猪什么的偷走，换成跟它们长得一模一样的同类，不知道第二天主人是否能够察觉呢？

估计你们还会问，那狗呢？马呢？加蓬鹦鹉呢？它们总算通人性的了吧？确实，有多少老太太成天和她们的小白卷毛狗相依为命呀。在她们眼中，自家的狗和别人的狗总归是有点区别的吧。不管怎样，我谨慎、执拗，甚至是带点儿私心地想：如果说每一种动物都是独一无二的，那猫咪无疑比其他生灵更为特别。

猫咪的独特性带来了一个显而易见却影响深远的结果：一只离我们而去的猫是没有办法被取代的。小狗、骏马或是加蓬鹦鹉的爱好者热衷于豢养同一品种、同一类别、同一"型"的宠物，就像是去汽配商城更换一个相同型号的零件。对养猫人来说，这种事情永远不会发生。没有任何一只猫咪可以替代另一只，将它从主人的回忆中抹去。养猫人绝不会因为有新的猫走进自己的生活便“背叛”痛失的猫咪。为什么呢？道理很简单——它们实在是太不一样了。它最喜欢啃的拖鞋它不喜欢，它喜欢趴在上面打呼噜的垫子它却碰都不碰，以至于主人永远无法遗忘那个旧日的身影。其实，新来的猫咪也是独一无二的，它有它自己的语言、自己的小脾气，会形成只属于它自己的习惯，找到情有独钟的那一味美食，向“猫奴”发出特别的指令，以满足自己特殊的小癖好。

在本书卷首，我选用了达芬奇的一句至理名言作为题词——“每只猫都是一件杰作”。何谓杰作？首先，它必须是一件无与伦比的作品，独一无二的作品。正如不可能有两幅《蒙娜丽莎》存世一样，世上不会存在两只相同的猫咪。

V

威尼斯(Venise)

在漫漫历史长河中,威尼斯共和国始终因这样或那样精巧的发明闻名遐迩。这些发明都不同程度地给人类社会带来了福祉。屈指数来,能够想到的有(以下不按次序排列):收入税、公债、近视镜、迂回委婉的表达艺术、按标准流程的起诉、少数族群聚居区、抗震建筑(威尼斯建在环礁湖的泥层之上)、旅游业——尤其是,成人性质的旅游项目。诸位可知,在17、18世纪的欧洲,那些穿梭于上流社会的交际花中,要数威尼斯的姑娘们名头最响,招牌最硬,姿色最佳,并且,或许开价最高。那些印着她们姓名、简介和香闺地址的小册子在各国首都广为流传……不过,说到这里,感觉和猫咪关系不大,好像越扯越远了——哪怕依偎在人们身旁的猫咪和那些姑娘颇有共通之处,就是由感官享乐带来满足感……

言归正传。

威尼斯除了以上显赫的发明,还首创了一种人与猫共存的特殊模式,仿佛一纸秘密协定将这两个族群联系在了一起。

当然,其他动物们在威尼斯也过得挺滋润。科克托说过,这是唯一一座鸽子在地上走、狮子在天上飞的城市。这边厢,市政建筑的立柱和三角楣上,栖息着一只只由大理石或宝石做的飞狮,作为圣马可的标志,即威尼斯的象征,俯瞰整座城市;那边厢,鸽子们大摇大摆地在道奇宫和意大利餐厅门口集合,向往来的游客们讨食吃,一点都不担心猫咪的猎捕。没错,猫确实不会对鸽子怎样,两派和谐共处是这座城市悠久的传统。它们从来就不是两股敌对的势力。猫才不摇尾乞食,它们相中就什么就可以享用什么,这和鸽子的待遇可就不同了。

这种鸽群和猫群之间井水不犯河水的生存状态不禁让人想起,威尼斯始终是全世界最宽容的城市。您是否能够想象,自6世纪一直到18世纪，威尼斯从未对任何一个少数族群或是宗教群体展开过追捕行动，从未处决过任何一名“异端分子”，从未让宗教法庭之风肆虐，也从未把任何一名“女巫”绑上过火刑柱。在整个欧洲的大动荡时期，亚美尼亚人、土耳其人、犹太人生活在这座城市的荫蔽之下。每个民族都有属于自己的区域，前文提到的“少数族群聚居区”这个概念便是由此而来的。更开明的是，在这里，没有任何一只猫被当成是魔鬼的化身。

威尼斯人个个都是大慈善家？错！说他们都是精明的商人才更恰当。此话怎讲？——其实，他们只不过觉得暴力行为、种族大屠杀、宗教大讨论、不同宗教派别间的相互迫害与倾轧、无序且不安定的社会环境以及那些说猫不吉利的流言对做生意没好处罢了。老这样乱哄哄的，顾客不都给吓跑了？还不如在任何时候都笑迎八方客，和每一位客户坐下来好好谈生意呢！这里可以为寻求庇护的人提供栖身之所，很棒吧？没错！可是要价多少呢？这可不是拱手相赠的。精明的威尼斯商人无论是对犹太人、亚美尼亚人还是猫，都开出了自己的价码。千百年来，威尼斯被建造成世界上最美的城邦之一，甚至可谓独一无二——用歌德的话说，这是“一朵睡莲”——从某种程度上说，要得益于这种兼容并蓄的吸引力。和佛罗伦萨不同，这里没有堡垒来抵御外敌(和同胞)的入侵，大运河上的华美宫殿闪耀着奢华的金光，一处处保税仓库、货物集散中心和交易所足以让异邦人、生意人和那些容易被勾了魂的傻瓜为之深深吸引，随后沉溺其中，目眩神迷，不可自拔。

如此说来，猫咪能够在威尼斯得到理想的庇护就很好理解了——因为它们可以保卫城市！这些小生灵并不属于城里的这家或那家贵族，它们只愿意趴在狄波罗的屋檐下打盹，枕着维瓦尔第的旋律做梦，或是在贡多拉船里神气活现。它们不属于任何人(世界上就没有一只猫从属过任何一个人类，反倒有不少人心甘情愿成为“猫奴”。爱猫人都懂的，不过现在先不扯这么远了)，它们是共和国的自由公民。它们不会离开这座城市，也从没想过要这么做。再说了，这座运河交错、凭环礁湖而建的城市就是一座孤城，就算想走也走不了呢——这也是为什么说威尼斯是永不沦陷之城。证据就是，自它独立后的漫漫12个世纪中，威尼斯共和国有时与奥斯曼帝国这样的劲敌交战，有时与整个欧洲不对付，可任它形势风云变幻，没有任何一支军队可以入侵这座城，没有任何一支敌人的舰队能够耀武扬威地驶入它美丽的航道。

那么，猫群和威尼斯人之间秘密协定的具体内容到底是什么呢？谜底在此揭晓——猫咪帮助人类与鼠疫作战，捕猎传播疾病的老鼠。作为回报，威尼斯人给猫类提供庇护，时不时地给它们提供食物，任由它们在建筑大师帕拉迪奥设计的大教堂前闲庭信步，以及对人生和猫生进行一些冥想——捕猎之后，这不失为一种合适又惬意的方式，来打发那些剩下的时光。

目光投回中世纪。彼时，让人类谈之色变的黑老鼠繁衍滋生，威尼斯人四处寻找新的猫类盟军。最终，他们从近东地区带回了一群战斗力超强的“喵星人”——叙利亚虎斑猫。顾名思义，这种猫源于叙利亚，而它们的后代至今仍在威尼斯的运河边踱着步。

时光飞逝。恐怖的鼠疫终被遏制，最后从欧洲大陆彻底绝迹了，老鼠的数量锐减，也不再那么有威胁性了。这时候，猫咪这些自由民们就不再显得那么不可或缺了。于是乎，这些昔日的大功臣们便在威尼斯颐养天年了——这座城邦因它们的贡献而荣耀，而如今，它们变成了秘密、风月与安静的象征。倒也是不错的归宿。对吧？

1796—1797年，一位姓波拿巴的法国青年将领率领着一支同样年轻的意大利军队，在皮埃蒙特、伦巴第和瓦内提等地大败奥地利军队，并终结了威尼斯贵族共和国的历史。拿破仑时代结束后，威尼斯又被划入了哈布斯堡王朝的版图。这座城邦在风雨飘摇中被遗忘，过往繁华如云烟般逝去。那些昔日的荣耀，在对猫、颓废美和死亡有执念的作家夏多布里昂笔下仍然清晰如昨。覆巢之下,威尼斯的猫开始了悲惨的生活,遭到遗弃,忍饥挨饿,无度繁衍。

1866 年,威尼斯并入意大利王国;进入 20 世纪,两次世界大战接连爆发。在历史的大背景下,猫咪的境遇并没有向好的方向发展。1960 年初,整个威尼斯的猫多达 7 万只!且基本都是毛色黯淡、皮包骨头、长着疥疮,好不悲惨!

在这时候,一位好心的女士有感于猫咪的境遇,来到了这里。她的名字值得被本书记载并被大为传颂:海伦娜·桑德斯。这位好心人出生于 1912 年,英国籍,此前长期致力于救助纳粹迫害下劫后余生的犹太人,以及 1940 年左右在伦敦避难的法国人。桑德斯想要在威尼斯帮助猫咪的举动起初引发了当地人的不解和嘲笑——大家都想:这个外国人在搞什么?她坚持下来了,并且找到了志同道合的盟友。她医治伤病的猫,并着力于控制它们的总体出生率。经过 20 年的努力,成果终于得到了显现,猫咪家族欣欣向荣,总数稳定在了 6000 只上下。1985 年,威尼斯市政府向海伦娜·桑德斯授予最高荣誉——圣马可骑士勋章。

继桑德斯之后,一个名叫"丁果"的组织接过了爱心接力棒,对威尼斯猫咪的健康、舒适和生存予以关注。而猫咪们则继续用自己的存在、优雅、智慧、优美的外形和尊贵的气质为这座城市带来荣耀,真是新一轮的"秘密协定"。好心的爱猫人用意大利语说是 *mamme del gatti*,就是猫妈妈的意思。"猫妈妈"们走街串巷,为了猫咪的幸福生活而默默奋斗,辛勤奔忙。长久以来,威尼斯一度被其宪法定性为"贵族共和国",到如今,这些猫咪小生灵们是否已是城中的末代贵族?依我看,还真有那么点意思。

它们是自 18 世纪以来这座城中永恒的风景。尤其是叙利亚猫,它们身上承载着威尼斯的记忆,守护着这座城市的所有秘密;它们同威尼斯的象征——里亚托桥、拜占庭式宫殿以及巴洛克式大教堂一样古老；它们可以向我们讲一讲哥尔多尼[①]、委罗内塞[②]、提香[③]、卡萨诺瓦[④]的往事，带我们回顾蒙特威尔第[⑤]早期的歌剧，以及囚犯们穿过叹息桥时的旧日场景；它们见证了一段又一段历史，目睹了白云苍狗，世事变迁，并将它们一一铭记；它们冷眼观察着我们这些无知的旅人，接着转身，回到自己的世界继续思考猫生：有的在圣洛克大会堂的墙根下冥想，有的在学院桥附近的圣维大理堂旁晒太阳，有的在奎里尼·斯坦帕利亚宫的秘密花园深处拨弄随风摇曳的纸莎草，还有的在蜗牛府门前悠闲地玩耍。

我有一位朋友非常乐意给猫咪们投食，她家的柱承式阳台经常被住在高处的猫主子们光顾，俨然成了它们饕餮聚会的理想之所。某一天，她发现它们当中的一只到了地面上，以为它是一时有了雅兴，下去溜达巡视的。并不然！这家伙一接触到各路嘈杂的声音和熙熙攘攘的游客，就忙不迭地要逃离这喧嚣的世界。它两步并作一步地蹿上楼梯，自己打开门，跳上窗，终于又把自己置身于这幅图景之上了。

威尼斯，全世界唯一一座猫咪俯视鸽子的城市。

我生命中的猫(Vie [Les chats de ma])

1. 谜一样的"老祖宗"法贡奈特

长久以来，我习惯于在没有猫的世界里早早入眠。那时的我

---

① 哥尔多尼(Carlo Goldoni，1707—1793)：意大利剧作家，现代喜剧创始人。——译注

② 委罗内塞(Paulo Veronese，1528—1588)：意大利画家，"威尼斯画派"三杰之一。——译注

③ 提香(Tiziano Vecellio，1488，1490—1576)：意大利画家，被誉为西方油画之父。——译注

④ 卡萨诺瓦(Giacomo Casanova，1725—1798)：意大利冒险家、作家。——译注

⑤ 蒙特威尔第(Claudio Monteverdi，1567—1643)：意大利作曲家，意大利歌剧奠基人。——译注

既不感到缺憾，也没什么憧憬，没有勾勒过与猫共存的图景，从没想象过有一天，猫咪会走进我的家门、我的生活。

当然了，有时我在街上或街边的商店里会邂逅那么一两只猫，它们对我来说既不陌生，也无敌意，但也没有什么亲近的感觉，彼此相安无事。我不关注它们，它们也不搭理我。倘若我的哪位亲朋好友家里有猫，我就更能适应它们的存在，并感知它们的特别，我们应该会更早地熟络起来。然而，在我的印象中，似乎没有哪家亲戚家里是养猫的。所以，猫一度缺席于我的世界。可以说，我唯一熟悉一点儿的猫类形象，都来自于童话、漫画和动画片，像是“穿靴子的猫”啦，或是“汤姆与杰瑞”什么的。不过呢，从它们身上不足以了解猫咪的脾气、个性和习惯。因此，也就不足以让我爱上它们，反倒觉得它们个个都是狡黠的鬼灵精。

我的父母既不讨厌猫，也不爱猫。母亲觉得光是养育 3 个孩子就已经够她操心的了，再来一只宠物难度太大。父亲一直小心提防着小猫小狗进入我家的门，不是因为他没有爱心，而是因为他害怕。

怕什么呢？他是个崇尚秩序的人，循规蹈矩，传统中正。在他看来，狗有可能会咬人，而猫更糟糕——它们象征着一种不可预见性。因此，养猫或养狗都是无序的开端，这于他而言，是难以接受的。未知让他焦虑，平衡和静止才是衡量美的标准。这是一个彻头彻尾的古典主义者，巴洛克风格不是他的菜。任何跳脱的举动，都会令他敬而远之；琢磨不透、掌控之外的东西会让他抓狂。猫咪游移不定、静若处子动若脱兔的状态明显和他的气质不搭。对他来说，理解一只猫，比掌控一只猫更难，想想就头大。

父亲心中对猫结下的芥蒂还要追溯至他的童年——在他七八岁的时候，某个凛冬，他被不小心关在了屋外的阳台上。等终于有人发现他在外面时，已经过去很长时间了。从此，父亲便落下了哮喘的毛病，这个病一直折磨到他青春期结束，而哮喘又引发了过敏，于是奶奶便让他远离猫咪。

不过呢，听说爷爷倒是有一只猫，还养了挺长时间。爷爷和奶奶的相处模式十分奇怪，两人长期分居，且相隔甚远。奶奶在索菲—日耳曼中学当英语老师，独自带着儿子——就是我父亲，过日子；爷爷是医生，酷爱收藏，和一只小猫生活在一起，它就是法贡奈特。猫咪的名字是由路易十四的御医法贡演变而来。爷爷对它疼爱有加，把它当作亲人和挚友，而猫咪也知道投桃报李，每一个主人晚归的夜，都耐心等他回家。

是他儿子、我父亲皮埃尔的哮喘和过敏让爷爷只能带着法贡奈特另居别处？或是“阳台风波”那会儿，这只猫咪已经寿终正寝？这段故事得追溯至第一次世界大战的年代，而生于1908年的父亲已然说不清了。

有一件事是明确的——自法贡奈特退出历史舞台之后相当长的一段时间里，猫咪这种生物就从我们家销声匿迹了。我那幼年病弱、由奶奶独自带大的父亲自始至终都不曾真正认识法贡奈特，正如他并不了解自己的亲生父亲——收藏家、医生维杜先生一样。

我想，父亲晚年时，是把生命中的这种缺失当作莫大的遗憾的，只是他嘴上并不承认罢了。

2. “爱猫1号”莫谢特

真正走进我生命的第一只猫叫作莫谢特。而且，是一只母猫，一只特别的猫。出乎我的意料。当年轻小伙儿初识一位姑娘，萌发好感，渐生情愫，最终以为水到渠成，可以亲密无间地在一起时，别急，这还差点火候。两人之间还差一个步骤——小伙儿必须去结识女孩的亲人、闺蜜和死党，因为，如果你真的想和对方在一起，总有一天，他们也会成为你的亲友团。

1963年，我认识了妮可。当时的她在圣路易岛上经营一家名叫“船头”的书店。书店很文艺，店里有一只漂亮的欧洲虎斑猫，机灵又独立，悠然自得地和妮可及其一家分享着自己的“猫生”，它就是莫谢特。书店的对面，双桥街和圣路易街交汇的街角，是妮可父母和姨妈开的“运动者之家”咖啡馆。莫谢特经常大摇大摆地穿梭于两店之间。阳光不错的时候，它喜欢待在书店的玻璃橱窗后面，在朱利安·格拉克①、米歇尔·雷里斯②和塞缪尔·贝克特③的书上打滚、伸爪。大家不会介意这些大作纤尘不染的封面上留下它的星星爪印——书中的内容才是最重要的。不是吗？所以，就当这家伙摁出爪印是在为你们盖藏书章好了。

大大咧咧的莫谢特在与人类的相处中毫不设防。画家、雕塑家、歌唱家、戏剧演员、编剧、作家、记者、出版商、未来的出版商……在船头书店，它坦然接受着各路爱书人的爱抚，无论是对经常光顾的熟客，还是首次登门的新人，它都气定神闲，泰然自若。

阅读（午睡）时光结束，莫谢特悠然起身，伸个大大的猫式懒腰，决定去对面的咖啡馆巡视一下。在那里，丰盛的猫粮大餐已经为它准备好了。两店之间是一条单行道，机灵鬼莫谢特知道去咖啡馆和回书店的时候，要分别扭头向相反的方向观察，好避让驶来的车辆。

这是一只动静皆宜的猫，咖啡馆的喧嚣之声不会干扰到它，吞云吐雾的顾客也没有让它不快，没有任何事情可以影响到它内心的平和。真是会做生意——和气生财嘛！如果它觉得还没有睡饱，便会蜷在柜台高处记录球赛结果的记分牌下面补个觉，顺便思考着：在 1960 年的法国，生活在圣路易岛应该能算得上艺术地生活，生活的艺术了吧。

觉足饭饱，它便心满意足地穿过马路，回书店继续扮演“文艺

① 朱利安·格拉克（Julien Gracq，1910—2007）：法国当代作家，代表作有《沙岸风云》《林中阳台》。——译注

② 米歇尔·雷里斯（Michel Leiris，1901—1990）：法国人类学家、艺术批评家，代表作《游戏规则》《非洲幽灵》。——译注

③ 塞缪尔·贝克特（Samuel Beckett，1906—1989）：爱尔兰作家，荒诞派喜剧代表人物，代表作《等待戈多》。——译注

猫”去了。不过，谁要以为莫谢特是个整天枯卷青灯、闭关修行的苦行僧，那他可就搞错了。我们的文艺猫同时也是只“市井猫”，它并没有活在象牙塔中，而是爱着人间烟火，并且深谙入世之道：当店里生意太忙，主人们无暇给它备餐的时候，莫谢特就会把格拉克、雷里斯和贝克特丢在一旁，自顾自地穿过街去，上一个好地方串门——妮可一家的好朋友菲尔夫妇在街对面经营的鱼店。莫谢特来到店铺，在货柜前东嗅嗅，西闻闻，假装若无其事的样子，然后，突然行动，叼起一条鱼就走。通常，这家伙会选择鳗鱼。它叼着鳗鱼的中间过马路，鱼的头尾从它的嘴边长长地垂下来，像是一根平衡杆。它就这样大大咧咧地招摇过市，回到咖啡馆，妮可的父母一看它的滑稽相，又是笑它，又是骂它，接着……还是忍不住溺爱地把鳗鱼煮给它吃。菲尔夫妇总是由着莫谢特(事实上也没别的选择)，他们知道，事后妮可父母一定会提出要为这只馋猫埋单，但他们总是谢绝，这是两家人之间的小默契。

总之，莫谢特就这么优哉游哉地享受它的“猫生”，俨然成为了圣路易岛的知名人士。然而，就像所有原住岛民一样，在城市化的大潮之中，它受到了巨大的冲击——某一天，市政府颁布了新政策，要改变岛上的行车方向，可我们的莫谢特早已习惯过马路只往另一个方向看了！对于一只猫咪来说，这简直是一场改天换地的革命，它的世界一下子错乱颠倒起来，小轿车、摩托车、大卡车从反方向飞驰而来，让它无措，让它茫然。

时值“五月风暴”①，除了被更改秩序的道路，纷纷扰扰的社会大潮让人觉得整个世界的秩序似乎也要倾覆了。可怜的莫谢特，它可不是变革派，过街时还在往老方向看！莫谢特小心翼翼地闪

---

① “五月风暴”：1968年5—6月在法国爆发的一场学生罢课、工人罢工的群众运动，当时全法铁路、空中、海上交通中断，生产、通讯陷于停顿，社会、经济生活处于混乱状态。——译注。

躲着，一次次度过生死劫。那段时间，咖啡馆、书店和鱼店门前的马路上时常响起刺耳的急刹车声。最终，它挺过来了，熬过了那一段艰难的适应期。也对，这世界上，有什么事情是不能适应的呢，哪怕它再令人难以接受，再不合理？“五月风暴”如此，车辆逆行也如此。只是适应的过程真的很艰辛。

在书店的二楼，有一间小套房，妮可当时就住在楼上。一般莫谢特会和她一起睡——不少书店的常客或是妮可的朋友都羡慕它的这项待遇。有的时候，这只猫咪也会在外面过夜，具体去了哪里？干了什么？不得而知。它是在桥下追逐老鼠，还是对着公野猫们媚眼如丝？都不像。它已经绝育了，对猫之风月应该不感兴趣。我猜测，它可能只是沿着河岸溜达漫步，寻找一份自由和静逸——凌晨四五点时，终于可以不用担心不知从何处窜出的车辆，自由自在地穿行于圣路易街和波旁码头之间了！总之，如此隐秘的夜生活只属于莫谢特自己。当它把格拉克、雷里斯和贝克特丢在一旁，像独立的野猫一样在静夜中对影徜徉，猫性中神秘的一面便凸显出来，赋予了它别样的迷人魅力。

那么，接下来的故事是怎样的呢？

1968年，妮可和我决定步入婚姻的殿堂。我们即将搬去安茹码头边的小套房，开始新的生活。那莫谢特怎么办呢？妮可想带上它一起走，可当时的我似乎并没有做好从单身生活一跃升级为三口之家的思想准备。对于从没有和猫咪有过亲密接触的我来说，突然要与猫同居，这是多么惊人的巨变！我犹豫了，甚至是怯阵了，妮可便没有再坚持。如今回忆起来，我当时做得不好，也不对。后来，妮可离开了船头书店，去阿歇特集团①百科全书部工作了，她父母对莫谢特采取了顺其自然的照顾方式。猫咪继续在圣

---

① 法国阿歇特出版集团(Hachette)：由路易斯·阿歇特在1826年创建，现为法国第一大出版集团。——译注

路易街上溜达。妮可每天都去看看它，我也一样。

莫谢特感觉自己被抛弃，被背叛了么？我并不觉得。那段时间，我埋首于自己以作家塞利纳为题的博士论文，在书店最终被转卖之前，有约莫整整一年的时间几乎每天泡在那里。因此，虽然莫谢特没有搬来与我们同住，但我和它共度的时光也并不算少。这只文艺猫继续作为船头书店的“镇店之宝”存在着，在我看书的时候一点都不打扰我，比那些进门就问商业畅销书的顾客好太多了——醉心啃书的我不是个合格的商人，书店的销售额一落千丈……当然了，这是另话，在此略过。

再后来，妮可的父母卖掉了咖啡馆，搬去塞纳河谷一座小山下的别墅颐养天年。莫谢特同往。“猫生”中头一次，这个生长于巴黎的家伙体验到了什么叫田园生活。生机勃勃的菜园，随风摇曳的玫瑰，硕果累累的果树，绿意盎然的草坪……在如此诗意的世界里，田园版莫谢特都快学会种西红柿了。总之，岁月静好，“猫生”安稳。它会怀念咖啡馆的热闹喧嚣么？显然一点儿都不。

又是几度春秋，莫谢特依然是一只美丽高贵的虎斑大猫。它身上自带一种贵族气质，不刻意张扬，却亦无法掩藏，让人觉得任世上何人，都无法轻看于它。妮可父母领养了一只长毛松狮，莫谢特看它的时候和善却淡漠，光阴的沉淀让这只母猫的眼神中一副千帆过尽后的云淡风轻。

当然，美人也会迟暮。莫谢特的行动日渐迟缓，会在最亮的白昼和最黑的黑夜陷入深深的睡眠。不过，它竟从不生病，既没有肾功能衰竭，也没有遭受关节病之苦，即使在咖啡馆吸了那么多年的二手烟，肺部也依旧健健康康。

直到一天，它陷入了一场最深的梦境，再也没有醒过来。一团美丽的生命之火就此熄灭。它直到离去，都是那么独立，静静悄悄地离开这个世界，没有刻意渲染，没有戏剧化的道别。

母猫莫谢特，享年 22 岁，安葬于马恩省的科尔贝花园。因为你，我走近了猫的内心世界。作为人与猫之间的使者，没有人/猫比你更棒，天堂是你应去的归宿。我怀着深深的敬意，向你致谢。

莫谢特，再见。

3. 忠心的尼斯

一只猫永远不能取代另一只，这话不假。可如果说一只猫永远不能淡化另一只的离去带给主人的伤痛，这倒也有失偏颇。我一直不能理解，为什么有的人在痛失猫咪后，抗拒挑选一只新的——莫不如说被一只新的选中。遇到这种情况，他们会说，如果这样做了，就是对爱宠的背叛。此话怎讲？何来背叛？在我看来，这真是个荒谬的借口。

虽然我永远都忘不了莫谢特和后来拥有却最终离开我们的法芙妮，我和妻子还是迎来了新的小生灵——尼斯。没错，就是尼斯湖水怪的那个“尼斯”，神龙见首不见尾、在苏格兰和全世界其他地方家喻户晓的“尼斯”。

几个月前，我们俩去苏格兰旅行，特别期待一睹“尼斯”的风采——传说中的那一只。为此，我们专门租了一艘小船，泛舟尼斯湖上，好离它近一点，再近一点。我们划呀，划呀，可湖面如镜，水波不兴，水怪先生并没有现出真容。

为了弥补这个遗憾，我们收养了另一只“尼斯”。这只“尼斯”看起来一点儿都不可怕——几个月大的小奶猫，瘦瘦的脊骨，连站都站不太稳。这也是一只欧洲虎斑猫，毛色比法芙妮要深一些，小脸圆圆的，不像有些母猫那样嘴巴尖尖，特别招人喜欢。看着它那专心致志、一本正经的小表情，整颗心简直都要被融化了。

我们是从萨玛莉丹百货公司把尼斯领回家的。此中有何等机缘？彼时，我那篇以塞利纳研究为题的博士论文即将被伽利玛①

① 伽利玛出版社：法国最大的文学类出版社，1911 年由加斯东·伽利玛(Gaston Gallimard)创建于巴黎。——译注

出版，因为和“塞神”神交已久，我知道大作家心中的爱猫，即他笔下的猫咪贝贝尔，便是于 1930 年前后在这家百货公司买到的。在萨玛莉丹古色古香的大楼二层，有一个宠物柜台，其历史可追溯至塞利纳生活的年代。在这里，既有血统傲人的名猫出售——价格当然也很傲人，也能找到价位亲民的普通猫咪，比如，欧洲虎斑。

选哪一只好呢？起初，妮可和我对着猫笼犹豫不决。当我们看见尼斯小宝贝——当时还没有被命名——的第一眼，这种犹豫就烟消云散了。这只猫咪，简直就是贝贝尔的翻版！醉心研究塞利纳的我可不会看走眼。只不过书中的贝贝尔是只公猫，而我们的尼斯是位千金小姐。

小姐的归途也非一路顺利——英国、德国、意大利、法国，尼斯在我们的陪同之下长途跋涉，周游列国，投宿了不知多少家旅店，从威尼斯到蓝色海岸坐了一整夜火车，又坐汽车跨越了千百公里，真可谓千辛万苦，跋山涉水。

小家伙一路都不愿待在封闭的猫笼里，只要把它塞进去，它就会大声喵叫，奋力挣扎，拼命探爪，焦躁难耐。在它还是小奶猫时，究竟有着怎样的遭遇？于是，一旦到了车里，妮可便放它出来，这时的尼斯不是趴在她腿上，就是猫在车后座下面，一副小乖乖模样。在当地兽医朋友的帮助下，尼斯的“通关文牒”手续齐全了。有趣的是，各国海关都是对人类旅客严格，对“喵星来的”宽松。还记得意大利海关人员敲开车门，仔细查验我们的护照，却没有要尼斯出示它的证件，还用意大利语亲切地叫它“大喵”。

刚到家那段时间，尼斯有点怯生。孩子们的存在让它紧张，跟和他们玩耍、接受抚摸、应付他们阴晴不定的情绪相比，猫崽更爱藏在家具底下，或者趴在高高的衣柜顶上，俨然一个孤僻宝贝儿。

亲爱的尼斯宝贝！它见证了我人生中头几本书的出炉。猫咪既激发了我的灵感，又“干扰”了我的写作——它喜欢在我的书桌上呼噜呼噜睡大觉，把手稿牢牢压在身下，似乎在提醒主人该休息一会儿，起来伸伸懒腰了。我那原本对猫类心存芥蒂的父亲，也渐渐地更爱在家里待着了。不能说他喜欢上了尼斯，但他至少接受了它在家中的存在，并慢慢地把这种存在融进了自己的日常。

尼斯是极爱干净的小猫咪，卫生习惯很好。仅仅有一次，它在家门入口某处随地便溺了。父亲亲眼见证了整个“作案”过程，我本以为他会大发雷霆，结果他竟然不温不火的。“咔嗒”一声，就像普鲁斯特笔下“小玛德莱娜蛋糕的滋味”①一样，记忆的铁盒被打开，旧日时光闪现在他的脑海——那是他5岁的时候，法贡奈特在门厅的同一个地方，恰恰是同一个地方尿了尿。这样的巧合让父亲神思不属，小尼斯身上携带着谁的记忆？为何时隔60多年，它要在一模一样的地方撒尿呢？不必说，一甲子过去，地板重新打过好几次蜡，墙面全部重刷过，家具更新过，当年的气味早就已经烟消云散了，因此，它不可能是想通过尿尿做记号，标示领地专属权。两只猫咪，一只活在1913，一只长在1980，冥冥之中产生了某种联系，一种不可言说的缘分。有些事儿就是这么说不清。

1975年以前，我父母在距圣马克西姆几公里地的地方拥有一幢别墅，那是他们俩在战前自己动手建的。每一年，妮可和我都会过去小住两三个星期，当作度假。每一次，我们都带上尼斯一起去。对小家伙来说，这也是它的假期，悠长的、自由的假期。别墅是开放式的，它可以自由穿行于别墅和花园之间，去山谷溜达，嗅闻迷迭香和野蔷薇的芬芳，饶有兴致地追逐蜥蜴，听蝉鸣吱吱蟋蟀唧唧，在九重葛或夹竹桃树下小憩。虽然外面的世界如此精彩，但每次尼斯都不会走远。这是一只煨灶猫，而不是孤独的旅行家。

有时，晚饭过后，我和妻子会沿着别墅附近山丘上新开辟的一条小径漫步一个多小时。这时，尼斯就会跟着我们走很远。可爱

① 普鲁斯特在《追忆似水年华》中记叙，因一块小玛德莱娜蛋糕的味道蓦然回忆起旧日时光，因深陷对往昔的回忆而失神。——译注。

的是，它总假装并非与我们同行，也不是靠我们壮胆才敢出远门，更没有和着我们的行进节奏亦步亦趋，最多是凑巧与我们顺路罢了。它就这样“独立”而英勇地越过山丘，钻进黑莓和含羞草丛，又时不时地探头张望，确认我们是否还在视野之内，有没有走偏——但注意了，它用眼神向我们强调：我这么做纯属好奇，随便瞅瞅而已，才不是个胆小鬼呢！

尼斯 4 岁的时候，我父母把这幢别墅转让了。我心里觉得少了点儿什么，因为打从童年起，几乎我的每一个假期都是在这里度过的。于是，不久后，我和妻子在附近不远的圣马克西姆购置了一套小公寓。这样，在最终找到合适的安居之所前，这里便成了我们的临时小窝。搬家之后，面对从别墅到公寓的环境落差，尼斯依旧乖乖的，并没有因生活排场打了折扣而闷闷不乐。没错，这是一只毫不矫情的猫，从不附庸风雅。其实，“喵星人”基本上都不矫情。从词源学的角度看，在法语中，“附庸风雅”一词可以引申为“没有贵族气质”，而猫咪，哪怕是流浪街头的市井小猫，都有一颗尊贵的心。它们无需矫饰，从不造作。为什么呢？因为它们是猫——多么霸气的公理！

所以，尼斯就和我们一起，舒舒服服地在圣马克西姆的小公寓安顿下来。没有了大片绿地，它在阳台的盆栽天竺葵、常春藤间也能跟自己玩捉迷藏。它永远是那么优雅尊贵，讨人喜欢。不过，和小时候一样，只要我们试图把它塞到封闭的篮子里，或是想让它坐车，它就立刻表现出明显的不快，用自己的方式向我们表示抗议。

尼斯在 12 岁的时候病了。兽医告诉我们，小家伙得了猫咪白血病。可它明明该打的疫苗都打了，一样都没缺呀！患此大病，对它的治疗只能是尽人事而已——隔一段时间打一支可的松，提升一下它日益减退的机能。渐渐地，昔日的小馋猫开始食不下咽。它像一朵正在枯萎的花，眼瞅着走向衰弱，以及最终的消亡。妮可和我眼睁睁看着爱猫被病痛吞噬，无能为力，心如刀割。

1985 年 9 月的某一天，是 13 岁的尼斯“猫生”中的最后一天。那天晚上，尼斯的身体状况比平日更让人揪心。我们立即致电兽医朋友拉夫拉，向他紧急求助。好心的拉夫拉推掉了和朋友们的聚餐，让我们立即带尼斯去他的诊所。

在去往诊所的路上，尼斯永远地离开了我们。临死前，它发出了一声撕心裂肺的哀鸣，然后便一片寂静，生命归墟。爱猫已逝，可这声哀鸣却一直萦绕在妮可和我的脑海中，挥之不去。在死神到来的那一刻，可怜的尼斯遭受了多么不堪的痛苦？在去往生之彼岸的那一瞬间，面对一片黑暗与虚无，茕茕孑立的猫咪独自面对着怎样的恐惧？我们做错了吗？是不是应该在早些时候让它安乐死的？那一声哀鸣，竟是尼斯辞世的道别语，是它对我们说的最后一句话，每每想起，便浑身战栗，情难自已。

尼斯走后，把它葬在哪里成了问题。在公寓周边，根本没有僻静的私家绿地适合安葬一只猫。幸运的是，我们亲爱的老朋友菲利普、奥黛特夫妇每年有几个月住在临近的村子里，有一块属于自己的地，他们听说了尼斯的事情，便非常好心地辟出地界边缘一小片芳草萋萋的地方，让尼斯安息在那里。斑驳的石墙，倾颓的塔楼，老旧的建筑，起伏的丘陵……我在石墙根下挖了一个坑，把尼斯轻轻抱了进去。这里是我孩提时期最喜欢漫步的地方，而从此以后，我在此有了新的挂念，新的回忆。

尼斯离去后不久，妮可和我在菲利普夫妇的推荐下，在村里离他们家不远的地方购置了新居。搬离圣马克西姆时，我们心中并无太多不舍，因为可爱的小尼斯也搬过来了，它一直陪伴在我们身边。

4. 泽尔达

在漫漫人生路上，一只只猫咪走进我的生活，与我同行，在或长或短的时光里与我相伴相惜。这段关于爱猫的私人回忆本该就此结束，然而，在搁笔之前，请允许我把本篇的终章献给最后一只猫咪。

自上一只爱猫离我们而去后，妮可和我有一年时间没有再养猫。没有合适的契机出现，我们也并不强求。在我们看来，购买不是获得猫咪的好方式，因为我始终觉得，缘分天注定，冥冥之中，不是我们挑选猫咪，而是猫咪在选择我们。

命中注定的相遇终于发生了。2007 年 12 月 31 日，日落时分，妮可和我正顺着一条乡间小道漫步，行至荒僻处，突然，不知是不是错觉，一声微弱的喵叫从黑莓丛后隐约传来。

我们停下了脚步。

“你听见什么动静没?”妻子问我。

“没。”

我们刚准备打道回府，又一声喵叫传来。虽然几乎微不可闻，但妮可还是相信自己的听觉和直觉，喵喵叫着呼唤对方。突然，灌木丛一动，枝桠摇晃处，钻出一只油亮乌黑的小奶猫。它也不怯生，直接跳过来，亲昵地在我们腿边蹭来蹭去。妻子俯下身，把它抱在怀中。小家伙欣然接受，立刻呼噜呼噜地撒起娇来。它是被抛弃了？还是走丢了？总之，从相遇的那一刹那，它似乎就再也不想离开我们了。

我们在附近转了转，想打听一下这只猫咪的身世。这个时节，大部分的乡间别墅都没有人住，亮着灯的那几户都说不认识它。妮可向村里的流浪猫群展示怀中的小黑猫，可它们一脸漠然，全无认亲之意。看着小家伙楚楚可怜的样子，我们把它抱回了家。这是它自己的选择。

在回家的路上，我们路过村里的杂货店。老板米歇尔见到小黑猫，送给它一大片火腿，向它表示欢迎。到家后，我和妻从壁橱里找出往昔爱猫留下的猫砂盆，倒上木屑猫砂，小家伙立即乖乖跳进去，像是在告诉主人自己有多懂事，多爱干净。

几天之后，我们带它去体检时，兽医告诉我们，小家伙刚刚两个月大，是只小母猫。叫它什么好呢？我们相逢于一年中的最后一天，用26个字母中的最后一个Z作为它名字的首字母，不是很有纪念意义？于是，我们决定叫它泽尔达。希望它长大后别像菲茨杰拉德的妻子那样神神叨叨、疯疯癫癫。

接下来，泽尔达陪我们去了巴黎……

再接下来呢？

关于泽尔达的篇章，现在还是一片留白。今后的故事，留给未来再叙。

就此搁笔。

W

如厕(W.-C)

不要指望我会给你们清理猫厕方面的建议！我不知道你倾向于用猫砂——时间一久，猫咪的排泄物逐渐将猫砂粘成便于清理的砂块——还是更喜欢紫罗兰香或者广藿香除臭剂，在更换猫砂或者放除臭剂时，千万不要忘记用消毒液清洗猫砂盆。通常情况下，猫咪们会爱死消毒液的味道。差点忘了，本书是猫的“私人词典”，可不是什么操作指南，二者还是有区别的。试想，如果要歌颂你爱的人，你会关注他的肠道蠕动或是膀胱问题吗？

不过呢，不得不承认，对我而言，猫咪为解决生理需要，在猫砂盆里的表演既有趣又令人印象颇深。猫咪如厕时是如此全神贯注，从不嬉皮笑脸，也不用掩藏自己并为此羞愧难堪。因为，它是猫，做任何事情都是那么完美而又泰然自若的猫！如厕之于它是再简单不过的高贵而又自然的事情。猫咪在如厕时会表现出一些共同点，而吃饭的时候则很不一样。

这让我想到了路易斯·布努埃尔的后期电影作品，具体名字已记不清了，可能是《资产阶级审慎的魅力》或《自由的魅影》(1974)。对，我想应该是同让-克劳德·卡里埃尔合作的那部。印象中有这样一幕场景：应朋友相邀，几个资产阶级派头的人聚在一起，他们躲在各自的小房间吃饭，却在大厅里一边上厕所，一边高谈阔论。此番场景可不会让猫咪感到惊讶，它们除了进食时互不搭理，其余时间都可厮混在一起。

我认识朋友们的一两只猫，它们有跳到马桶上叉开后腿方便的习惯。当然，它们还不会冲水，但这已经够好了！真嫉妒这些朋友呀！一只猫每年平均“消耗”至少100公斤猫砂，这些猫砂需要去超市购买，运到家里，倒入猫砂盆，再取出扔掉。有时盛猫砂的纸袋还是漏的，等我们发现时已经晚了；有时刚打开，就撒了一地。

可见，拥有如此机灵又贴心的猫何其幸运！

一天，我看到了一个名为“训练你的猫上厕所”的美国网站，顿时好奇心爆棚。整个网站基本都在讲如何训练猫咪跳上马桶，摆好姿势如厕。训练课程循序渐进，且配有图片，巧妙无比。作者承诺经过数周密集训练，将会取得令人满意的成果。比如，网站中提到，刚开始可以先把猫砂盆放在两本厚书上，然后再逐步增加至马桶的高度。

当然，尝试着去训练猫确实有吸引人的地方，但稍加思索我就放弃了这个想法。首先是因为我讨厌把猫训练成小猴子、卷毛狗、奴隶或者仆人。仆人是用来被教导完成某些任务的，用这种方法我们教不了猫任何东西。猫咪是你生活的一部分。仅此而已！它不是你的仆人。家猫到猫砂盆如厕是再自然不过的事情了，这是猫的天性，正如它们掩盖自己的排泄物一样。一生下来，猫妈妈就用体面而善良的方式教导它应该这样做。如果在户外玩耍，它将出于本能寻找土质疏松的地方解决生理需求。

很久以前，妮可和我有一只名叫尼斯的母猫，当我们在普罗旺斯我父母的别墅度假时，它总有一些类似的习惯：跑到花园里面闲逛，追逐挑逗蜥蜴，当饥饿来袭时，便在门口大叫，好让我们开门，这样它就可以冲到我们卧室的一角美餐一顿。可恶的尼斯！不得不感慨猫天性的力量……

我讨厌训练猫还有其他原因，当我看到人们训练猫模仿人类时，我会十分反感。这是不对的，也是可笑的，这会降低“猫格”，更会降低人格。在我同猫建立的联系甚至契约中，我喜爱并尊重这种差异性。它是猫，我是人。我可一点都不傻（当然，不是太傻）。既然我并不会像猫那样喵呜，那我也不能奢求它说人话，更不会要求它去按马桶冲水。

我曾经看到一只可怜的公猫荒诞地站在马桶圈上，对我而言，这简直就是一种侮辱。它看起来一点都不舒服。它应该按照自己的方式而不是我们的方式去生活，嗨！哪轮到人给猫上课呢！

韦伯(Webber)

半个多世纪以来，无论是在英国还是美国，《猫》无疑是最成功的音乐剧之一。这绝对是一部极具精气神的作品。大猫们在舞台上唱啊，跳啊，相爱，相争，时而可人，时而吓人，时而妖媚；每每引来台下叫好不绝，欢呼阵阵……没错！对这部剧创作者的赞誉，怎么热烈都不为过！

这个享誉全球的名字就是——安德鲁·劳埃德·韦伯。

韦伯在崔佛·纳恩的协助下完成了《猫》中歌词和剧本的创作，同时从 T. S. 艾略特的诗篇，尤其是《老负鼠讲讲世上的猫》中汲取灵感，最终完成了这部传世名作。自 1981 年 5 月 11 日首演引发轰动以来，大猫们便成为了全球音乐剧舞台上的超级明星。接下来，事情更是发展得如梦一般——至 2002 年 6 月 11 日停演时，已累计在伦敦演出 9000 场，这一傲人纪录迄今唯有《悲惨世界》能够打破。

这部大作在百老汇也同样受欢迎：1982 年 10 月 7 日，由原班创作团队呈现的《猫》在冬日花园剧院精彩亮相，创造了百老汇连续公演最久的神话，至 2000 年 9 月正式谢幕时，已华丽演出近 7500 场。从公演次数来看，只有一部作品能出其右，那便是根据加斯东·勒鲁的小说改编的《歌剧魅影》。那么，它的剧作者是谁呢？还是安德鲁·劳埃德·韦伯！

至于《猫》在布达佩斯、维也纳、东京、多伦多、墨西哥城、阿姆斯特丹、布宜诺斯艾利斯、马德里、华沙、莫斯科、布里斯班等地演出时的盛况，自不必说。总之就是，成千上万的观众和听众为之沸腾，目不转睛地欣赏各色猫咪的精彩演出——人称“隐形杀手”“犯罪的拿破仑”的邪恶猫麦克维第、贵气难掩的魅力猫格里泽贝拉、英明智慧的长老猫杜特罗内米、深受痛风之苦的剧院猫格斯、身量矮小、毛色乌黑却精于技法的魔术猫米斯特腓力，以及口吐莲花的故事猫蒙克史崔普……

在这部剧中，演员们的每一件服装都精工细作，引人称叹；每一个舞姿都是艺术诗意的升华；节奏与旋律旖旎交织，余音绕梁；而T.S.艾略特——或许是20世纪最伟大的英国诗人——亦庄亦谐的诗篇，更为剧作增添了奇瑰的独特魅力。不过呢，容我再次向本剧当之无愧的灵魂元素——才华横溢的剧作家韦伯致以由衷敬意。让人不太理解的是，法国大众至今难以记住他的名字。且看他一部又一部的传世名作！《耶稣基督万世巨星》出自他的笔下，《艾薇塔》是他的又一杰作！其中，后者被导演艾伦·帕克改编成由麦当娜和安东尼奥·班德拉斯主演的电影《贝隆夫人》(莫名被法国影评人批判为没有文化气息的随大溜之作，我本人对此深表遗憾)。韦伯的作品集中还有一颗璀璨的明珠——《歌剧魅影》，没有一个去纽约的游客会想错过它！这样一位声名赫赫的大才子，却始终能保持低调谨慎，主动远离镁光灯、摄像头和娱乐圈的流言蜚语，这一点让我们不得不再次向他脱帽敬礼。

安德鲁·劳埃德·韦伯，1948年3月22日出生于伦敦南肯辛顿的一个音乐世家。他的父亲是作曲家，母亲是钢琴教师，弟弟朱利安·劳埃德·韦伯日后成为了著名的大提琴演奏家。在这样的艺术氛围熏陶之下，韦伯自幼学习音乐，天生爱好戏剧，9岁便能作曲……如果说，他的天赋和对音乐的热爱是早就镌刻在基因里的，但他的成功可不能全归功于遗传——小时了了，大未必佳的例子实在是不胜枚举呀。

学业完成之后，韦伯和蒂姆·莱斯一起创作当时的流行音乐，韦伯负责作词。在一两部反响平平的音乐作品之后，1970年，两人便创作出了《耶稣基督万世巨星》。那一年，韦伯才22岁。1976年，仍是在与蒂姆·莱斯的亲密合作下，以艾娃·佩隆为原型创作的《艾薇塔》问世。其中那首《阿根廷别为我哭泣》从那时起，便成了家喻户晓的名曲，被世人广为传唱。1981年，《猫》诞生了，5年之后，他又创作出了《歌剧魅影》……

以上都是他的成功之作，但其实，韦伯也遭遇过失败，在伦敦和纽约都是。1995年，由比利·怀尔德的著名电影改编的音乐剧《日落大道》虽然获得了观众的青睐，并一举囊括该年度托尼奖7项大奖，然而，由于出品的原因，票房并不理想，亏损2500万美元，堪称又一个“百老汇之最”！然而，这并不影响韦伯跻身英国百富榜之列。2007年，他的身价便被评估为7.5亿英镑。优渥的经济状况使得他能够去满足自己的雅兴——收藏，尤其是收藏维多利亚时代的艺术品。

从某种程度上说，韦伯的成功、财富和荣誉中有猫的一份贡献。1992年，韦伯被英国女王册封为骑士；1997年，又被授予终身勋爵爵位，成为英国贵族院成员，可谓实至名归。

韦伯为猫类作出了卓著贡献，讨它们欢心，让它们唱起来，跳起来，让人类对它们更加喜爱；他自己也荣誉加身、财富等身，这可以算是猫的报恩吧。

谁说猫会给人类带来不幸的？真是无稽之谈！

X

排外（Xénophobie）

猫，敏感多疑，占有欲强，对一切外来陌生的事物充满戒备。那么，可以说它们都是排外者么？这可是个沉重的指控，虽说不少人认为证据确凿，可我却觉得此言有失偏颇。

排外者，就是把陌生人拒之门外的人，仅此而已。排外者不是种族主义者，他们并没有以高人一等的心态自居，没有觉得自己和自己的种族比别人更优秀。狗有时候会这样，或者被主人的这种倾向影响——有的狗会没来由地向黑人、邮差、军人或是流浪汉吠叫，正所谓“狗眼看人低”，它们自己把人类分成了三六九等。猫却不会。猫一视同仁，在它们的世界里，众生平等。

让我们再回到“排外”这个概念。排外者只是想在自己的地盘上做主，再往好里说点儿，就是想和自己人在自己的世界里好好呆着。他们有一种自我封闭的特质，执拗地相信非我族类，其心必异。

换言之，一个排外者永远不会落单，他不会以个体的形式出现，他的身后是自己的同胞、自己所处的集体。因为他坚信，只要呆在自己的小圈子里，将异类拒之门外，他的同胞就能安居乐业，他的集体就会兴旺发达。

从这个角度看来，猫咪既不是种族主义者，也不排外。为什么呢？首先，它们瞧不上任何集体；其次，在它们的字典里，没有“同胞”一说——猫可不分国家，不认国旗。

可不是嘛！

每一只猫都是独行侠。它们从来不会群居，没有部落，不分宗族。同其他猫科动物——它们的近亲和祖先——一样，猫咪是领地动物，每一只猫都有自己的专属地盘。因此，它们的思维模式里没有集体这一说，自然也不会抱团排外了。

当然了，就像所有的独居者一样，猫咪小心翼翼、谨慎多疑，并且，不总是那么友善。它们冷眼观望着那些贸然闯入领地的不速之客，紧紧提防着那些妄图和它们分享口粮和主人宠爱的潜在对手。瞧，它们嗅来你家——也就是来它们家——作客的朋友时那警惕又不屑的神情！几个小时后，它们便开始焦躁起来。它们想找回清净，找回自由自在，找回自己的小习惯。没错，猫咪需要活在自己习惯的世界里。它们怒视着眼前的访客，仿佛在说："你这讨厌的入侵者，来我家吃白食的家伙，怎么还赖着不走呀！"

一边大声喵呜，一边用眼神杀死对方，我们家的猫咪帕帕盖诺就经常这样向来访的朋友们下逐客令。"我的耐心和友善都是有限度的！"它用自己的方式把"猫之圣旨"昭告天下，"觐见时间已经结束，现在是更令人愉快的时刻——众卿都可以退下了！"

所以呢，我们说猫咪非常"自我"。这个词虽然略带贬义，但用来形容"喵星人"再贴切不过了。总之，猫咪毫无团队精神，这也可以理解为它们没有打败对手的想法，只琢磨着怎样把生人从自己的地盘上驱逐出去。猫咪为自己而活，为自己而战，为自己而爱。

那些说猫咪排外的人，现在总该意识到此言有多荒谬了。因为除了它自己，其他的所有生物都是异类。一猫一世界，每一个"喵星人"都认为自己才是宇宙的中心！

这样想来，猫岂不是非常可怕的存在？那么，让我们扪心自问，老实承认，如果撇去客套的说辞和表面的慷慨，我们每一个人的内心是不是其实也是如此？那么，至少猫咪从不掩饰，它们坦坦荡荡，不做伪君子。世界是它的就是它的，它们不会低看任何人——当然了，在"喵星人"的思维中，这首先得从高看自己做起。

对于爱猫懂猫的朋友来说，倒也不觉得这样的想法有何不妥。

Y

眼睛(Yeux)

猫的眼睛!

它们是否是猫身上最引人注目、最能带给人无限想象的部位呢?猫眼,如此迷人又神秘,人们称赞它,正如赞美深邃的夜一样。人们常说,某人有猫一样的眼睛,一切就不言而喻了。当一只猫在注视你的时候,它可以盯着你看,却不让你回馈以同样的目光。猫眼正是猫性美的化身、灵魂之所在!

透过猫眼看到的世界是怎样的呢?

人们试图通过一项解剖计划来解答这个问题。但是,私下说,猫眼是如此独特,通过解剖真能解读猫的生活和猫眼中的世界吗?

人们发现,猫瞳孔要比人类瞳孔放得更大,这就是为什么在光线微弱的情况下,猫较之人类能更快地脱离困境。当然,在绝对黑暗的条件下,它们也无能为力。任何魔法都不起作用!白天,猫的瞳孔眯成一条缝,虹膜上的小块肌肉展现出令人称叹的璀璨光华。

众所周知,到达眼睛的光粒子会聚集在视网膜的敏感细胞层上。这些细胞有两种:锥形细胞和杆状体细胞。光线强时,锥形细胞发挥作用,记录颜色和环境的变化;光线弱时,杆状体细胞开始运作,且不受色彩所限。

猫是一种喜好黄昏出来活动的动物,而不是夜间捕食动物。通过解剖可以佐证此观点。不仅是因为,正如我们所强调的那样,猫的瞳孔可以在幽暗的环境下放大,还因为它的视网膜和人类的构造不同。猫的视网膜有更多杆状体细胞,更少的锥形细胞。而锥形细胞对蓝色和黄色敏感,却很难捕捉到红色。因此,彩虹在猫的世界里是不存在的。它也无法欣赏尼古拉斯·雷导演的《派对女郎》中赛德·查里斯的性感红裙。这是挺遗憾的。整体而言,猫能看到的色彩相较于人类，更加苍白而无生机。作为补偿，它们更能适应夜晚或者断电的环境。

以上纯属科学探讨。然而，以下的问题至关重要，但任何兽医和科学家却都无法解释：猫能看到什么？在观察什么？成天琢磨什么？人们对猫的眼睛感兴趣，希望了解其瞳孔缩放之谜，与此同时，人们更想了解猫咪所感、所思、所想。

有多少次，我看到我家的猫咪默默注视着我，目光温和而又严肃，既好像在审视我，又好像在期待我给予什么，而我却不能给予它任何东西，因为我不知道它想要什么，或者说，我担心它能看穿我而感到不安。然后突然，它就不再看我了。它在关注什么？这是一个谜。可能是我身后的某个东西。在它眼里，我变得透明如泡沫、如蝉翼，甚至并不存在。就好像猫可以透过我，超越我看过去，就好像我什么都不是。

完全没必要去钻研哲学书籍，感受人类可怜而又空虚的精神世界。这种对生命的感慨将无止境地存在。关注猫对你视而不见的目光就足够了。当然，回过头来，我还是想知道猫透过我看到了更远处的什么。我看了看，再一次，什么也没发现。只有稀松平常的生活场景而已：一扇窗、一盆天竺葵、一排树以及远处的一座小屋。可是，没有东西能够吸引我家猫的注意啊。换句话说，正是没有什么稀奇的东西，我才觉得它什么都看到了，好像那个东西包含了一切：生命的本质、寂静的妙义、不可言喻的某一瞬间。再一次地，这个瞬间，只有它自己才能观察到。原来，我早已被生活压得喘不过气来，被自己的愚昧无知、自命不凡、安之若命蒙蔽了双眼和内心。

猫的眼睛！

猫的专注凝视只是出自其捕猎的天性吗？毫无疑问，不是的。在猫的眼睛里有形而上的哲学！是帕斯卡式对生活的感悟。

猫眼睛的颜色用再多的诗歌去赞美，再多的画布去描绘也不

猫 眼

为过！猫眼有蓝色的，如同暹罗瓷器一样浅淡清雅；有橙色的，热情如阳光，充满勃勃生机；有的黑猫的眼睛则是一汪清澈的维罗纳绿；埃塞俄比亚猫的眼睛则是醇厚的淡茶色。所有的猫都有着美丽的眼睛，比马塞尔·卡尔内导演的《雾码头》里米歇尔·摩根的眼睛更有魅力、更生动而富有表现力。猫眼可以把靠近它的人照亮，好像它们积累了如此璀璨的光芒，以至于可以施恩释放给我们一些，或者说，它们拥有如此广博的智慧，让人类得以拾珠。

总之，猫的目光既可以带给人无法比拟的安慰，也可以令人极度不安，真让人捉摸不透，欲罢不能。

禅(Zen)

用字母Z给这本词典画上一个句号，那显然“禅”(zen)这个词最合适不过了。恰如一切重归平静——不过，想必你们在这本书的字里行间没少感受到宁静与祥和吧?

犹抱禅心，安于禅静，沉静如海，漠视周遭的纷纷扰扰！老实说，学学您的猫。它禅意十足，悠然自得，处变不惊地面对生活中的繁琐之事。无论是上届总统竞选还是下个月的分期付款，这些困扰您的事于它而言都是过眼云烟。它泰然自若，只为无忧无虑地享受当下。

想象一下，有没有一种动物或生物，或者更高级点儿，有没有这么一个“人生赢家”，和猫一样宠辱不惊，对于缥缈不定的未来毫不在意，从容不迫地专注于时间洪流中难以触觉的片刻当下，从而获得更温厚的愉悦和睿智?

禅意十足的猫？多么捉摸不透！从字面意思来说，理所当然。若是从最严苛、最深奥的角度看，这也不容置疑。

什么是“禅”?

简言之，“禅”是经由中国演变而来的日本佛教。更具体一点，“禅”在日出之国表示静坐冥想——通过这种冥想可以实现内心的顿悟。因此“禅坐”备受推崇——这种一动不动的智者坐姿意在让您沉浸在自己的世界里，无忧无虑，无欲无求，从而体会“道”的精神，实现“顿悟”。

(关于“顿悟”，我是否可以追本溯源，插一段跟猫无关的简单的题外话？除了跟猫有关断断续续地直抒胸臆、交谈的乐趣——这不正是此书的意义？因此，您可知道曾在天主教堂主持宗教仪式的司祭，他举着银柄手杖走在游行队伍前列，这一切都跟佛有关？这是同一个字眼。同根同源。司祭一词来自古老的法兰克语

词根 *bedel*(持权杖者),在中世纪,指秩序的维持者、负责守夜的哨兵。“佛”在印度和在欧洲的语意相同——兼具“清醒者”和实现顿悟的“智者”之意。)

因此,无论是不是司祭或佛陀,我们每个人都拥有获得“开悟”的必备能力。这对禅宗追随者和理论家来说,至少是十分令人宽慰的信念。与此截然不同的是,基督教冉森教派[①]素来认为神的圣宠在人世间的分布极不均衡。总是有一些人,无需乘风破浪或望眼欲穿即可获得“开悟”,而“道之义”以千差万别的方式教化众生。

当隐匿其身是为了更好地追寻自我,从这种有意识(或无意识)的角度来说,猫似乎比我们这些可怜的人类做得更好。

由此,我们可总结如下:猫在本质上是“禅”的化身。除它之外均是肤浅粗鄙之辈。

您可曾去过京都、宇治、大津或奈良的神圣庙宇?那里散发着一种超乎寻常、由内而外的宁静,恰如日本虽然沾染上了现代可恶而无望的丑陋气息,但在这里,人们又能重新呼吸:闪耀着延绵不息的小火花,使整个日本都熠熠生辉。谁在那里冥想,谁在那里静思,谁的内心在温暖的开悟中变得丰盈?僧侣吗?或许。猫呢?确实。至少在此之前,当游客成群,门庭若市,这种最可怖的现代污染丝毫不会打扰它的物我两忘或悠然小憩。

当然,那些怀疑“禅坐”功效或怀疑猫具有摆脱任何欲望和压力(啊哈!)的神秘智慧的悲观主义或唯物主义者们,你们会发现,猫并非在纯偶然的情况下幽然沉静,或只是被打坐冥想的要求所吸引。数个世纪以来,僧侣只为一个简单的原因欢迎它们——僧侣们吃大米,老鼠也喜欢吃大米。换言之,老鼠(可怜的老鼠,它们

---

① 冉森派(Jansenism):又译詹森派,是 17 世纪上半叶在法国出现并流行于欧洲的基督教教派。系因荷兰神学家 C. O. 冉森创始而得名。——译注

似乎毫无禅意!)繁殖得越多,僧侣的口粮就越少,无论他们是否悟道参禅,总得填饱肚子。总之,有越多的猫与他们共享寺院生活,老鼠就越少。因此才有大米在通往内心之"道"的漫漫长路上帮助他们坚定信心或振奋食欲。民以食为天。不是吗?

虽然概率有点小,但是寺院里养猫也可能仅仅是为了满足那些从未见过猫的人。他们从未见过猫在长满青苔的石柱或台阶上昏睡;从未见过猫在满树樱花下打盹或蜷缩着;也从未见过猫在佛像脚下直着身子,双眼盯着远处或只有它辨得清的某个点,如此这番,它便有了与佛一样的学识和天启。我还记得在京都御苑瞥见的两只猫,它们靠近我,在我脚下咕噜着。它们就如同在那些小径来来往往的政要、部长、明星和牧师一般显赫闪耀、受人拥戴。

我们不禁再次自问,什么是"禅"? 何谓"悟道"? 最有智慧的东方圣贤都从未曾停止思考这一命题,并尝试通过学术著作及名言警句来对此加以阐释(一个个著名的禅宗故事便是明证),从而更好地摆脱思维定式、刀刻的时光以及在他们眼中由于无情的因果业报而产生的孽缘。或许,一位信徒会向您解释,禅者,即"断舍离",而悟道,则是坦然重拾,心生欢喜。

而我,更爱这样去理解禅意:若你不参禅,河是河,山是山;若你参禅,河不再是河,山不再是山;当你达到禅的境界,河又是河,山又是山;若你成功悟道,河就是山,山就是河;此外,再无分别的意义。

如此这般(这只是我个人的一点浅见),您就配成为一只猫了。

意味深长的哈欠

译后记:爱猫札记

黄　荭

1

"猫爱吃鱼,却不想弄湿爪子。"

这是法国10世纪的一句谚语。当"六点"推荐我译700多页的《猫的私人词典》时,我在微信上第一时间发了这句深得我心的话。

但我还是忍不住弄湿了爪子,被这本外表学术理性、内里柔媚缠绵的书迷住,而且还抓了三位同样爱喵的学生跟我一起把爪子伸进深深浅浅的文字里,我们捉到了鱼。

这本书有一种矛盾的美,用作者弗雷德里克·维杜的话说:"一方面,是按照字母顺序排列的严谨和单调。另一方面,是在浓情蜜意中神游的自由。一方面,是片段、有条不紊的简短注释和论述所体现的客观。另一方面,是这个话题必然导致的感性和主观。"到底是人驯服了猫,还是猫驯服了人?到底谁是谁的主人?据说如果你喜欢猫,那是因为你想爱一个人,如果你更喜欢狗,是因为你渴望被人爱。我觉得这话说得很有道理,爱猫的人通常爱心泛滥,也因为爱得多,"就会偏心,就会片面,甚至会不公平或过分,这是自然。"所以我们爱猫常常爱得没有原则、没有道理。

从远古的猫到木乃伊猫到克隆猫，从童话里的猫到绘画中的猫到诗人笔下的猫，从埃塞俄比亚猫到查尔特勒猫到檐沟猫……这本砖头厚的《猫的私人词典》中最让我感动的，还是曾经走入过作者弗雷德里克生命中的猫：谜一样的“老祖宗”法贡奈特、“爱猫1号”莫谢特、忠心耿耿的尼斯还有和菲茨杰拉德的妻子同名的泽尔达。深情款款的文字也让我坠入记忆的长河，勾起一些如水漫过青苔的柔软又潮湿的心事。

2

不知道为什么，小时候我一直以为自己属猫，说的时候摇头晃脑，两只小手五指张开抚着看不见的胡须，神气活现。大人们觉得好玩，从不戳穿我，捂着嘴笑，有时还伸手摸摸我的脑袋，就像在摸一只天不怕、地不怕的小猫。

后来有一天，一个顶真又博学的幼儿园小朋友告诉我，十二生肖里根本就没有猫，而且我不属虎也不属兔、不属龙也不属蛇、不属马也不属羊、不属猴也不属鸡、不属狗也不属猪还不属牛，我是属……老鼠的！而且不幸的是，事实证明他是对的，我嚣张的气焰一下子就被灭得灰头土脸，这应该是我人生受到的第一次沉重的打击。

但我还是喜欢猫。

当时父亲刚开始教我在家画画，毛笔，水墨，而我最拿手的就是画猫。为什么是猫，家里也没养猫，究其原因或许是因为餐桌上总摆着一把猫状的茶壶，我口渴了就会抱着对着壶嘴喝。茶壶是龙泉青瓷的质地，猫端坐着，伸着一只爪子是壶嘴，而翘起来的尾巴是把手。至于还画过什么别的，我几乎没了印象。不过每次画完，我脸上、手上、袖子上免不了会沾上不少墨水，活脱一只小花猫。

而我的画居然在县城的幼儿园得了奖，和另外四位小朋友一起被选派到丽水参加地区少儿绘画比赛。比赛在一个礼堂进行,摆了好多课桌,也有人直接铺了纸在地上画。我画得潦草,说得好听是写意,三下五下就画完了,抬头看不少小朋友纸还没铺好,架势还没拉开。老实说,我那天画得真不咋地,我完全可以选择重画一张,但我没有,我就这么坦然地接受了自己的平庸。

带五个小朋友去丽水的是教音乐的蔡老师,很年轻,小眼睛,短头发,笑眯眯的。比赛后我印象很深的是蔡老师带我们去了万象山公园,还去儿童游乐场坐了"飞机","飞机"开始升空时小朋友们都在拼命尖叫,我一直记得那种晕乎乎的快乐和不敢撒手的恐惧。之后我们在公园里合了影,回县城后蔡老师把照片洗出来给小朋友们一人一份,一张合影,一张是她的单人照,侧着身,一只手扯着一根柳条,扭过头来端庄地笑着。公园里灌木矮小,湖水和对岸的亭子一览无遗。十几年后我们家从县城搬到了丽水,周末常带着侄女去万象山公园,我们也在几乎一样的位置拍过照片,只是公园里的树木长高了,只能隐约看见浓翠中露出的一角亭子。

3

真正跟我一起生活过(或者不如说我跟它一起生活过)的猫是李露(Lilou),那是 2003 年,我在巴黎三大-新索邦做博士论文的那段时间。周末和放假我一般都在郊区的法国朋友家住,那年秋天朋友家在巴黎综合理工学院读书的儿子说同学家的母猫生了一窝,希望母亲 B 可以领养一只,"有漂亮的,有聪明的,有活泼的,有深情的……""那就要那只深情的吧!"猫领回家的时候两个月大,B 给它取名"Lilou",说听上去很中国,我说 Li(李)在中国是常见的姓氏,lou 这个发音是"露",李花上的露水,的确很东方情调呢。

李露很快就跟我混熟了,晚上会跳到我的被子上,趴在我的脚边呼呼大睡。有时我嫌它焐得热,一脚把它踢开,它出于骄傲,会假装口渴,跑去客厅的花瓶那里喝口水,然后若无其事地回来,再次跳到我的床上，继续趴在我脚边心满意足地呼呼大睡。

小猫总是活泼，于是B给它买了不少玩具，嫩黄色的绒毛小鸡，灰不溜秋的小布老鼠，还有一堆五颜六色的弹珠大小的纸球。它最喜欢的就是满屋子踢纸球，然后从犄角旮旯里一颗颗找回来，藏到它自己的角落像守着一堆财宝。而它的深情，是在某个周末我回来，就在我开门换居家的便鞋时，我突然发现，所有的小纸球都塞在我的鞋子里，这是李露思念我的一种方式。

爬树是猫的天性，客厅里有棵大盆栽，我们不让李露爬上去，但李露瞅到空就在下面窜来窜去，不出几个星期树就摇摇欲坠。最后我们只好把吸尘器拿出来放在树边，李露这才悻悻作罢，因为它在家最怕的就是吸尘器这个噪音怪物，B一插上电在家吸地，它就一秒钟溜得无影无踪。因为还小，B从来不放李露出门到小区草木森森的大院里玩耍奔跑，但外面的世界看着那么美好，白墙黑瓦映着绿树红花，李露常常坐在阳台的栏杆上眺望，一动不动，不完全是，只有尾巴尖在微微地摆动，证明它在思考。人类一思考，上帝就发笑。小猫一思考，乌鸫就傻乐。乌鸫是一种长得和乌鸦很像的鸟，不过嘴巴是黄色的，声音婉转多变，性格莽撞好斗。到了冬天，阳台的栏杆就成了它和小猫对峙的场所，乌鸫大大咧咧地飞过来，啄着B铺在栏杆上的黄油和面包屑，小猫不动声色看着跑到它领地里的入侵者，慢慢弓起背，瞪大眼睛，乌鸫着实觉得小猫摆架势的时间过于漫长和做作，猛地冲过来“咿呀咿啾啾啾”地挑衅，小猫大吃一惊，噌噌噌后退几步，谁知一个踉跄竟然失去平衡，从二楼摔了下去。一直隔着落地窗看着这一幕的B和我哈哈大笑，冲到阳台往下看，李露躺在楼下邻居的花园里，我们又担心又好笑地飞奔下楼，在花园里把猫抱出来，它似乎还有点懵，我们看它完全没有受伤，又忍不住大笑，李露羞愧自己刚才掉链子的表现，又愤恨平日里那么宠爱它的我们这么肆无忌惮的嘲笑，于是假装虚弱，任我们抱它上楼,之后一整天都窝在家里闷闷不乐,一声不吭,看都不看一眼窗外的风景和……凯旋的乌鸫。

有次,B一家外出度假,我留在家里做论文顺便照顾小猫。论文做到百无聊赖的时候,我就出门逛个超市,或许是怕我也会弃它于不顾,只要我往门口方向去,李露就会嗖地跑过来,喵呜喵呜地堵在门口,于是我就给它套上项圈,放在买菜的篮子里拎着它出门。第一次出门它非常好奇,也非常胆小,很快就爬到我身上让我抱着,在超市买东西的时候它就站在我的肩膀上,在巴黎西郊小镇的超市,一个中国姑娘肩上扛着一只小虎斑猫买鳄梨法棍和希腊酸奶,应该是一道很特别的风景吧。

春天到了,李露也快1岁了,B决定让它出去闯一闯,于是我们看到李露白天在屋前屋后的树上草地上撒欢。第一次捉了老鼠兴冲冲叼到楼上摆在门口的擦鞋垫上邀功,被我们骂过几次后还是会常常在楼下撕心裂肺地叫唤,叫我们去看它捉到的青蛙、鸟和……刚出生的绿颜色的刺猬!而我每次看到它天真无邪的凶残和猎物半死不活的绝望时,总是恶狠狠地数落它,它无辜地看着我,显然小猫只是为了炫耀它的捕猎技术,博得我的几句称赞,因为它并不会吃它的猎物,只是用各种手段玩弄它、折磨它,冷酷,用一种与生俱来的优雅。

李露最爱吃的,是我做的红烧鱿鱼,生的它不吃。自从放养后,李露每天一早就出去撒野,不玩到天黑不会回来,有时天黑了还不知道回来,B就会拉着我在小区一路Lilou—Lilou—Lilou地喊,跟叫一个玩疯了忘了回家的孩子一样。但只要是早上集市买了鱿鱼回来,我在厨房水龙头下清洗的时候,李露都会溜回来看看,凑着水龙头喝几口水,谄媚地跟我喵几声,好像叮嘱我烧好了一定要给它留一份似的,然后假模假式地再巡视一下,闻一闻看上去像白橡胶一样生鱿鱼,最后摆驾出宫又撒欢去了。B说李露一直都没有走远,它就在房子周围的某个树丛上盯着屋子里(当然也有屋外)发生的一切,的确,有时候仔细看,就会在某棵树上找到它的身影,一只耳朵或突然摆动的尾巴。

后来母猫李露开始发情,夜里叫得凄凄惨惨切切,于是B狠狠心带它去了兽医那里,手术做得很顺利,但李露显然受到了巨大的惊吓和痛苦。手术那天我在学校,到了晚上B打电话给我,说你明天如果没有课能不能来一趟?李露从兽医那里回来后就缩着蹲在那里一动不动,不吃不喝也不理她,她很担心它就此一蹶不振,甚至担心它一心向死。第二天一早我就动身去了郊区。李露看到我,终于有气无力地喵了几声,我拿了它爱吃的吃食喂它,端了水给它喝,它有了一点点力气后就喵呜喵呜地述说它的经历,它所受到的无耻和彻底的背叛。最后它终于在我轻轻的抚摸中入睡了,慢慢打起轻轻的呼噜。

它是一只大度的猫,很快就原谅了人类的过错,忘记了曾经的噩梦,重新找到了自信和快乐。

再后来,因为儿子高中毕业,B要来中国和被公司外派的丈夫F团圆,李露被送给一位80多岁的老太太,有趣的是她和科莱特的母亲有一样的名字,茜多太太,她是F小时候的钢琴老师。据说李露慢慢在老太太的调教下变成了一只沙龙猫,优雅,高贵,只有一次它从家里逃出去,被路上的车辆吓到了,爬到一棵树上死活不肯下来,是老太太叫了消防队员才把它解救下来。它是不是又装出一副要晕倒的样子?只不过这一次,像十八世纪宫廷里的贵妇人?

李露最打动我的,是我回国内教了6个月的书后再去巴黎继续做论文。B到地铁站开车接我,到了小区门口停好车,我拖着行李箱和B一起在小路上一边说话一边往家走,突然,从草丛中,像一个疯子一样,跑出来一只虎斑猫,扑过来抱住我的腿喵呜喵呜地叫,李露竟然没有忘记我!

其实这么多年过去,我也一直没有忘记它。

4

大黄,也称黄主任,是南大甚至是全国高校人气最高的喵。在蓝鲸大学仙林校区辽阔的校园里,天天宠幸三妻四妾,照拂一众儿女,并按时领受南大同学们虔诚献上的食物和赞美,现世安稳,岁月静好。

据说在2015年weavi网发布的大学情怀排行榜中,大黄代表南大出战,"一举击败了武汉大学珞珈山野猪、浙江大学求是鸡、重庆大学学霸雁、西工大三哥、中山大学猫头鹰、北京大学学术猫、厦门大学屌丝鹅、北师大乌鸦、同济大学孔雀、西北农林科技大学克隆羊等强劲对手,以南大气势,携九州风雷,问鼎中国校园神兽榜,引发数千万人类和数百家媒体的疯狂膜拜。"最近又听说蓝鲸大学的童鞋们又推出了大黄专属毕业纪念册和笔记本、印着大黄头像的校徽、大黄系列文化衫……

这只当年蹲坐在教育超市门口扑闪着大眼睛靠卖萌发家的小花狸猫如今养得膀圆腰粗,子嗣不计其数。有次我们一群人在图书馆门口遇见它,不能免俗地挨个抱起它合影,大黄沉甸甸地在我怀里直往下滑,我笑得灿烂,而它一脸嫌弃,宠辱不惊。

然而不公平的是,去年南大首届猫王争霸赛竟然没有了大黄和大黄家族的身影,报名参赛的都是有主的家猫,南京大学师生校友有近200只养尊处优、饫甘餍肥的萌猫刷屏,从教育研究院王运来教授家憨态可掬的"咪咪"到法语系外教薛法兰家嘴角长了一块媒婆痣的"水饺",从哲学系张异宾教授家读报纸的"妞妞"到文学院杨柳老师曾经救助过的流浪猫"佐罗"(据说这只智商极高的"黑老大"被成功领养,过上了听琴赏龟的神仙日子,我只是想:"你们问过那只龟的感受吗?")……虎斑猫、波斯猫、加菲猫、英短、美短、缅因猫、中国狸花猫、中华田园猫……德语系11级的一个同学给她家的老佛爷拉票:"我家的老佛爷,名叫'MIGI',是一只高冷的大龄处女喵，喜马拉雅猫品种，卖得了萌、耍得了酷、捣得了蛋、装得了傻、卖得了乖、揍得了人。她已经陪伴我和我的家人15年了，为我们带来了很多欢乐和亲情，我的整个学生时代都充满了她的身影。”你能忍住不给它投票吗？

热闹是别人的，大黄和大黄家族依然在校园里生生不息，天晴时成群结队在草丛湖边露个小脸，高兴时跑过来蹭一蹭“童鞋”的裤脚，享受一下人类的抚摸。当大黄盘踞在图书馆高高的台阶上傲视群雄时，目光慵懒却依旧霸气十足：放肆，我是南京大学黄主任！”

5

文人爱猫养猫，单单从诺贝尔文学奖得主中就可以报出一长串名单，且都是有图有真相：吉卜林、叶芝、萧伯纳、赫尔曼·黑塞、安德烈·纪德、艾略特、威廉·福克纳、丘吉尔、海明威、加缪、萨特、贝克特、帕特里克·怀特、布罗茨基、南丁·戈迪默、辛波斯卡、奈保尔、帕慕克、多丽丝·莱辛……写过《猫事荟萃》的莫言应该也可以算一个。

《猫的私人词典》自然也谈到很多作家的猫和他们笔下的猫，我也忍不住八卦一下。

1904年夏天的午后，梅雨初晴，一只出生不久的小猫迷路后跌跌撞撞闯进了夏目漱石的家。翌年一月发表的《我是猫》就是以这只小猫为原型创作的，成了出道不算早的作家的处女作和成名作。

这部明治维新以后的作品充满着知识分子在新旧两个世界徘徊的惶惑，一群穷酸潦倒的书生成天插科打诨、玩世不恭，一边嘲笑捉弄别人，一边又被命运和时代捉弄和嘲笑。那只自称“咱家”的猫对人类的观察和讽刺十分酸爽：“人们那么呕尽心血，真不知想干什么。不说别的，本来有四只脚，却只用两只，这就是浪费！

如果用四只脚走路多么方便！人们却总是将将就就地只用两只脚,而另两只则像送礼的两条鳕鱼干似的,空自悬着,太没趣儿了。”口是心非、作茧自缚是人类最大的弱点:“他们自找麻烦,几乎穷于应付,却又喊叫‘苦啊,苦啊’。这好比自己燃起熊熊烈火,却又喊叫‘热呀,热呀’。”我很喜欢译林出版社出的于雷的译本,言语里透着东北人特有的趣味和彪悍,就像他在译序中描绘东北的大雪,“总是那么魁伟、憨厚,却又沉甸甸、醉醺醺的”。

在微信圈看日语系的老师和同学晒夏目漱石旧居和墙头那只猫的雕像、岩波书店出的老版封面和插图,总会让我幽幽地神往。其实我心里一直有两个疑问:夏目漱石在写《我是猫》之前,有没有读过霍夫曼《雄猫穆尔的生活观》呢?鲁迅在写《狗·猫·鼠》时,脑子里是否闪过当年一度迷恋的日本报刊上连载的《我是猫》呢?

每一只猫都有魔法,都那么特别。我一直想看多丽丝·莱辛的《特别的猫》,去网上书店搜居然遍寻不见,只有孔夫子旧书网上有,价格颇有哄抬物价之嫌,最后托浙江文艺出版社的编辑阿花在库房找了一本。从非洲到英伦,莱辛的生活里一直都有猫的陪伴,甚至有太多的猫,尤其当她小时候住在非洲农庄的时候,“小猫实在是太多了,而在我们看来,小猫简直就跟树上的叶子一样,先从光秃秃的枝桠上冒出来,渐渐变得青翠浓密,然后再枯黄坠落,每年周而复始地重复同样的过程。”我一直认为是非洲这段内心既复杂又绝望的经历为她日后和猫的相处打下了蓝色的基调:“在我和猫相知,一辈子跟猫共处的岁月中,最终沉淀在我心中的,却是一种幽幽的哀伤,那跟人类所引起的感伤并不一样:我不仅为猫族无助的处境感到悲痛,同时也对我们人类全体的行为而感到内疚不已。”记忆总是挥之不去,只有世界在你脑海中最初的映入才是决定性的、不可更改和撤销的,有一种宿命的意味。“在过了某个特定年龄之后,我们的生命中已不会再遇到任何新的人,新的动物,新的面孔,或是新的事件:一切全都曾在过去发生,过去一切全都是过往的回音与复诵。甚至所有的哀伤，也全是许久以前一段伤痛过往的记忆重现。”

或许，这也是为什么我一直拒绝自己养猫的原因，我担心在它闯入我世界的那一刻，我会愕然地看到，自己已经不记得的那块——命运的胎记。

2016年6月 和园

图书在版编目(CIP)数据

猫的私人词典/(法)弗雷德里克·维杜著;黄荭译.
—上海:华东师范大学出版社,2016.10
ISBN 978-7-5675-5482-5

Ⅰ.①猫… Ⅱ.①弗… ②黄… Ⅲ.①猫—普及读物
Ⅳ.①S829.3-49

中国版本图书馆CIP数据核字(2016)第158204号

华东师范大学出版社六点分社
企划人 倪为国

六点私人词典

猫的私人词典

著　　者　(法)弗雷德里克·维杜
译　　者　黄　荭　唐洋洋　宋守华　黄　橙
责任编辑　王莹兮
封面设计　达　醴
插　　画　吴元瑛

出版发行　华东师范大学出版社
社　　址　上海市中山北路3663号　邮编　200062
网　　址　www.ecnupress.com.cn
电　　话　021-60821666　行政传真　021-62572105
客服电话　021-62865537　门市(邮购)电话　021-62869887
地　　址　上海市中山北路3663号华东师范大学校内先锋路口
网　　店　http://hdsdcbs.tmall.com

印 刷 者　上海盛隆印务有限公司
开　　本　889×1194　1/32
印　　张　16
字　　数　265千字
版　　次　2016年10月第1版
印　　次　2017年4月第3次
书　　号　ISBN 978-7-5675-5482-5/G·9676
定　　价　78.00元

出 版 人　王　焰

DICTIONNAIRE AMOUREUX DES CHATS
By Frédéric Vitoux

上海市版权局著作权合同登记　图字：09－2016－326号